HEFT **14**

FORTSCHRITTE DER WASSERCHEMIE

UND IHRER GRENZGEBIETE

Herausgegeben

im Auftrage der Chemischen Gesellschaft

in der Deutschen Demokratischen Republik

von J. KAEDING

Mit 69 Abbildungen und 40 Tabellen

AKADEMIE-VERLAG · BERLIN

1972

Erschienen im Akademie-Verlag GmbH, 108 Berlin, Leipziger Straße 3–4

Lizenznummer: 202 · 100/478/72
Gesamtherstellung: VEB Druckerei „Thomas Müntzer", 582 Bad Langensalza
Bestellnummer: 2123/14
EDV-Nr.: 761 516 8
49,–

I. Originalarbeiten und Fortschrittsberichte

II. Buchbesprechungen

CONTENTS

I. Original Papers and Progress Reports

II. Book Reviews

СОДЕРЖАНИЕ

I. Оригинальные сообщения

Zur Einführung

Vom 27. bis 30. April 1970 fand in Reinhardsbrunn — Thüringen — ein internationales Symposium ,,Wasserinhaltsstoffe — ihre Analyse und ihre Wirkung auf Wasserorganismen" statt. Das Symposium wurde von der BIOLOGISCHEN GESELLSCHAFT IN DER DEUTSCHEN DEMOKRATISCHEN REPUBLIK — Arbeitsgruppe Hydrobiologie und der CHEMISCHEN GESELLSCHAFT IN DER DEUTSCHEN DEMOKRATISCHEN REPUBLIK — Fachverband Wasserchemie veranstaltet. Das vorliegende Heft enthält die Vorträge dieses Symposiums. Berücksichtigung gefunden haben die Manuskripte, die bis zum 1. Juli 1970 bei der Redaktion eingegangen waren. Einige Referate können daher nur in Kurzform mitgeteilt werden. Vorgesehen ist, die nachträglich eingegangenen Manuskripte sowie weitere Arbeiten zur Thematik des Symposiums im folgenden Heft dieser Schriftenreihe zu veröffentlichen.

J. KAEDING und D. UHLMANN

Technische Universität Dresden, Sektion Wasserwesen, Dresden

Stand und Entwicklungsrichtungen der Wasseranalytik

Zusammenfassung: Erläutert werden die Problematik der Erfassung von Wasserinhaltsstoffen und die Ermittlung ihrer Auswirkungen. Die Bedeutung der Wasseranalytik wird weiter zunehmen, wobei besonderes Augenmerk auf die Verbesserung und Erweiterung der Standardmethoden, die Bestimmung von Spurenstoffen sowie die Mechanisierung und Automatisierung unter Einbeziehung der Datenverarbeitung zu legen ist. Weiter ist eine systematische Testung aller Wasserschadstoffe anzustreben. Für den Routinebetrieb sollte die Auswahl der anzuwendenden Analysenmethoden nach ökonomischen Gesichtspunkten erfolgen. Die Analytik hat entscheidenden Anteil beim Übergang von der vergleichend beschreibenden Betrachtungsweise zur Aufzeigung der Kausalzusammenhänge der Wassergütewirtschaft.

Die Aussagekraft biologischer Tests, die Wirkung von Wasserinhaltstoffen auf Ökosysteme, Möglichkeiten und Grenzen des Standversuchs, Erfassung toxischer Einflüsse, Messung von Stoffwechselgrößen, Erfassung der Biomasse, geochemische Einflußgrößen, Erfassung gelöster organischer Substanzen sowie mathematische Modellierungen sind weitere in der Arbeit behandelte Gesichtspunkte. Die analytische Arbeit ist somit ein sehr komplexes Aufgabengebiet ein Umstand, der bei der Aufzeigung optimaler Lösungen ausreichende Berücksichtigung erfahren muß.

Summary: The problem of detecting substances contained in the water and the ascertainment of their effects are explained. The importance of water analysis will continue increasing the improvement and development of standard methods, the determination of trace matter, the mechanization and automation, including data processing, being essential. Further a systematical test of noxious matter in water should be aspired to. For routine work the selection of analytical methods should take place by economical aspects. The analytical chemistry has a decisive share in the transition from the comparing and describing approach to the demonstration of causal relationships on the water quality economy.

The validity of bioassays, the effect of matter containing in ecosystems, possibilities and limitations of batch experiments, estimation of toxic influences and of metabolism, estimation of biomass, geochemical influences, assessment of dissolved organic matter and mathematical modelling are further aspects of this contribution. Thus analytical work is a very complex field, a fact has to get sufficient consideration for the demonstration of optimum solutions.

Резюме: Объясняется проблематика определения веществ, содержащихся в воде, и определение их воздействий. Значение аналитики воды дальше будет увеличиваться, причём следует обратить особое внимание на улучшение и расширение стандартных методов, на определение микровеществ, а также на механизацию и автоматизацию при включении обработки данных. Дальше надо стремиться к систематическому испытанию всех вредных веществ, содержащихся в воде. Выбор применяемых методов анализа для ежедневных работ должен последовать под экономическими точками зрения. Аналитика решительна участвует в переходе от сравнительно-описательного образа рассмотрения к указанию каузальных связей качества воды.

Дальнейшими точками зрения являются показание биологических испытаний, действие веществ, содержащихся в воде, на экосистемы, возможности и пределы опытных установок, охват токсических влияний, измерения величин обмена веществ, охват биомассы, геохимические факторы влияния, охват общей органической субстанции, а также математические моделировании. Таким образом аналитическая работа очень комплексная область задач, обстоятельство, которое достаточно приходится учитывать при указании оптимальных решений.

Das Gebiet der analytischen Chemie hat in den letzten Jahren bedeutend an Umfang zugenommen, und es gibt wohl kaum einen Analytiker, der das gesamte Gebiet noch vollkommen überschauen kann.

In diesem einleitenden Referat sollen deshalb nur einige Gedanken zur analytischen Arbeit geäußert werden.

I. Chemische Analytik

Die Schwierigkeiten in der chemischen Wasseranalytik sind trotz großer Bemühungen und vielfältiger unermüdlicher Arbeiten und trotz Einsatzes modernster Verfahren in den letzten Jahren nicht verringert worden, sondern sie haben sich durch die immer kompliziertere Wassersituation verstärkt. Nach wie vor ist die Wasseranalytik gegenüber anderen Gebieten der Analytik dadurch erschwert, daß jedes zu untersuchende Wasser neue Probleme aufwerfen kann und Bezugsgewässer — abgesehen von selbst hergestellten Modellwässern, dies sind dann aber im allgemeinen keine natürlichen Wässer — zum Vergleich und zur Überprüfung von Befunden nicht zur Verfügung stehen.

Der Analytiker erhält nur selten exakte Angaben, wie empfindlich seine Reaktionen sein müssen. Die Erfahrung lehrt, daß wiederholt Bestimmungsmethoden den Wünschen und Anforderungen nicht mehr gerecht werden und durch neue, noch empfindlichere Methoden ersetzt werden müssen. Ferner ist zu berücksichtigen, daß in der Vergangenheit der analytischen Arbeit im Wasserfach nicht immer die erforderliche Aufmerksamkeit gewidmet wurde. Der Analytiker interpretiert die Stoffe, und vielfach hat man sich mit dieser Interpretation, im allgemeinen durch die Angabe der Konzentration, begnügt. Der analytischen Arbeit wurde wiederholt nur eine Bedienungsfunktion zuerkannt, denn technologische Lösungen der Wasser- und Abwasserbehandlung sowie die Gewässerüberwachung standen im Vordergrund, außerdem wurden häufig bei Beurteilungen der Wasserbeschaffenheit die Grenzen und Möglichkeiten der analytischen Arbeit nicht oder falsch eingeschätzt.

Heute wird in allen volkswirtschaftlichen Bereichen über Systemlösungen, möglichst automatisierte, sich selbst regelnde Systeme, gesprochen. Kürzlich wurde von namhaften, nicht der Wasserwirtschaft zugehörigen Wissenschaftlern eine Prognose „Träume ins Jahr 2000" veröffentlicht, in der es heißt: „Industrieabwässer werden den Flüssen nicht mehr zugeleitet, da die meisten Verfahren mit inneren Wasserkreisläufen versehen sind. Abfallwasser wird verdampft und Rückstände davon wieder verwertet. Unsere Flüsse enthalten dann bis zur Mündung trinkbares Wasser."

Vom Standpunkt der Wasseranalytik gilt es nicht nur, bei der Schaffung von Grundlagen für Wasserbewirtschaftungs- und Wasserbehandlungssysteme mitzuwirken, sondern die Aufgaben müssen unter einem wesentlich größerem Aspekt, dem der technischen Beherrschung des Territoriums gesehen werden. Der Wasseranalytiker ist der erste, der sich mit den positiven und negativen Auswirkungen der Chemisierung auf einen lebensnotwendigen Stoff zu befassen hat, denn viele Produkte unserer Industriegesellschaft gelangen in veränderter oder unveränderter Form in das Wasser und unterliegen in ihm Veränderungen. Weiterhin sind die zahlreichen natürlichen Wasserinhaltsstoffe intensiver als bisher zu betrachten (QUENTIN). Seine Arbeitsergebnisse kann der Wasseranalytiker nur selbst kritisch einschätzen, er darf die Beurteilung seiner Befunde nicht anderen überlassen.

Bei dieser Forderung ist davon auszugehen, daß das Wasser, wie es einmal gesagt wurde, die komplizierteste aller Flüssigkeiten ist. Hierbei sei nicht nur an die neun in natürlichen Wässern vorkommenden Wasserarten auf Grund der stabilen Wasserstoff- und Sauerstoffisotope, an die anomalen physikalisch-chemischen Eigenschaften im Vergleich zu ähnlichen chemischen Verbindungen, an die cluster-Bildung oder an das kürzlich entdeckte noch rätselhafte Polywasser gedacht. Entscheidend ist die räumliche und zeitliche Varianz der Art und Konzentration der Inhaltsstoffe sowie die starke Abhängigkeit der chemischen und biochemischen Umsetzungen im Wasser von äußeren Faktoren. Somit hat der Wasseranalytiker eine sehr komplizierte Ausgangsbasis zu bewältigen, und zur umfassenden Charakterisierung der verschiedenen Wässer sind physikalische, chemische und biologische — einschließlich hygienischer und toxikologischer — Untersuchungen notwendig.

Statt qualitativer und quantitativer Einzelbestimmungen werden häufig Summenbestimmungen durchgeführt. Somit wird die Frage nach der Art und Struktur der Stoffe häufig nicht beantwortet. Diesem gleichermaßen notwendigen und gleichberechtigtem Arbeitsgebiet der Analytik wurde in der Vergangenheit viel zu wenig Beachtung geschenkt. Wie können die Vorgänge der Selbstreinigung oder die technologischen Verfahren richtig beurteilt bzw. effektiver gestaltet werden, wenn das System weitgehend als black-box-Modell betrachtet und die Endprodukte der Reaktionen und der Reaktionsmechanismus nicht ausreichend charakterisiert werden? Notwendig ist, von der vergleichend beschreibenden Forschung zur komplexen Kausalanalyse überzugehen.

Die jetzt häufig durchgeführten mathematischen Modellierungen zur Überbrückung von Raum- und Zeitvarianten der Inhaltsstoffe unter Verringerung des analytischen Aufwandes stellen Teillösungen dar. Sie lassen Änderungen im offenen System Gewässer nur innerhalb der Modellgrenzen, unter der Voraussetzung, daß sich die Gesamtsitution nicht ändert, zu.

Wenn auf Modellierungen hingewiesen wird, die auf mathematischen Methoden beruhen, ist zu vermerken, daß in der Chemie und Biologie experimentelle Beobachtungen und mathematische Interpretation sich anpassen und durchdringen müssen, um zu Vorhersagen zu gelangen. Für komplexe Lösungen, wie sie im Wasserfach benötigt werden, wird es auch in absehbarer Zeit keine exakten mathematischen Methoden geben. Wir müssen uns mit Näherungslösungen begnügen, die jedoch ständig zu verbessern sind. Das schließt nicht aus, daß in absehbarer Zeit neue Qualitäten durch mathematische Betrachtungen gefunden werden können, z. B. die Möglichkeit der Vorhersage bestimmter Reaktionen. Erste Ansätze sind vorhanden, solche Fragen mit Hilfe der Graphentheorie unter Einsparung an analytischer Arbeit zu lösen.

In den nächsten Jahren muß die immer bessere Zurverfügungstellung stoffwirtschaftlicher Basisdaten die Hauptaufgabe der Wasseranalytik sein. Bei der analytischen Arbeit ist weiter zu berücksichtigen, daß die meisten Aussagen der Chemie nur mit Vorbehalten verallgemeinert werden können, dies gilt ganz besonders für die Wasserchemie. Bei der Durchführung der Analyse eines Wassers muß das Ziel, für welchen Zweck die Analyse benötigt wird, bekannt sein.

Ein ideales Analysenverfahren soll selektiv, empfindlich, genau und ohne großen apparativen Aufwand schnell durchführbar sein. Hinzu kommt die Erfassung eines großen Konzentrationsumfanges. Diese Forderungen können nicht immer leicht in Übereinstimmung gebracht werden. Die Analytiker wissen, welche Schwierigkeiten hierbei zu meistern sind, zumal wenn unbekannt ist, welche Stoffe im Wasser enthalten sind. Besondere Bedeutung hat dabei die Problematik der Probenahme, Konservierung und Aufbewahrung, deren Zuverlässigkeit bereits entscheidet, ob der heute im allgemeinen ziemlich groß gewordene analytisch-meßtechnische Aufwand gerechtfertigt ist.

Die praktische analytische Tätigkeit begrenzt sich bekanntlich keinesfalls auf nur rein chemische Methoden. Im zunehmenden Maß ist die gegenwärtige Entwicklung auf diesem Gebiet durch die Anforderung gekennzeichnet, chemische Probleme mit physikalischen Meßverfahren zu lösen. In dem allmählichen Überwiegen physikalischer Methoden in der chemischen Analyse und besonders auch in der Wasseranalyse liegt eine nicht übersehbare Tendenz, die sich bereits äußerlich im geänderten Aussehen und im Aufwand eines modernen analytischen Wasserlaboratoriums kundtut.

Die technische Entwicklung auf diesem Grenzgebiet zwischen Chemie und Physik erfolgt heute so schnell und mit so verschiedenartigen meßtechnischen Mitteln, daß sich nur schwer ein umfassender Überblick geben läßt. Sowohl rein physikalische Methoden, wie die Bestimmung der Dichte, der Viskosität, der Wärmeleitfähigkeit, des optischen Absorptionsvermögens, des Brechungsindexes, die verschiedenen Arten der Molekülspektroskopie, der Elektronenoptik, die Elektronensondenmikroanalyse, die Röntgenographie, die Kernresonanzspektroskopie, als auch physikalisch-chemische Verfahren wie die vielfältigen Methoden der Elektrochemie, Chromatographie, der Spektrophotometrie nach einer vorangegangenen chemischen Reaktion, werden zur Anwendung gebracht.

Entscheidend ist stets, daß die gemessenen Größen einen eindeutigen funktionellen Zusammenhang zum Stoffkennwert des Produktes oder zur Konzentration einer bestimmten Komponente aufweisen.

Die Bestimmung von physikalischen Meßgrößen erfordert ein entsprechendes Instrument. Dabei verlagern sich die Handhabungen und experimentellen Schwierigkeiten von den chemischen Operationen auf die Behandlung der Meßinstrumente und die Durchführung der Messungen.

Ohne die Vorteile moderner physikalischer Meßinstrumente verringern zu wollen, wird der damit häufig erzielte Verzicht auf Trennvorgänge und die Entfernung störender Substanzen durch die Notwendigkeit erkauft, die Bestimmungsverfahren methodisch gründlich vorzubereiten, Eichkurven unter möglichst analysennahen Arbeitsbedingungen anzufertigen und den Einfluß von Störsubstanzen kennenzulernen sowie zu berücksichtigen. Dem Gewinn an Zeit — besonders bei Reihenuntersuchungen — steht vermehrte und anspruchsvolle Vorbereitungstätigkeit gegenüber. Bei der Vielzahl der analytischen Verfahren ist es kaum möglich, exakte Regeln dafür aufzustellen, ob diese oder jene Methode für ein Problem besser geeignet ist, zumal eine Reihe von Verfahren zu gleich guten Ergebnissen führen kann. Die Auswahl der für den gerade vorliegenden Zweck geeignetsten Methode erfordert viel Erfahrung und einen guten Überblick über deren Leistungsfähigkeit, ihre Vor- und Nachteile. Wie schwierig das ist, zeigt das langjährige Bemühen, Standardverfahren für die Bestimmung der wichtigsten Wasserinhaltsstoffe auszuarbeiten. Somit müssen bei der Auswahl von Analysenmethoden auch ökonomische Fragen berücksichtigt werden (SCHARRNBECK).

Die Frage nach der „Genauigkeit" und „Zuverlässigkeit" eines Verfahrens tritt immer auf. Die Antwort muß „objektiv" gegeben werden, d. h. jeder Beurteiler muß von den vorgelegten Analysenwerten nach festen Regeln zu denselben „Gütekennziffern" für das verwendete Analysenverfahren kommen. Das notwendige Begriffssystem und die Rechenregeln liegen in der statistischen Fehlertheorie vor (KAISER u. SPECKER).

Zu beachten ist, daß Aussagen über Analysengenauigkeit stets Aussagen über Analysenwerte sind. Sie sind statistischer Art und setzen eine genügende Anzahl von Messungen voraus, eine Forderung, die nicht immer leicht zu erfüllen ist. Ohne Übertreibung kann jedoch gesagt werden, daß die Fehlerrechnung ein Höchstmaß an Aussagen über die „Genauigkeit" eines Meßverfahrens liefert, welches aus gegebenem Beobachtungsmaterial überhaupt zu gewinnen ist. Dies sollte bei allen Untersuchungen mit beachtet werden, damit die Meßergebnisse richtig erfaßt, ausgewertet und interpretiert werden können.

Ein äußerst interessantes Zukunftproblem der Wasseranalytik ist die Automatisierung. Hier ist noch viel Entwicklungsarbeit erforderlich. Die Begriffe „Automatisierung" mit „mechanisierten Systemen" werden häufig verwechselt. Durch die Einführung instrumenteller Methoden ist die Möglichkeit gegeben, die Analysen kontinuierlich und registrierend über längere Zeitläufe durchzuführen.

Die instrumentellen Erfordernisse ändern sich je nach Art und Anzahl der zu untersuchenden Stoffe sowie der Zahl der täglich anfallenden Proben. Letztere kann entweder den vertretbaren Anschaffungskosten eines Gerätes enge Grenzen setzen oder umgekehrt eine zunehmende Automatisierung des Meßvorganges nahelegen. Die Automatisierung verfolgt dabei zwei Hauptziele:

- das Ausschalten menschlicher Fehler während der Probenvorbereitung, des eigentlichen Meßvorganges, der Datenaufnahme und der -verarbeitung,
- Verringerung der Kosten auf Grund verbesserter Ausnutzung der Geräte, Einsparung von Arbeitskräften.

Dabei darf nie vergessen werden, daß durch die Automatisierung eine Methode nicht genauer wird und daß deshalb zuerst die theoretische Voraussetzung für die Verläßlichkeit und Genauigkeit sowohl in den Methoden der chemischen Bestimmung als auch in der automatischen Anzeige erfüllt sein müssen.

Der Wert einer ausreichend schnell erhaltenen und genügend gesicherten analytischen Information ist nicht hoch genug einzuschätzen. Überblickt man den Stand und Trend der heutigen Analytik, dann ergibt sich, daß er im wesentlichen von der Art der Datenverarbeitung bestimmt wird. Ihr Einfluß ist geringfügig auf die klassischen analytischen Methoden, er ist aber fundamental für die instrumentellen Methoden. Je mehr die klassischen Methoden, z. B. die Titrimetrie und Gravimetrie instrumentalisiert und automatisiert werden, desto bedeutender wird auch für diese Zweige die Art der Datenverarbeitung.

Dieser Trend zur Instrumentalisierung und schnelleren Analyse bedeutet einen riesigen Zuwachs an Daten je Meßvorgang und je Zeiteinheit. Deshalb muß also auch in der Analytik der Computer eingeführt werden, um in erster Linie Daten zu Erfassen, zu speichern, kompromieren, umzuwandeln, zu vergleichen und auszuwerten (Kienitz u. Kaiser).

Zusammenfassend ergibt sich für die chemische Analytik als Ausblick:

- Die Bedeutung der Wasseranalytik wird weiter zunehmen.
- Eine ständige Verbesserung und Erweiterung der Standardmethoden ist erforderlich.
- Die Bestimmung von Spurenstoffen, insbesondere von solchen mit negativen Auswirkungen, muß intensiviert werden.
  Die Mechanisierung und Automatisierung der wasseranalytischen Arbeit unter Einbeziehung der EDV wird sich erhöhen.
- Dringend notwendig ist die Ausarbeitung weiterer Verfahren und Methoden zur ausreichenden Charakterisierung aller Wässer.
- Eine umfassende und systematische Testung aller Wasserschadstoffe ist anzustreben.
- Ökonomische Untersuchungen zur Auswahl der anzuwendenden Analysenmethoden, insbesondere für den Routinebereich, müssen aufgenommen werden.

II. Wirkung von gelösten Inhaltsstoffen auf Wasserorganismen

1. Die Aussagekraft biologischer Tests

Ebenso wie die hydrochemische soll die biologische Analytik den Kriterien

- Spezifität
- Empfindlichkeit
- Schnelligkeit

genügen. Obwohl noch viele Wünsche offen bleiben, gibt es doch zahlreiche biologische Tests, die zumindestens zwei von diesen Anforderungen erfüllen. Eine ganze Reihe von biologischen Methoden lassen sich standardisieren. Dies sollte aber nie darüber hinwegtäuschen, daß die Beziehung zwischen der Einwirkung eines bestimmten Inhaltsstoffes einerseits und der Reaktion des Organismus andererseits oft sehr kompliziert ist.

In günstigen Fällen kann die Reaktion auf bestimmte chemische input-Signale mit den Methoden der Systemtheorie erfaßt werden. Beispielsweise läßt sich die Antwort eines Systems erster Ordnung auf die plötzliche (stufenförmige

Konzentrationssteigerung einer Eingangsgröße als exponentielle Sättigungskurve darstellen. Ein System zweiter Ordnung dagegen reagiert auf das gleiche Signal oft mit einer gedämpften Schwingung der Ausgangsgröße (BUNGAY). Durch Darstellung im sog. BODE-Diagramm lassen sich die Reaktionskonstanten ermitteln, doch liefert diese Methode ebenso wie die Statistik meist noch keine Aussage über den eigentlichen Kausalzusammenhang.

Im Vergleich zum chemischen Analysengang ist das Wirkungsgefüge beim biologischen Test normalerweise sehr komplex. Da eine genaue Erfassung der funktionellen oder strukturellen Wirkung bestimmter Inhaltsstoffe im zellulären Bereich zu aufwendig ist, wird im Normalfall für eine bestimmte Art die zeitliche Änderung eines Aktivitätswertes gemessen. Ein solcher physiologischer oder toxikologischer Test, der sich über einen Zeitraum von einigen Stunden bis zu einigen Tagen erstreckt, liefert oft gute Vergleichswerte.

2. Wirkung von Wasserinhaltsstoffen auf Ökosysteme

Problematisch ist hingegen die exakte Ermittlung eines Übertragungsfaktors, wie er von einem biologischen Modell gefordert werden muß. Eine Aussage darüber, inwieweit sich die Aktivität und Struktur eines Ökosystems, in dem die betreffende Testart vorkommt, unter dem Einfluß eines bestimmten Inhaltsstoffes ändern wird, ist nur sehr bedingt möglich. Ein solcher Übertragungsfaktor muß aber bekannt sein, wenn ein mathematisches Modell des Ökosystems gebraucht wird. Eine Aussage über langfristige Wirkungen ist gegenwärtig nur in wenigen Fällen möglich. Obwohl die von BICK (1967) entwickelte Versuchsanordnung die eindeutige Beurteilung von Sukzessionsstadien ermöglicht, sind noch Methoden zu entwickeln, die z. B. eine wahrscheinlichkeitstheoretisch fundierte Vorhersage nicht nur der Sukzessionsstadien, sondern auch des Klimaxplateaus für die Freiwasserregion eines neu zu errichtenden Stausees gewährleisten.

In allen Fällen, in denen die Wirkung von Wasserinhaltsstoffen auf ein Ökosystem bezogen wird (vgl. CASPERS u. KARBE), läßt sich dessen Struktur am besten durch den Mannigfaltigkeits-(= diversity-) Index kennzeichnen, der den Informationsgehalt der Organismengemeinschaft zum Ausdruck bringt (WILHM). Wahrscheinlich könnte die Informationstheorie auch Impulse zur Weiterentwicklung der biologischen Indikatorsysteme liefern. Diese suchen aus der Struktur einer Organismengemeinschaft Rückschlüsse abzuleiten auf die Konstellation der chemischen Milieufaktoren, entweder was die durchschnittliche Beschaffenheit oder aber die Über- bzw. Unterschreitungswahrscheinlichkeit bestimmter Grenzwerte (z. B. des Sauerstoffgehaltes, ZAHNER 1965) anbelangt. Oft ist die starke Abundanz einer bestimmten physiologischen Gruppe Ausdruck eines stationären Gleichgewichtes, z. B. zwischen Import und aerober Stabilisierung von bakterienreichen Sinkstoffen bei Massenentwicklung von Sedimentfressern wie *Tubifex*. Zur Formulierung der entsprechenden Differentialgleichungen ist jedoch außerdem die Bestimmung der Umsatzraten erforderlich.

3. Möglichkeiten und Grenzen des Standversuchs

Im Normalfall wird ein physiologischer Test als Standversuch durchgeführt. Während der Versuchsdauer t ändert sich sowohl die Konzentration und/oder Zusammensetzung der gelösten Inhaltsstoffe bzw. Substratkomponenten S

$$S_0 \rightarrow S_t$$

als auch die Biomasse X und/oder die Bioaktivität A

$$X_0 \rightarrow X_t$$

$$A_0 \rightarrow A_t .$$

Am übersichtlichsten und leichtesten reproduzierbar sind die Verhältnisse bei der Kombination Reinkultur/Reinsubstrat. Gerade hierbei ist ein Übertragungsfaktor zum Gewässer kaum zu ermitteln, da in der Natur Mischpopulationen und Substratgemische vorherrschen, deren Gesamtumsatz keinesfalls als einfache Addition vieler Reaktionen von einzelnen Arten mit einzelnen Substraten verstanden werden kann. Vielmehr spielt gerade die „metabiotische" Verarbeitung von Stoffwechselprodukten miteinander vergesellschafteter Arten oft eine ausschlaggebende Rolle. Entsprechende Modellversuche fehlen noch weitgehend.

Hinsichtlich der physikalischen Umweltfaktoren (vor allem Licht, Temperatur, Geschwindigkeit des Stofftransportes) wird mit Rücksicht auf die Vergleichbarkeit der Ergebnisse und auf die Zeitökonomie die künstliche Konstellation oft gegenüber einer Exposition von Flaschen direkt im Gewässer bevorzugt.

Bezeichnet man mit

R – Reinkultur
S – Reinsubstanz
K – künstliche physikalische Umweltbedingungen (z. B. Thermoluminostat)

r – Mischpopulation
s – Substratgemisch
k – teilweise natürliche Umweltbedingungen (z. B. Exposition von Flaschen im Gewässer)

so sind acht verschiedene Versuchsanordnungen möglich, nämlich RSK, Rsk, rSk, RsK, rSK, rsK, rSK, rsK, rsk.

Die „naturnahe" Konstellation rsk bietet zwar im Hinblick auf Licht und Temperatur, nicht aber hinsichtlich Turbulenz einigermaßen natürliche Bedingungen. Die Aussagekraft im Sinne der Ermittlung eines Übertragungsfaktors nimmt daher mit zunehmender Versuchsdauer ab. Wird außerdem noch ein bestimmter Nährstoff zugesetzt, um dessen Einfluß auf die Bioaktivität des Gewässers zu ermitteln, hängt die Reaktion stark von der jahreszeitlich unterschiedlichen Disposition der einzelnen Arten ab (Fournier).

Einfacher ist die Interpretation der Versuchsergebnisse bei der „unnatürlichen" Kombination RSK. Die sukzessiven Änderungen der Biomasse/Substrat-Beziehung im Standversuch mit Bakterienkulturen wurden von Hartmann und Wilderer auch für Mischpopulationen und Substratgemische erfolgreich analysiert. Eine lag-Phase ist oft auf Substrat- oder kompetive Hemmung zurückzuführen. Im zeitlichen Verlauf ändert sich die spezifische Belastung der Biomasse stark. Offenbar sind stets Reaktionen unterschiedlicher Ordnung hintereinandergeschaltet, was erst durch Linearisierung der zunächst als einfache exponentielle Sättigungsfunktionen oder als Hyperbeln erscheinenden Aktivitäts/Zeit-Kurven offensichtlich wird. — Auch bei der Erfassung der autotrophen Aktivität ermöglicht die zeitlich gestaffelte oder kontinuierliche Ermittlung wichtiger output-Werte (Sauerstoffgehalt, Zellzahl, pH) eine kinetische Deutung des Versuchsablaufs. Allerdings ist hier der Komplikationsgrad noch wesentlich höher als bei Bakterienkulturen (vgl. BRAUNE). Neben der Messung des Sauerstoffgaswechsels mit dem Warburg-Gerät (v. TÜMPLING) verspricht auch die kontinuierliche Erfassung des Sauerstoffgaswechsels mittels Infrarotanalysator (WEISE) vielseitige Einsatzmöglichkeiten.

4. Erfassung von toxischen Einflüssen

In belasteten Vorflutern liegen meistens Gemische von Substanzen unterschiedlichster Wirkung vor. Auch wenn alle Komponenten und ihre Wirkung auf die autotrophe und heterotrophe Aktivität im einzelnen bekannt sind (hierüber existiert ein sehr umfangreiches Schrifttum), läßt sich daraus z. Zt. nur im Ausnahmefall die Gesamtwirkung eines Substanzgemisches berechnen. Andererseits ist es durch geeignete Versuchsanordnung (z. B. Verwendung von Pepton als Bezugssubstanz) möglich, zumindest den jeweiligen Anteil der Summenreaktionen

Förderung *Hemmung* *Indifferenz*

messen zu können (KNÖPP, REIMANN). Dadurch ist bereits eine befriedigende ökonomische Bewertung und Aufrechnung des Schadens möglich, der im Gewässer durch Einleitung toxischer oder z. B. auch lichtabschirmender Substanzen entsteht (KNÖPP). Auch die Wirkung definierter Substanzen läßt sich mit dieser Methode gut erfassen (REIMANN). Für den toxikologischen Standversuch sind bereits wesentliche Grundlagen einer mathematischen Interpretation der Ergebnisse vorhanden (z. B. MARVAN).

Kontinuierliche, d. h. mit ständigem Durchfluß arbeitende Anlagen zum Nachweis der Wirkung toxischer Substanzen wurden bisher vor allem mit Fischen betrieben, wobei schon geringe Abweichungen vom Normalverhalten der Testobjekte z. B. mit empfindlichen Strömungsmessern vom Typ des Heißleiters erfaßt werden können.

Der zusätzliche Einsatz eines Chemostaten gestattet aber auch den Betrieb von kontinuierlich arbeitendenden Geräten mit Mikroorganismen als Testobjekten. Diese werden laufend und in annäherend gleichbleibender Aktivität durch das Zusatzgerät geliefert (WILLINGHAM u. ANDERSON). Die Störung des mikrobiellen Abbaus durch toxische Substanzen kann z. B. ein Respirograph oder auch ein registrierendes Lumineszenzphotometer (Hemmung der mikrobiellen Lichtentwicklung des ATP/Luciferin/Luciferase-Systems) signalisieren. Dadurch kann z. B. ein Dauerprobenehmer und ein chemisches Analysensystem eingeschaltet werden. Auf der Grundlage des Chemostat-Prinzips ist auch eine laufende Bereitstellung von Protozoen, Daphnien (ALBERT) und anderen tierischen Testorganismen möglich. Der Einsatz solcher Automaten dürfte sich vorerst auf ausgewählte Gütepegel an Gewässern mit besonders hohen Nutzungsansprüchen beschränken.

Einer weitaus stärkeren Berücksichtigung als bisher bedarf die Erfassung des Nachweises langfristig wirkender oder irreversibler Schädigungen durch Abprodukte der Industrie und der industrialisierten Nahrungsgüterwirtschaft, besonders im Hinblick auf die Struktur ganzer Ökosysteme. Nicht nur der Einfluß auf die Ernährungsbasis und die Vermehrungsleistung wichtiger Arten ist z. T. völlig unbekannt, sondern auch die Akkumalation schwer abbaubarer und potentiell z. B. mutagener, teratogener oder carcinogener Substanzen innerhalb von Nahrungsketten.

5. Die kontinuierliche Kultur

Gegenüber der Standkultur (batch) bietet die kontinuierliche Kultur im Chemostaten den Vorteil, daß im Idealfalle sowohl die Konzentration der Biomasse als auch die des Substrates einen Gleichgewichtszustand erreicht, daher ihre Änderung in der Zeiteinheit gleich Null gesetzt werden kann. Das erleichtert die Bestimmung wichtiger Konstanten wie der Wachstumsrate, des Geschwindigkeitsbeiwertes für Atmung bzw. mikrobiellen Abbau sowie des Ausnutzungskoeffizienten für einen bestimmten Nährstoff (Malek u. Fencl) ganz wesentlich. Wird außerdem mit Organismenmaterial und Wasser aus einem Gewässer sowie unter natürlichen Licht- und Temperaturbedingungen, z. B. in einer Vegetationshalle (Benndorf 1969) gearbeitet, sind die Wachstumsbedingungen fast die gleichen wie bei einer natürlichen Population. Ein solcher biologischer Simulator vermag weitaus realistischere Übertragungsfaktoren zum Gewässer zu liefern als der Standversuch. Allerdings erreichen Mischpopulationen theoretisch kein stationäres Gleichgewicht, was die Interpretation der Ergebnisse im Vergleich zu Reinkulturen zwar kompliziert, aber keinesfalls verhindert. Bei großen Amplituden ist z. B. Anwendung der Fourier-Analyse möglich. Anlagen mit intermittierender Substratzugabe, also semikontinuierlichem Wasserdurchsatz, erreichen bei Einhaltung bestimmter Randbedingungen ebenfalls einen Gleichgewichtszustand (Uhlmann). Der besonders für Phytoplanktonkulturen viel verwendete Turbidostat nutzt einen durch Trübungsmessung erfaßten Höchstwert der Zelldichte als Signal für die nächste Zugabe von Nährlösung.

Durch Verwendung von Organismenmaterial aus einer kontinuierlichen Reinkultur, deren physiologischer Zustand ja im Normalfalle weitgehend konstant ist, dürfte sich auch die Aussagekraft von Flaschentests noch wesentlich erhöhen lassen. Letztere besitzen, und das sollte man nicht vergessen, gegenüber dem Chemostaten den wesentlichen Vorteil, daß gleichzeitig viele Versuchsansätze bzw. Parallelen möglich sind.

6. Messung von Stoffwechselgrößen im Gewässer oder im Gewässermodell

Die Kritik am „bottle effect" hat die Entwicklung von Versuchsanordnungen begünstigt, die sich in anderer Hinsicht als die kontinuierliche Kultur durch größere „Standorttreue" auszeichnen. Unter völligem Verzicht auf Gefäße erfaßt die „rate of change“-Methode (ODUM u. HOSKIN) über die Tagnachtschwankungen von Sauerstoff, Kohlendioxid, pH als chemische output-Signale der Bioaktivität den Umsatz im Gewässer selbst. Die Anwendung setzt eine ziemlich hohe Biomassekonzentration unter der Oberflächeneinheit des Gewässers voraus. Diese Voraussetzung wird durch die steigende Nährstoffbelastung der Binnengewässer bei uns schon jetzt in den meisten Fällen erfüllt. — Andere Autoren bemühen sich um einen realistischeren „Ausschnitt“ aus einem Gewässer, als ihn eine 100- oder 500 ml-Flasche zu bieten vermag. Bewährt haben sich u. a. große Kugeln oder Zylinder aus Plastikfolie mit oder ohne künstliche Durchmischung, helle und dunkle Kammern mit oder ohne kontinuierlichen Wasserdurchsatz zur Messung von Sauerstoffproduktion und Sauerstoffverbrauch in der Freiwasserregion oder am Gewässergrund. Hierbei dient das Gewässer als Thermostat; die hier herrschende „äußere“ Faktorenkombination wird als unabhängige Variable in Rechnung gesetzt. Sollen dabei auch noch die natürlichen Druckverhältnisse berücksichtigt werden, wie sie im Hypolimnion von Seen herrschen, muß entweder die Versuchsapparatur auf dem Seeboden installiert und mit Meßwertübertragungseinrichtungen versehen werden, oder aber es wird ein Simulator im Labor aufgebaut (ZAHNER 1967). Die Kosten für derartige Anlagen erreichen ein Niveau, wie es die Physik der Hydrosphäre für ihre Versuchseinrichtungen schon seit langem beansprucht. Mit dem Planktonturm, der über einen leistungsstarken Scheinwerfer (1,5 m Durchmesser) nur künstliches Licht erhält (STRICKLAND u. Mitarb.), ist auch im großtechnischen Maßstab ein Entwicklungsstand erreicht, auf dem fast alle interessierenden Parameter unabhängig voneinander in weiten Grenzen variiert werden können. — Die Möglichkeit für eine größere Zahl von Parallelversuchen bieten unter den großräumigen Experimentieranlagen bis jetzt nur die Systeme von flachen Versuchsteichen. Hierbei kann bis jetzt nur unter natürlichen, daher in ihrer Intensität stark schwankenden meteorologischen Bedingungen gearbeitet werden. Der Vorteil, daß eine Vielzahl von Versuchen mit abgestuften Konzentrationen des interessierenden Inhaltsstoffes angesetzt werden können, sichert auch dem einfachen Aquarienstandversuch noch viele Einsatzmöglichkeiten.

7. Geochemische Einflußgrößen

Vielfach interessiert nicht nur ein einziger Inhaltsstoff, sondern ein gegebenes Mosaik der Ionenkomposition des Wassers hinsichtlich seiner Wirkung auf Organismen. Für viele Arten wirken starke Abweichungen von der limnischen bzw. der marinen Standardionenkomposition aktivitätsbegrenzend (ZIEMANN; BICK 1968), und die Struktur des Ökosystems wird einseitiger. — Die Eignung eines Oberflächenwassers als Nährlösung für Algen oder Bakterien läßt sich durch den Grad der Ähnlichkeit zwischen Nährstoffkomposition (anorg. C:N:P atomar des Wassers einerseits und dem von Biomasse „durchschnittlicher“ Zusammensetzung andererseits kennzeichnen (UHLMANN u. ALBRECHT). Umgekehrt liefert die Analyse von Biomasse Hinweise darauf, ob Stickstoff oder Phosphor in der „kritischen“, d. h. nicht unterschreitbaren Konzentration vorliegen und daher in erster Linie wachstumsbegrenzend wirken (GERLOFF u.

KROMBHOLZ). Für eine immer größere Zahl von stehenden Gewässern läßt sich die Abhängigkeit einer erhöhten Primärproduktion des Phytoplanktons von anthropogenen Änderungen in der Geochemie des Einzugsgebietes eindeutig belegen (STEWART u. ROHLICH, VOLLENWEIDER, PROCHAZKOWA, VENTZ).

8. Nachweis der Wirkung nichttoxischer organischer Substanzen

Die Substrate und Stoffwechselprodukte der Mikroorganismen in natürlichen Gewässern sind hinsichtlich Art, Konzentration und Umsatz erst wenig bekannt, weil Nachweismethoden für µg-Mengen pro Liter entweder noch fehlen oder erst in relativ wenigen spezialisierten Laboratorien (z. B. SEMENOV) eingeführt sind.

Ein brauchbarer Nährungswert für die natürliche Substratkonzentration z. B. von Glucose oder Acetat kann auch auf biologischem Wege durch Zusatz geringster Mengen eines ^{14}C-markierten Substrates mittels einfachem Flaschentest und unter Verwendung der Michaelis-Menten-Gleichung leicht ermittelt werden (z. B. ALLEN). Für den exakten Nachweis der limitierenden Wirkung organischer Wachstumsfaktoren, z. B. von Vitamin B_{12}, wurde auch bereits der Chemostat erfolgreich eingesetzt (DROOP). Sofern die Möglichkeit besteht, mit sehr hoher Zelldichte zu arbeiten (z. B. Belebtschlamm oder auch angereichertes Seston aus Gewässern, PÖNITZ) kann der Umsatz von zugegebenen Kohlenhydraten und Aminosäuren auch durch direkten Nachweis leicht verfolgt werden. Durch die Entwicklung geeigneter Nachweismethoden (z. B. KLÖCKING) kann auch die Wirkung schwer abbaubarer und daher oft in erhöhter Konzentration vorliegender Inhaltsstoffe näher untersucht werden.

9. Analytische Erfassung von Biomasse

Da zwischen gelösten Inhaltsstoffen und Organismen oft eine Wechselwirkung besteht, muß stets zwischen echt gelösten Komponenten bzw. Substrat einerseits und partikulärem Material andererseits differenziert werden. Letzteres besteht oft zu einem wesentlichen Teil aus Biomasse. Die biochemische Struktur des gewässertypischen partikulären Materials (Seston, Detritus, Belebtschlamm, biologischer Rasen, Periphyton) ist erst ungenügend bekannt. Wesentliche Fortschritte wurden erzielt durch mikrobiologische Differenzierung (RODINA), durch ^{14}C-Markierung von Detritus zwecks Erfassung der Umsatzrate innerhalb einer Nahrungskette (SOROKIN), sowie durch Anwendung cytochemischer, speziell von fluoreszenzoptischen Methoden. Besonders aussagekräftig ist hierbei u. a. der Nachweis von RNS (BENNDORF 1970) sowie von ATP (HOLM-HANSEN u. BOOTH). — Eine kontinuierliche Erfassung feinsuspendierter Biomasse im Laborversuch oder, mittels Sonde, direkt im Gewässer, ist nicht nur durch Transmissions- oder Trübungsmessung oder mit dem elektronischen Partikelzähler möglich, sondern auch durch Messung der Primärfluoreszenz des Chlorophylls (LORENZEN). Vorgeschlagen wurde auch die kontinuierliche Erfassung der Sekundärfluoreszenz von Biomasse nach Anfärbung (KAMINAR u. Mitarb.). Die hohe Empfindlichkeit der fluoreszenzoptischen

Methoden gestattet noch eine Anwendung bei relativ niedriger Biomassekonzentration.

10. Mathematische Modelle

Für die Erfassung der Wirkung von Wasserinhaltsstoffen haben in den letzten Jahren statistische Methoden eine große Bedeutung erlangt. Durch den Einsatz von Rechenautomaten erfordern auch Mehrfachregressionen sowie die genaue Kennzeichnung der Abstufung zwischen der Wirkung aller maßgebenden Faktoren mit Hilfe der Verzweigungs-(cluster)-Analyse (z. B. GOLDMAN u. Mitarb.) keinen zu hohen Zeitaufwand mehr. Das Netzwerk der mehrseitigen Abhängigkeiten innerhalb von Nahrungsketten (die experimentelle Analyse stützt sich vor allem auf ^{14}C-Markierung, SOROKIN) läßt sich durch Systeme von Differentialgleichungen darstellen (BUBNOV; KROGIUS u. Mitarb.), ähnlich gekoppelten Reaktionen in der chemischen Kinetik. Dabei treten an Stelle eines Reaktionspartners die Biomasse oder der Ferment-„pool" einer bestimmten Art. Auch für die Beziehung zwischen mehreren Arten, etwa zwischen Bakterien und Bakterienfressern, liefert z. B. das Massenwirkungsgesetz ein brauchbares, wenn auch stark vereinfachtes Modell. Auftretende Diskrepanzen zwischen Modell und Wirklichkeit zeigen die Schwächen der Theorie und helfen diese zu überwinden. Für den Biologen und Chemiker dürfte wegen ihrer Anschaulichkeit und Flexibilität die Lösung und graphische Darstellung von Gleichungssystemen mit Hilfe des Analogrechners besonderes Interesse beanspruchen (vgl. DAVIDSON u. CLYMER). Bei Problemen größeren Umfanges leistet der *XY*-Drucker von Digital- bzw. Hybridrechnern die gleichen Dienste. Ein solcher Automat berechnet und druckt z. B. aus vorgegebenen Konzentrationswerten Jahreskurven, Umsatzraten, respiratorische Quotienten usw.

Zur Darstellung der Reaktion zwischen Inhaltsstoff und Organismus wird als erster Schritt wohl meistens ein deterministisches Modell bevorzugt werden. Die in ihrer Zusammensetzung schwankenden Mischpopulationen und Substratgemische in den Gewässern, speziell in belasteten Vorflutern mit jahreszeitlich stark unterschiedlicher Wasserführung, erfordern jedoch als zweite Stufe wahrscheinlichkeitstheoretisch fundierte Modelle (s. z. B. KOTHANDARAMAN u. EWING). Ihre Bearbeitung ist erst durch den Einsatz von leistungsfähigen Rechnern möglich geworden. Die gesamte Ökologie wird sich bald solcher Modelle bedienen müssen.

Es ist anzunehmen, daß in Zukunft ein nennenswerter Anteil auch der biologisch-toxikologischen Überwachung wichtiger Gewässer vom Schaltpult aus erfolgen wird, an dem die Informationen aus selbstregistrierenden Gütepegeln, chemischen und biologischen Analysenautomaten sowie Rechenautomaten zusammengeführt werden. Dafür wird aber ein solides Primärdatenmaterial gebraucht, dessen Bereitstellung noch viel Arbeit und neue Ideen erfordert.

Die Verfasser danken Herrn *Dr. Lienig* und Herrn *Dr. Mädler* für die kritische Durchsicht des Manuskriptes.

Literatur

ALBERT, W.: Die Reinigungswirkung der Mikroorganismen in Oxydationsteichen Dipl.-Arbeit Math.-Nat. Fakultät Universität Leipzig (unveröffentlicht), 1967

ALLEN, W.: Chemo-organotrophic utilization of dissolved organic compounds by planktic algae and bacteria in a pond. Int. Rev. ges. Hydrobiol. **54** (1967), 1

Autorenkollektiv: Träume ins Jahr 2000. Junge Welt, Beilage Nr. 16 v. 17. 4. 1970

BENNDORF, J.: Modellversuche und vergleichende Freilanduntersuchungen zur Prognose der Phosphatelimination in Vorsperren — Dissertation Fak. Bau, Wasser, Forst. Techn. Universität Dresden (unveröffentlicht), 1971

—: Ein neues Verfahren zur Bestimmung der Intensität der bakteriellen Proteinsynthese. Z. allg. Mikrobiologie **11** (1971), 265

BICK, H.: Vergleichende Untersuchung der Ciliatensukzession beim Abbau von Pepton und Zellulose (Modellversuche). Hydrobiologia **30** (1967), 353

—: Untersuchungen zur Verträglichkeit von Meer- und Brackwasser für Ciliaten des Saprobiensystems der Wassergütebeurteilung. Helgoländ. Wiss. Meeresunters. **17** (1968), 257

BRAUNE, W.: Ökologisch-physiologische Untersuchung von Algen zur biologischen Beurteilung des Stoffumsatzes in Fließgewässern. Habilitationsschrift Math.-Nat. Fakultät der Universität Jena (unveröffentlicht), 1969

BUBNOV, V. A. u. Mitarb.: The formation of the oxygen minimum layer in the ocean (Russ., engl. Zusammenfassung) Okeanologija (Mosk.) **7** (1968), 605

BUNGAY, H. R.: Dynamic analysis of microbial systems. Water Sewage Works **114** (1967), 190

CASPERS, H. u. L. KARBE: Vorschläge für eine saprobiologische Typisierung der Gewässer Int. Rev. ges. Hydrobiol. **52** (1967), 145

DAVIDSON, R. S. u. A. B. CLYMER: The desirability and applicability of simulating ecosystems. Ann. New York Acad. Sci. **128** (1966), 790

DROOP, M. R.: Vitamin B_{12} and marine ecology. III. An experiment with a chemostat. J. mar. biol. Ass. U. K. **46** (1966), 659

FOURNIER, R. O.: Some implications of nutrient enrichment on different temporal stages of a phytoplankton community. Chesapeakte Sci. **7** (1966), 11

GERLOFF, B. C. u. P. H. KROMBHOLZ: Tissue analysis as a measure of nutrient availability for the growth of angiosperm aquatic plants. Limnol. Oceanogr. **11** (1966), 529

GOLDMAN, C. R. u. Mitarb.: Primary productivity, bacteria, phyto- and zooplankton in Lake Maggiore: correlations and relationship with ecological factors. Mem. Ist. Ital. Idrobiol. **23** (1968), 49

HARTMANN, L. u. P. WILDERER: Physical and biochemical aspekts of BOD kinetics. Fourth Internat. Conf. Water Poll. Res. Prague Sept. 1968 Section I Paper 14, 1968

HOLM-HANSEN, O. u. C. R. BOOTH: The measurement of adenosine trophosphate in the ocean and its ecological signifcance. Limnol. Oceanogr. **11** (1966), 510

KAISER, H. u. H. SPECKER: Bewertung und Vergleich von Analysenverfahren Z. analyt. Chem. **149** (1956), 46

KAMINAR, L. M. u. Mitarb.: Automatic counting of luminescent microobjects. (Russ., engl. Zusammenfassung) Mikrobiologija **34** (1965), 171

KIENITZ, H. u. R. KAISER: Datenverarbeitung in der analytischen Chemie. Z. analyt. Chem. **237** (1968), 241

KLÖCKING, R.: Stabile Naturstoffe in Gewässern. Vortrag Symposium Wasserinhaltsstoffe, Reinhardtsbrunn 1970

KNÖPP, H.: Stoffwechseldynamische Untersuchungsverfahren für die biologische Wasseranalyse. Inst. Rev. ges. Hydrobiol. **53** (1968), 409

KOTHANDARAMAN, V. u. B. B. EWING: A probabilistic analysis of dissolved oxygen-biochemical oxygen demand relationship in streams. J. Wat. Poll. Control Fed. **41** No.2 part 2 (1969), R. 73

KROGIUS, F. V. u. Mitarb.: Analog of the Ecological System of Lake Dalneje (Russ., engl. Zusammenfassung). Gidrobiol. Ž. **5** (1969), 14

LORENZEN, C. J.: A method for the continuous measurement of in vivo chlorophyll concentration. Deep See Res. **13** (1966), 223

MALEK, J. u. Z. FENCL (Hrsg.): Theoretical and methodological basis of continuous culture of microorganisms. Prag, Verlag Academia, 1966

MARVAN, P.: Zur Methodik der Auswertung von Toxizitätstesten. Sci. Pap. Inst. Chem. Technol. Prag, Technol. Water **7** (1) (1963), 271

ODUM, H. T. u. C. M. HOSKIN: Comparative Studies of the metabolism of marine waters. Publ. Inst. Mar. Sci. Univ. Texas **5** (1958), 16

PÖNITZ, G.: Gehalt an und Elimination von Kohlenhydraten durch Seston aus unterschiedlichen Gewässern und Gewässermodellen. Dipl.-Arbeit Sektion Wasserwesen der Technischen Universität Dresden (unveröffentlicht), 1969

PROCHÁZKOWÁ, L.: Some abiotic factors in relation to the nitrogen and phosphorus concentration in river-reservoir water. Fortschritte der Wasserchemie (s. dieses Heft)

QUENTIN, K.-E.: Aktuelle Spurenstoffprobleme in der Wasseranalytik. Fortschritte der Wasserchemie (s. dieses Heft)

REIMANN, K.: Über die Grundlagen der Abwasserphysiologie. Messung und Bewertung der toxischen Hemmung im Verlauf der Selbstreinigung. Die Wasserwirtschaft **56** (1966), 243

RODINA, A. G.: Microbiology of detritus in lakes. Limnol. Oceanogr. 8 (1963), 238

SCHARRNBECK, D.: Ökonomisches Modell der Analytik. Chem. Techn. **22** (1970), 166

SEMENOV, A. D.: Organic watter in surface water of the USSR. Methods and some results of investigation Fortschritte der Wasserchemie (s. dieses Heft)

SOROKIN, J. I.: Carbon 14 method in the study of the nutrition of aquatic animals. Int. Rev. ges. Hydrobiol. **51** (1966), 209

STEWART, K. M. u. G. ROHLICH: Eutrophication – a review. Publ. State of California Water Quality Control Board **34** (1967)

STRICKLAND, J. D. M. u. Mitarb.: The use of a deep tank in plankton ecology. I. Studies of the growth and composition of phytoplankton crops at low nutrient levels. Limnol. Oceanogr. **14** (1969), 23

v. TÜMPLING, W.: Manometrische Bestimmung der autotrophen Bioaktivität und ihrer Beeinflussung durch Nähr- und Giftstoffe. Fortschritte der Wasserchemie (s. dieses Heft)

UHLMANN, D.: Modellversuche über die Abhängigkeit der planktischen Bioaktivität von der Verweilzeit des Wassers Inst. Rev. ges. Hydrobiol. **53** (1967), 101

—: u. E. ALBRECHT: Biogeochemische Faktoren der Eutrophierung von Trinkwasser-Talsperren. Limnologica **6** (1968), 225

VENTZ, D.: Die Einzugsgebietsgröße – ein Geofaktor für den Trophiezustand stehender Gewässer. Fortschritte der Wasserchemie (siehe dieses Heft)

VOLLENWEIDER, R. A.: Die wissenschaftlichen Grundlagen der Seen- und Fließgewässereutrophierung unter besonderer Berücksichtigung des Phosphors und des Stickstoffs als Eutrophierungsfaktor. Paris (Organisation für Economic Cooperation and Development DAS/CSI/68.27), (1968)

WEISE, G. u. Mitarb.: Stoffwechsel submerser Wasserpflanzen vom Typ fontinalis antipyretica L. bei intermittierender Belichtung. Biol. Zentralblatt (im Druck)

WILHM, J. L.: Comparison of some diversity indives applied to populations of benthic macroinvertebrates in a stream receiving organic wastes. J. Wat. Poll. Contr. Fed. **39** (1967), 1673

WILLINGHAM, C. A. u. K. J. ANDERSON: Use of microorganisms for detecting toxic materials in water. Water Sewage Works **113** (1967) 464; **114** (1967), 25

ZAHNER, R.: Organismen als Indikatoren für den Gewässerzustand
Arch. Hyg. Bakt. **149** (1965), 243

—: Experimente zur Analyse chemischer und physikalischer Vorgänge in der Wasser-Sediment-Grenzschicht stehender und langsam strömender Gewässer I.
Int. Rev. ges. Hydrobiol. **52** (1967) 627

ZIEMANN, H.: Die Wirkung der Kaliabwässer auf die Fauna und Flora der Gewässer unter besonderer Berücksichtigung der Werra und Wipper. Fortschritte d. Wasserchemie 7 (1967)

Anschrift der Verfasser:

Prof. Dr. rer. nat. habil. J. KAEDING

Prof. Dr. rer. nat. habil. D. UHLMANN,

Technische Universität Dresden, Sektion Wasserwesen,

8027 Dresden, George-Bähr-Straße 1, DDR

Ch. Legler

Institut für Wasserwirtschaft, Berlin

Methoden der Sauerstoffbestimmung und ihre Bewertung

Zusammenfassung: Elektrochemische und chemische Methoden zur Bestimmung des gelösten Sauerstoffes in Oberflächenwässern wurden hinsichtlich ihrer Fehlerquellen und ihrer praktischen Einsatzfähigkeit überprüft. Für kontinuierliche Messungen und große Untersuchungsserien sind mit Vorteil elektrochemische Meßeinrichtungen und zwar am geeignetsten membranbedeckte Elektrodensysteme einzusetzen. Die Fehlerbreite der Meßergebnisse liegt zumeist über der chemischer Bestimmungen. Von den chemischen Methoden ist die Winkler Methode die Methode der Wahl. Einige modifizierte Verfahren wie z. B. Carbonatumwandlung, Jod-Differenzverfahren, direkte Bestimmung der Mangan (III)-Ionen unter Umgehung der jodometrischen Titration, führen bei einem größeren Zeitaufwand zu keiner generellen Verbesserung sondern zum Teil zu neuen Fehlerquellen. In Wässern mit störenden Stoffen ist je nach der Art dieser Verbindungen die Voroxydation mit Chlor unter Beseitigung des Überschusses mit Kaliumrhodanid und anschließender Winkler-Bestimmung oder die komplexometrische Bestimmung des Eisen(III)-Salicylat-Chelates nach Bindung des Sauerstoffes durch Eisen(II)-Äthylendiaminsulfat zu empfehlen.

Summary: Electrochemical and chemical methods for the determination of dissolved oxygen in surface waters were tested with regard to their sources of error and practical applicability. For continous measurements and large investigation series electrochemical measuring device, especially with membrane electrode systems, are favourable. The breadth of error is mostly larger than for chemical methods. Of the chemical methods the Winkler method is the method to be selected. Some modified measures lead because or more need of time to no improvement but to new sources of error — for instance change of carbonate, difference method with iodine, direct determination of manganese(III)ions without iodinemetric titration. In waters with disturbing substances there is advisable the preoxidation of these compounds with chlorine connected with the removal of excess substances by KSCN and subsequently, the Winkler determination or the complexometric determination of ferric salicylate-chelate after the binding of oxygen by ferrous ethylen diamine sulphate.

Резюме: Электрохимические и химические методы для определения растворённого кислорода в поверхностных водах были проверены по отношению к их источникам ошибок и их практической способности применения. Для непрерывных измерений и больших исследовательских серий выгодно применять Электрохимические измерительные устройства, лучше всего мембранно-покрытые Электродные системы. Ширина ошибок измерительных результатов чаще всего выше той из химических определений. Метод по Винклеру является самым точным методом из химических методов. Некоторые видоизменённые способы, как например превращение карбонатом, йодоразностный способ, прямое определение марганца-III-ионов при обходе йодометрического титрования, при большей затрате времени не приводят к общему улучшению, но частично к новым источникам ошибок. В водах с мешающими веществами в зависимости от вида Этих соединений рекомендуется предварительное окисление с хлором при уничтожении избытка с роданидом калия и последствующим определением по Винклеру или комплексометрическое определение железо-III-салицилатхелата после связи кислорода с железа-II-Этилендиамин-сульфатом.

Die außergewöhnliche Bedeutung des im Wasser gelösten Sauerstoffes hat zu zahlreichen methodischen Varianten seiner Bestimmung geführt. Für uns bestand die Aufgabe, eine Reihe dieser Bestimmungsverfahren für die Praxis der Wasseruntersuchung einer kritischen Prüfung und Bewertung zu unterziehen.

Elektrochemische Verfahren

Durch die enge Verknüpfung des Sauerstoffs mit allen Vorgängen des Stoffab- und -umbaues in Gewässern und Abwässern, die zu örtlichen und zeitlichen Konzentrationsänderungen führen, bietet eine laufende Folge von Meßwerten eine ungleich größere Aussagekraft als die von Einzelwerten. Aus diesem Grunde haben die kontinuierlichen Verfahren der Sauerstoffbestimmung eine so große Bedeutung erlangt, die ständig im Wachsen begriffen ist. Unter diesen kontinuierlichen Meßverfahren haben sich die elektrochemischen und von diesen wiederum die amperometrischen mit membranbedeckten starren Elektroden am besten in der Praxis bewährt (MANCY a. WESTGARTH, GRASSHOFF, LE PETIT u. THIELEMANN, LEGLER, FASTABEND u. HANDLOSER, NÖSEL).

Durch die Abtrennung des Elektrodenraumes mittels einer sauerstoffdurchlässigen Membran von der zu untersuchenden Flüssigkeit können die Störungen, die früheren elektrochemischen Meßeinrichtungen eigen waren (AMBÜHL, HUSMANN u. STRACKE, TÖDT u. PETSCH, TÖDT) weitestgehend ausgeschaltet werden. Gemessen wird bei allen derartigen Elektrodensystemen der Diffusionsgrenzstrom des Sauerstoffes in der Elektrolytschicht, der neben dem Partialdruck des Sauerstoffes p_{O_2} noch von der Größe der Kathodenfläche, der Dicke der Diffusionsschicht (bestehend aus Elektrolytfilm, Membran und angrenzender Schicht der Meßlösung) und dem Diffusionskoeffizienten des Sauerstoffes in diesen Schichten — und dadurch außerdem von der Temperatur — abhängig ist. Durch diesen Zusammenhang werden praktisch alle Eigenschaften der Elektroden, wie Größe des Ausgangsstromes, Temperaturabhängigkeit, Abhängigkeit von der Strömungsgeschwindigkeit, Ansprechzeit und auch Stabilität der Eichwerte bestimmt, so daß entsprechend den Anforderungen gewisse Variationsmöglichkeiten gegeben sind.

Die unterschiedlichsten Typen derartiger membranbedeckter Elektroden sind im Gebrauch, wobei für den praktischen Einsatz am Gewässer mit Vorteil solche mit automatischer Temperaturkompensation zu verwenden sind, da die Abhängigkeit des Diffusionsstromes von der Temperatur bei bedeckten Elektroden wesentlich größer ist als bei unbedeckten. Sie liegt in der Größenordnung von 5···7% pro °C und ist nicht linear, was eine exakte automatische Temperaturkompensation über größere Bereiche allerdings problematisch macht und die außerdem auch durch Unterschiede im Membranmaterial erschwert wird. Die Wahl des Elektrodentyps richtet sich nach den Anwendungsgebieten, z. B.

für Laboreinsatz, Gewässeruntersuchungen, Stationierung in Abwasseranlagen, wobei für die Untersuchung im Gewässer vor allem auf Stabilität der Eichwerte auf Dichtheit und auf Druckunabhängigkeit — wegen des Einsatzes für Tiefenmessungen — geachtet werden sollte. Für die Anwendungen in Schlammbelebungsanlagen gelten vor allem Forderungen nach Robustheit und Unempfindlichkeit gegenüber Erschütterungen.

Der störungsfreie Einsatz derartiger Meßeinrichtungen in der Praxis ist weitgehend abhängig von der Stabilität der verwendeten Elektrodentypen, von der praktischen Handhabung der Regenerierung sowie von der Zuverlässigkeit und praktikablen Anwendung der entsprechenden Meßeinrichtungen bzw. Verstärkersysteme.

Zu beachten ist, daß es sich bei derartigen amperometrischen Messungen um keine absoluten, sondern um relative Größen handelt, das heißt, daß den eigentlichen Messungen eine Eichung vorausgehen muß. Die Präzision der Eichung bedingt weitgehend auch die Präzision der Meßergebnisse. Nach eigenen Erfahrungen sind die korrektesten Eichungen über Parallelbestimmungen mit der Winkler-Methode durchführbar. Der Aufwand ist nicht unbeträchtlich, aus diesem Grunde sind Elektrodentypen zu bevorzugen, die sich durch Konstanz der Eichwerte auszeichnen. Bei Eichung durch Messungen in luftgesättigtem Wasser muß auf die Einstellung des Sättigungsgleichgewichtes bei definierter und konstanter Temperatur geachtet und der herrschende Luftdruck berücksichtigt werden. Die Angaben verschiedener Autoren über die Löslichkeit des Sauerstoffes in destiliertem Wasser bei einem Gesamtdruck der wasserdampfgesättigten Atmosphäre von 760 Torr differieren bei 15 °C um 0,34 mg/l O_2, bei 20 °C um 0,26 mg/l O_2 (TRUESDALE and DOWNING — CARPENTER) wobei nach den Angaben von CARPENTER (1966), ELMORE and HAYES, MONTGOMERY, die Ergebnisse von TRUESDALES als fehlerhaft zu betrachten sind. Für die AUSGEWÄHLTEN METHODEN DER WASSERUNTERSUCHUNG wurde in Übereinstimmung mit den Vereinheitlichten Untersuchungsmethoden der Wassergüte der Mitgliedsländer des RGW die Sättigungstabelle nach ELMORE und HAYES ausgewählt. Soll in vereinfachter Form die Eichung durch Messungen in Luft vorgenommen werden, dann ist streng darauf zu achten, daß die Meßkette auch tatsächlich die ermittelte Temperatur der sie umgebenden Luft angenommen hat.

Die Reproduzierbarkeit der Meßergebnisse kann im Laborbetrieb unter Einhaltung bestimmter Bedingungen (Temperaturkonstanz bei Eichung und Messung, konstante Rühr- bzw. Strömungsgeschwindigkeit, Verwendung empfindlicher μA-Meter) bis zu 0,02···0,05 mg/l O_2 betragen. Für den Normalfall der Praxis und bei Feldmessungen liegt die erreichbare Präzision unter der der Winkler Methode — ausgenommen in Wässern in denen die chemische Bestimmung gestört wird — und kann nach eigenen Erfahrungen etwa mit $\pm$ 0,2 mg/l angegeben werden. Unter ungünstigen Meßbedingungen (starke Temperaturänderungen, ungeeignete Elektrodentypen) wurden jedoch auch noch größere Abweichungen beobachtet.

Zu beachten ist außerdem, daß mit membranbedeckten Elektroden der Partialdruck in der Lösung und nicht die Konzentration gemessen wird (TÜMMLER u. REITNAUER). Die veränderte Löslichkeit des Sauerstoffes (z. B. bei höheren

Salzkonzentrationen) gegenüber der Eichlösung muß durch einen Korrekturfaktor $f = C_E/C_M$, (C_E = Löslichkeit des Sauerstoffes in der Eichlösung in mg/l bei der Temperatur t_1, C_M = Löslichkeit des Sauerstoffes in der Meßlösung bei t_1) berücksichtigt, oder die Eichung direkt in der Meßlösung vorgenommen werden.

Elektrochemische Sauerstoffmessungen erfordern wie alle anderen elektrochemischen Meßverfahren Fachkenntnisse über die grundsätzlichen Zusammenhänge. Die Einfachheit der Bedienung, die oft in einem einfachen Knopfdruck besteht, sollte nicht zu Fehlmessungen verleiten, wenn prinzipielle Voraussetzungen übersehen wurden.

Chemische Methoden

Neben den elektrochemischen Verfahren mit ihren unbestreitbaren Vorzügen, werden jedoch auch die chemischen Methoden zur Bestimmung des gelösten Sauerstoffes nach wie vor ihre gleichberechtigte Bedeutung behalten. Das trifft sowohl zu für alle Probleme der Eichung und Kontrolle elektrochemischer Verfahren, wie auch für den zweckmäßigen Einsatz bei Einzelmessungen und für anspruchsvolle Bestimmungen, die zur Erfassung genauer Sauerstoffdifferenzen notwendig sind.

Winkler-Methode

Unter den chemischen Methoden stellt die bekannte Sauerstoffbestimmung nach Winkler nach wie vor das in der Praxis bewährteste Verfahren dar, wie auch die Aufnahme in alle Einheits- bzw. Standardverfahren beweist. Unter der Bezeichnung „Winkler-Methode“ sollen dabei alle die Verfahren verstanden werden, die auf einer Oxydation von Mangan(II)-hydroxiden zu höherwertigen Manganoxidhydraten durch den gelösten Sauerstoff und deren Umsetzung mit Jodid zu Jod basieren. Variationen in der Ausführung der Bestimmung, wie elektrometrische (Knowles and Lowden, Grasshoff) oder photometrische Titration (Carpenter 1965) oder auch spektrophotometrische Messung des ausgeschiedenen Jods (Beadle) zielen auf eine Verbesserung hinsichtlich Schnelligkeit und Präzision der Methode hin.

Nach der Arbeitsvorschrift der Ausgewählten Methoden der Wasseruntersuchung wurde eine Standardabweichung s von $O_2 = 0{,}02$ mg/l ermittelt.

Diese Präzision der Winkler-Methode entspricht den Ergebnissen anderer Autoren und wird von keinem anderen Bestimmungsverfahren erreicht.

Diese Aussage trifft allerdings nur für wenig verunreinigte Wässer zu, denn neben aller Anerkennung hat die Winkler-Methode auch sehr viele kritische Einwände erfahren, die ihre Störung durch oxydierend und reduzierend wirkende Stoffe betreffen. (Alsterberg, Ohle, 1936, 1953, Wickert und Ipach 1953, Kliffmüller). Unter den Bedingungen, die bei limnologischen Untersuchungen zu erwarten sind, kommen dabei vor allem die Störungen durch reduzierend wirkende Stoffe in Betracht, da die Beseitigung der wesentlichsten Fehlerquellen für zu hohe Ergebnisse, Nitrit und Eisen(III)-verbindungen, durch bekannte und bewährte Maßnahmen möglich ist. (Azid-Modifikation nach

ALSTERBERG zur Ausschaltung der Nitritstörung, Komplexbindung des Eisen-(III)-ions durch Phosphorsäure).

Reduzierende Einwirkungen können sowohl auf die höherwertigen Manganoxidhydrate in der alkalischen Lösung während des Sedimentationsvorganges auftreten (z. B. durch Sulfide und viele organische Stoffe) wie auch in saurer Lösung auf das ausgeschiedene Jod. Die Umsetzungsmöglichkeiten mit den höherwertigen Manganoxidhydraten werden häufig nicht genügend beachtet, es sollte jedoch aus diesem Grunde vermieden werden, bei verunreinigten Wässern die Proben länger als unbedingt nötig sedimentieren zu lassen.

Modifizierte Winkler-Verfahren

Die verschiedenartigsten Korrektionsverfahren zur Ausschaltung der Störungen der Winkler-Methode sind angewendet und in der Literatur beschrieben worden. Sie lassen sich in drei Gruppen einteilen:

1. Überführung der Mangan(II)-hydroxide in Mangancarbonate
2. Umgehung der jodometrischen Bestimmung
3. Behandlung der Wasserproben mit Oxydationsmitteln vor der eigentlichen Bestimmung.

Umfällung des Mangan(II)-hydroxids in Mangan(II)-carbonat

Die vielfach zitierte und empfohlene Umfällung des Mangan(II)-hydroxids in Mangan(II)-carbonat nach BRUHNS ist nur unter Einhaltung ganz bestimmter Reaktionsbedingungen vollständig, und nur unter dieser Voraussetzung ist der Niederschlag nicht mehr sauerstoffempfindlich und kann von der Lösung durch Filtrieren oder Sedimentieren abgetrennt werden. Nach einigen Arbeitsvorschriften (z. B. DEUTSCHE EINHEITSVERFAHREN, CZENSNY) werden diese Reaktionsbedingungen nicht erreicht und dadurch völlig unzuverlässige zu hohe Ergebnisse erhalten.

Die Verschiebung des Gleichgewichtes auf die Seite des Mangancarbonats wird nach unseren Untersuchungen bei Verwendung von Fällungsreagenzien mit einem Molverhältnis von Mangan(II)-Ionen zu Hydroxyl-Ionen von 1:3 etwa erst ab 5 g $NaHCO_3$ bzw. $KHCO_3$ pro 100 ml Probe erreicht, wie Tab. 1 ausweist. Bei unvollständiger Umsetzung reagiert der Niederschlag während der Bearbeitung weiterhin mit Sauerstoff, wobei der Sauerstoff aus der Gasphase wesentlich langsamer eindringt als aus der Lösung (Wasser) wie die Vergleiche zwischen filtrierten und sedimentierten, mit luftgesättigtem destilliertem Wasser ausgewaschenen Niederschlägen zeigen.

Die Umsetzung verläuft außerdem umso langsamer bzw. unvollständiger, je kompakter der Niederschlag der vorhergehenden Hydroxidfällung ist. Diese Gefahr besteht dann, wenn Mangan(II)-chloridlösung und Natronlauge in konzentrierter Form am Flaschenboden zusammentreffen.

Bei Carbonatumfällung ist deshalb zwischen Mangan(II)-chlorid- und Natronlaugezugabe umzuschütteln.

Die Anwendung von Kaliumcarbonat nach CZENSNY führte zu völlig fehlerhaften Ergebnissen. Bereits am Aussehen des Niederschlages war erkennbar, daß keine Umsetzung zum Mangancarbonat stattgefunden hatte. Während der Abtrennung von der Lösung nahm der Niederschlag in starkem Maße Sauerstoff

Tabelle 1
Sauerstoffbestimmung nach Carbonatumfällung
(Abhängigkeit der Ergebnisse von der Hydrogencarbonatmenge und von der Art der Abtrennung des Niederschlages)

Dest. Wasser O_2 mg/l	Zusatz	O_2 mg/l	Differenz O_2 mg/l	Zusatz	O_2 mg/l	Differenz O_2 mg/l
a) Trennung durch Filtration						
8,8	0,5 g $NaHCO_3$	10,0	+1,2	0,5 g $KHCO_3$	10,1	+1,3
8,8	1 g $NaHCO_3$	9,6	+0,8	1 g $KHCO_3$	9,6	+0,8
8,8	3 g $NaHCO_3$	9,4	+0,6	3 g $KHCO_3$	9,3	+0,6
8,8	5 g $NaHCO_3$	9,0	+0,2	5 g $KHCO_3$	9,5	+0,5
b) Trennung durch Sedimentierung und Auswaschen des Nierderschlages						
8,8	0,5 g $NaHCO_3$	17,9	+9,1	0,5 g $KHCO_3$	22,0	+13,2
8,8	1,0 g $NaHCO_3$	12,4	+3,6	1 g $KHCO_3$	13,0	+4,2
8,8	3,0 g $NaHCO_3$	10,1	+1,3	3 g $KHCO_3$	10,6	+1,8
8,8	5,0 g $NaHCO_3$	9,2	+0,4	5 g $KHCO_3$	9,7	+0,9

auf, was zu Fehlern von + 12—17 mg/l O_2 führte. Dagegen ist die Anwendung von Hydrogencarbonat in gelöster Form vorteilhaft, wie die günstigere Wirkungsweise von Ammoniumcarbonatlösung (OHLE 1936) beweist. Trotzdem lagen auch unter diesen abgewandelten Versuchsbedingungen die Ergebnisse um 0,1···0,6 mg/l O_2 zu hoch und die Standardabweichung ist mit 0,2 mg/l O_2 zehnmal so groß wie nach der normalen Winkler-Methode.

Die Carbonatumfällung vermag außerdem Störungen, die im alkalischen Reaktionsschritt der WINKLER-Methode auftreten können nicht zu beseitigen, wie an Modellwässern mit Sulfidzusätzen festgestellt werden mußte. Das Verfahren bringt zum Teil neue Fehlerquellen mit sich (Sauerstoffaufnahme), es ist in der Art seiner Durchführung umständlich und zeitaufwendig, und die allgemeine Anwendung kann deshalb nicht empfohlen werden.

Umgehung der jodometrischen Bestimmung

Wie bereits erwähnt, wird von einer Reihe von Autoren die jodometrische Bestimmung als der störanfälligste Schritt der Winkler-Methode angesehen, und es gibt zahlreiche Vorschläge, das in saurer Lösung vorliegende Mangan-(III)-ion direkt zu bestimmen. Nach BERKA und HOFMANN wird die Titration des Mangan(III) in Form des Diphosphatkomplexes mit Hydrochinon, nach LEITHE 1943, GAD mit Eisen(II)-ammoniumsulfat vorgenommen, während GAD und RICHTER die direkte photometrische Auswertung des Mangan(III)-diphosphatkomplexes empfehlen. Von MALIK wird die Titration des Mangan (III)-ÄDTA-Komplexes mit Eisen(II)-ammoniumsulfat vorgeschlagen.

Generell zeigen alle diese Methoden weniger gut reproduzierbare Ergebnisse als die WINKLER-Methode mit jodometrischer Auswertung, da der Endpunkt der Titration weniger scharf ausgeprägt ist. Alle diese Verfahren schalten Störungen, die bereits im alkalischen Reaktionsschritt auftreten, nicht aus. Gegen die Bevorzugung der direkten Titration von Mangan(III) in saurer Lösung gegenüber der indirekten jodometrischen Bestimmung in verunreinigten Gewässern sprechen bereits theoretische Gründe, da Mangan(III)-verbindungen wesentlich stärker oxydierend wirken als Jod, wie sich auch durch den Vergleich der Standardpotentiale der Redoxreaktionen begründen läßt. Die Versuchsergebnisse weisen das auch eindeutig aus. In Modellösungen mit bekanntem Sauerstoffgehalt und Zusätzen verschiedener organischer Stoffe wurden bei direkter Titration des Mangan(III) mit Hydrochinon- und Eisen(II)-lösungen noch größere Minderbefunde als nach der normalen Winkler-Methode erzielt. Die Vorschläge von FADRUS und MALY, Umsetzung von Mangan(III)-verbindungen mit Eisen(II)-salzen und Titration des überschüssigen Eisen(II) mit Sulfocer (IV)-säure (1968b) oder der komplexometrischen Titration der gebildeten Eisen (III)-ionen (1968a) versprechen eine Ausschaltung von Störungen durch reduzierende Stoffe, die jedoch nach eigenen Erfahrungen durch eine direkte Bindung des Sauerstoffes an Eisen(II)-salze noch verstärkt werden könnte (s. im folgenden).

Verfahren mit Voroxydation

Die sicherste Ausschaltung von Störungen durch reduzierende Stoffe sowohl im Hinblick auf den alkalischen Schritt der Reaktion wie auch auf die eigentliche jodometrische Bestimmung lassen alle die Verfahren erwarten, die mit einer Voroxydation der Wasserproben arbeiten (OHLE 1936, 1953, WICKERT und IPACH 1950, ROSS). Diese Methodik wird sowohl mit Beseitigung des überschüssigen Oxydationsmittels wie auch als Differenzverfahren durchgeführt. Weite Verbreitung und Eingang in die DEUTSCHEN EINHEITSVERFAHREN hat von diesen Methoden das Jod-Differenzverfahren gefunden:

Eine Haupt- und Parallelprobe zur Sauerstoffbestimmung wird mit einem Jod-Kaliumjodid-Reagenz versetzt, um Störungen durch jodverbrauchende wie auch jodausscheidende Substanzen auszuschalten. Nach gleichlanger Einwirkungszeit wird in der Hauptprobe der Sauerstoff durch Mangan(II)-hydroxid gebunden und in der Parallelprobe eine gleichstarke Hydroxidfällung durch Magnesiumsalz und Natronlauge erzeugt. Aus der Differenz des Thiosulfatverbrauchs der Titrationen beider Proben wird der Sauerstoffgehalt errechnet.

Erste vergleichende Untersuchungen an einer Reihe unterschiedlicher Oberflächengewässer zeigten analog zu den Ergebnissen anderer Autoren nach dem Jod-Differenzverfahren höhere Konzentrationen an gelöstem Sauerstoff als nach der Winkler-Methode. Die Differenz zwischen beiden Ergebnissen stand in offensichtlichem Zusammenhang mit dem Verschmutzungsgrad der Wässer und überstrich einen Bereich von 0,2 mg/l bei relativ sauberen Oberflächenwässern bis zu 3 mg/l in einem Oxydationsteich und wurde zunächst mit dem Fehler der Winkler-Methode interpretiert. Die starke Abhängigkeit der nach beiden Methoden gefundenen Ergebnisse von der Sedimentationszeit der Hydroxidniederschläge beim Jod-Differenzverfahren sowie von der Vorbehandlungsdauer mit Jod (s. Tab. 2) ließen Zweifel an dieser Deutung aufkommen, die durch die Ergebnisse elektrochemischer Parallelbestimmungen bestärkt wurden.

Tabelle 2:
Sauerstoffbestimmung nach Winkler und nach dem Jod-Differenz-Verfahren mit unterschiedlicher Vorbehandlung der Proben

	$KMnO_2$-Verbrauch mg/l	Sauerstoff nach Winkler mg/l		Sauerstoff nach Jod-Differenz-Verfahren mg/l			
				Jodbehandlung			
		Niederschlag 24 h sedim.	Niederschlag 1 h sedim.	30 min Niederschlag sofort gelöst	30 min Niederschlag 1 h sedimentiert	30 min Niederschlag 24 h sedimentiert	24 h Niederschlag 1 h sedimentiert
Müggelsee	42	9,04	9,09		10,17	10,56	9,70
Heinitz-See	12	8,58	8,56		9,11	9,29	8,99
Oxydationsteich (Oberfläche)	270	14,32	13,74	15,60	17,34	17,15	14,94
Oxydationsteich (70 cm Tiefe)	320	0,00	0,00	0,51	2,35	2,03	0,81
Hasselvorsperre (6 m Tiefe)		2,78	2,68	3,03	3,46	3,94	3,45
Rappbode-Talsperre	12	9,64	9,67	9,79	10,20	10,52	10,20
Binnen-Müritz	25	10,34	10,21	10,59	11,06	11,67	
Außen-Müritz	18	4,64	4,67	4,98	5,62	6,04	
Altschweriner See	14	7,73	7,71	8,01	8,36	8,80	
destilliertes Wasser + ~11 mg/l Hydrochinon		7,00	6,73	11,32	13,55	13,65	13,50
destilliertes Wasser + Milch (1:200)		7,61	4,96	9,39	12,60	6,36	11,20

Besonders bezeichnend ist das Ergebnis eines Versuches mit Wasser aus einem Oxydationsteich (Versuch 4). Das Wasser war aus etwa 70 cm Tiefe entnommen worden, es zeigte bereits bei der Entnahme nur noch Spuren von Sauerstoff, zur völligen Auszehrung war es in einer verschlossenen Flasche im Dunkeln aufbewahrt worden, und alle Proben wurden auch im Dunkeln in Sauerstoffflaschen abgefüllt. Jede Aufnahme und Produktion von Sauerstoff wurde also weitestgehend ausgeschlossen, und mit einer elektrochemischen Bestimmung konnte eindeutig nachgewiesen werden, daß der Sauerstoffgehalt unter 0,05 mg pro *l* lag. Nach dem Jod-Differenzverfahren ergeben sich je nach Versuchsdurchführung Werte von 0,5 mg/*l*···2,35 mg/*l*. Ohle (1953) hatte bei seinen Untersuchungen des Jod-Differenzverfahrens nach Skopinzew und Mitjagina bereits ganz ähnliche Beobachtungen gemacht und zur Behebung dieser Fehlerquelle die möglichst rasche Ansäuerung der Proben nach dem Laugenzusatz empfohlen. In der Arbeitsvorschrift der Deutschen Einheitsverfahren (1960) wird dagegen in Haupt- und Parallelprobe durch Zusatz von Magnesiumchlorid eine gleiche und starke Hydroxidfällung erzeugt.

Die Untersuchungen an Modellösungen mit definierten Sauerstoffkonzentrationen zeigten ebenfalls (s. Tab. 3), daß in Gegenwart reduzierender Stoffe zwar die Sauerstoffbestimmungen nach Winkler zu tief ausfallen, die nach dem Jod-Differenzverfahren erhaltenen Werte jedoch bei weitem zu hoch liegen.

Zahlreiche weitere Untersuchungen führten zu dem Ergebnis, daß die bisher angenommenen Reaktionsabläufe anders gedeutet werden müssen:

Tabelle 3
Sauerstoffbestimmungen nach Winkler und nach dem Jod-Differenzverfahren in Modellösungen

Zusatz zu belüftetem destilliertem Wasser		Differenz zum Ausgangswert in destilliertem Wasser	
		Winkler O_2 mg/l	Jod-Differenzverfahren O_2 mg/l
Schwefelwasserstoff +	2 mg/l	−0,88	+0,75
Eisen(II)	10 mg/l	−1,38	−0,20
Phenol	10 mg/l	+0,02	+2,60
o-u. p-Chlrophenol je	5 mg/l	−0,02	+0,48
Glucose	10 mg/l	−0,11	+0,17
Pepton	10 mg/l	−0,07	+0,38
Hydrochinon	11 mg/l	−1,63	+4,58
Milch (1:200)		−0,81	+3,85

Der gleichartige Verbrauch an Oxydationsmitteln in Haupt- und Parallelprobe — der die Voraussetzung des Verfahrens darstellt — tritt nur bis zum Zeitpunkt der Hydroxidfällung auf. Er ist im annäherend neutralen pH-Bereich natürlicher Wässer relativ gering, da die Oxydation durch Jod bzw. den Trijodidkomplex nur auf Redoxsysteme mit niedrigerem Normalpotential wirken kann (z. B. Fe^{2+}, S^{2-}, SO_3^{2-}). Zur eigentlichen Oxydationswirkung kommt es erst in alkalischer Lösung nach Zugabe der Fällungsreagenzien und Bildung des wesentlich stärkeren Oxydationsmittels Hypojodid. Die Umsetzung des Oxydationsmittels in Haupt- und Parallelprobe ist jedoch völlig verschieden. In der Hauptprobe wird es augenblicklich zur Oxydation des Mangan(II)-hydroxids, das in großem Überschuß vorliegt, zu höherwertigen Manganoxidhydraten verbraucht, während es in der Parallelprobe ungehindert auf anorganische (z. B. Schwefel — entstanden aus der Oxydation der Sulfide mit Jod — zu Sulfat) und vor allem auf organische oxydierbare Stoffe einwirken kann. Je nach der Verschmutzung der Wässer und der Zeitdauer der Sedimentation der Hydroxidniederschläge wird in der Parallelprobe entsprechend viel davon verbraucht. Bei der Auflösung der Hydroxidfällung in Säure bilden in der Hauptprobe die höherwertigen Manganverbindungen wieder rückläufig Jod, so daß dieser Oxydationsvorgang nach außen hin nicht in Erscheinung tritt, während in der Parallelprobe ein echter Umsatz zu Jodid vorliegt. Werden die Titrationsergebnisse mit Natriumthiosulfatlösung zur Differenzbildung und zur Berechnung der Sauerstoffkonzentration verwendet, so wird ein viel zu hoher Sauerstoffgehalt vorgetäuscht. Durch sofortiges Auflösen der Hydroxidfällungen (ohne den Niederschlag zu sedimentieren, wie es von Ohle (1953) empfohlen wurde), können diese Oxydationsvorgänge zwar eingeschränkt werden (bevorzugt die mit geringer Reaktionsgeschwindigkeit), sie sind jedoch nicht völlig auszuschalten (Oxydation von Schwefel zu Sulfat), wie auch die Untersuchungen von Beadle zeigen.

Die Oxydation der Mangan(II)-hydroxide ist eindeutig zu beweisen, wenn zu sauerstofffreiem Wasser, das in eine Serie von Sauerstoffflaschen abgefüllt wird, steigende Megen an Jodreagenz und je 1 *ml* des Mangan-Magnesium-Reagenzes und des Fällungsreagenzes zugesetzt werden. Allein aus der Farbe der Hydroxidniederschläge ist offentsichtlich, daß eine Oxydation satttfindet, da sie mit steigender Jodkonzentration immer dunkler werden. Nach Umfällung der Hydroxidniederschläge mit Ammoniumcarbonatlösung läßt sich innerhalb der Fehlergrenzen des Umfällungsverfahrens die der zur Voroxydation zugesetzten Jodmenge äquivalente Mangan(III)-Konzentration anhand der Jodausscheidung eindeutig bestimmen.

Im Prinzip gelten diese Vorbehalte gegenüber allen Differenzmethoden, wenn auch bei Voroxydation in alkalischer Lösung (Ross), bedingt durch den höheren Oxydationseffekt, die Unterschiede in beiden Proben nach Hydroxidfällung nicht mehr so stark in Erscheinung treten. Andererseits reagieren bei Vorbehandlung in alkalischer Lösung Eisen(II)-verbindungen und eine Reihe organischer Stoffe mit dem gelösten Sauerstoff.

An ein Voroxydationsverfahren sind deshalb folgende Anforderungen zu stellen: Das Oxydationsmittel muß in kurzer Zeit wirksam werden und einen hohen Oxydationseffekt besitzen, es muß in beständiger Lösung vorliegen und praktisch zu handhaben sein. Die Oxydation muß in sauerer Lösung erfolgen. Das überschüssige Oxydationsmittel muß sich innerhalb kurzer Zeit vollständig beseitigen lassen, dabei dürfen weder ein Überschuß des angewandten Reduktionsmittels noch die Reaktionsprodukte die weiteren Schritte der Bestimmung stören. Diesen Anforderungen wird am weitestgehenden eine Voroxydation mittels Chlor in saurer Lösung (Zugabe von Natriumhypochlorit und Säure) und Beseitigung des überschüssigen Chlors mit Kaliumrhodanid (Winkler) gerecht. Diese Vorbehandlung (Ausgewählte Methoden der Wasseruntersuchung) beseitigt bei einem vertretbaren Arbeitsaufwand einwandfrei Störungen durch Eisen(II), Nitrit, Sulfid, Sulfit und organische Stoffe, soweit sie in saurer Lösung durch Chlor oxydierbar sind.

Methoden mit Bindung des Sauerstoffes an Eisen(II)-salze

Neben den vielfältigen Variationen der Winkler-Methode sind die Verfahren zur Bestimmung des gelösten Sauerstoffes beachtenswert, die auf einer Oxydation von Eisen(II)-verbindungen in neutraler oder alkalischer Lösung beruhen. Ein Vergleich der Oxydations-Reduktions-Vorgänge von Eisenverbindungen mit denen des Mangans zeigt, daß Eisen(II)-verbindungen leichter oxydierbar sind als Mangan(II)-verbindungen, wie das auch die Standardpotentiale der Redoxvorgänge ausweisen, während Eisen(III)-verbindungen schwerer reduzierbar sind als die entsprechenden Mangan(III) bzw. Magan(IV)-verbindungen. Bei Verwendung von Eisen(II)-Salzen zur Umsetzung mit dem gelösten Sauerstoff kann man also erwarten, daß Störungen durch reduzierend wirkende Stoffe von geringerem Einfluß sind. Ausgenommen ist die Störung durch Schwefelwasserstoff, der Eisen(III)-oxidhydrate in gleicher Weise zu reduzieren vermag wie die höherwertigen Manganoxidhydrate.

Die Auswertung erfolgt, indem man entweder das überschüssige Eisen(II) (Leithe 1944), oder die dem gelösten Sauerstoff äquivalenten Eisen(III)-ionen bestimmt (GAD, 1948, WICKERT und IPACH 1950/51) . Die Ermittlung der unverbrauchten Eisen(II)-ionen ist deshalb nicht besonders geeignet, weil einerseits der Eisen(II)-zusatz sehr genau dosiert werden muß, zum anderen die Bestimmung des Eisen(II) mit Oxydationsmitteln (wie z. B. Kaliumpermanganat, Kaliumdichromat) erfolgt, die ihrerseits direkt mit organischen Stoffen reagieren können. Weitaus geeigneter ist die Bestimmung der gebildeten Eisen(III)-ionen, wofür sich die komplexometrische Titration anbietet.

Einige der überprüften Verfahren, wie z. B. gegen Variaminblau und gegen Sulfosalicylsäure zeigten jedoch unter den Eisen(II)-/Eisen(III)-konzentrationsverhältnissen, wie sie bei derartigen Bestimmungen vorliegen. (d. h. relativ großer Überschuß an Eisen(II)) während der Titration Verschiebung der Eisen-(II)-/Eisen(III)-gleichgewichte, bzw. eine echte Oxydation von Eisen(II) zu Eisen(III), so daß je nach den Arbeitsbedingungen 20···40% zu hohe Ergebnisse auftraten.

Ein besonders bemerkenswerter Vorschlag der Sauerstoffbestimmung über die Oxydation von Eisen(II) zu Eisen(III)-verbindungen stammt von ROSKAM und LANGEN. Das außergewöhnliche an diesem Lösungsweg ist die Oxydation von Eisen(II) in Form des Äthylendiaminsulfatkomplexes in Gegenwart von Salicylsäure und Tris-Puffer (Tris[hydroxylmethyl]amminomethan) im pH-Bereich um 7,5. Dabei wird einerseits eine vollkommene Umsetzung des gelösten Sauerstoffes erreicht, ohne daß es zur Ausfällung von Oxidhydraten kommt (die zur Auflösung wiederum eine größere Säuremenge benötigen würden), andererseits werden Reduktionswirkungen organischer Stoffe auf Eisen(III)-verbindungen weitgehend eingeschränkt (die sich in stark alkalischen Lösungen erheblich stärker auswirken). Die komplexometrische Titration des Fe(III)-salicylat-chelates erfolgt in saurer Lösung, die durch Zusatz von Maleinsäure erreicht wird. Bei dem von ROSKAM und LANGEN angegebenen pH-Wert von 2,4 ergab sich allerdings während der Titration noch eine erhebliche Verschiebung des Gleichgewichtes zum Eisen(III) bzw. eine echte Oxydation zu Eisen(III) durch Zutritt des Luftsauerstoffes. Nach einer abgewandelten Arbeitsvorschrift (Veröffentlichung in Vorbereitung) wurde die Methode zur Untersuchung verschiedener Wässer erprobt. Die Erkennung des Umschlagspunktes ist nicht so gut wie die einer jodometrischen Titration, so daß die Methode gegenüber der nach Winkler mit einer größeren Standardabweichung behaftet ist ($s = O_2$ 0,06 mg/l). Sie bringt auf der anderen Seite erhebliche Vorteile in Wässern, bei denen die Winkler-Methode stark gestört wird. So konnte sie mit Erfolg zur Untersuchung einer Reihe von Modellabwässern eingesetzt werden, die Phosphorsäureester, Milch, Tannin, Fructose, Hydrochinon, Stärke enthielten und nach der WINKLER-Methode Minderbefunde von 30···100% ergaben. Der Arbeitsaufwand ist nicht wesentlich höher als der der WINKLER-Methode. Das Verfahren bietet in wenig getrübten Wässern im Konzentrationsbereich bis 1 mg/l O_2 auch die Möglichkeit der kolorimetrischen Auswertung.

Für die sorgfältigen experimentellen Untersuchungen und ihre wertvolle Mitarbeit danke ich auch an dieser Stelle Frau Lebensmittelchemie-Assistentin W. DITTMANN sehr.

Literatur

ALSTERBERG, G.: Die Winklersche Bestimmungsmethode für in Wasser gelösten elementaren Sauerstoff sowie ihre Anwendung bei Anwesenheit oxydierbarer Substanzen. Biochem. Z. **170** (1926), 30

AMBÜL, H.: Die praktische Anwendung der elektrochemischen Sauerstoffbestimmung im Wassser. Schweiz. Z. Hydrol. **17** (1955), 123; **20** (1958), 341; 22 (1960) 23.

AUSGEWÄHLTE METHODEN DER WASSERUNTERSUCHUNG. Bd. I VEB Gustav Fischer Verlag, Jena, (1971)

BEADLE, L. C.: Measurement of Dissolved Oxygen in Swamp Waters. Further Modification of the Winkler Method. J. Exp. Biol. **35** (1958), 556

BERKA, A. und P. HOFMANN: Eine neue titrimetrische Methode zur Bestimmung des Sauerstoffgehaltes von Abwässern der pharmazeutischen Industrie. Anal. Chim. Acta **28** (1963), 196

BRUHNS, G.: Zur Sauerstoffbestimmung nach L. W. Winkler. Chemiker-Ztg. **39** (1916), 45, 71, 985

CARPENTER, J. H.: The Accuracy of the Winkler Method for Dissolved Oxygen Analysis. Limnol. Oceanogr. **10** (1965), 135

CARPENTER, J. H.: New Measurements of Oxygen Solubility in Pure and Natural Water. Limnol. Oceanogr. **1** (1966), 264

CZENSNY, R.: Wasser-, Abwasser- und Fischereichemie. VEB Verlag Technik, Berlin 1960

DEUTSCHE EINHEITSVERFAHREN ZUR WASSERUNTERSUCHUNG. Verlag Chemie, Weinheim 1960

ELMORE, H. L. and T. W. HAYES: Solubility of Atmospheric Oxygen in Water. Proc. Am. Civil Engrs. **86** (1960), 41

FADRUS, H. und J. MALY: Die indirekte chelatometrische Sauerstoffbestimmung. Städtehygiene **19** (1968a), 53

FADRUS, H. und J. MALY: Die Sauerstoffbestimmung bei Anwesenheit von Thioharnstoff, Städtehygiene **19** (1968b), 93.

FASTABEND, W. und M. HANDLOSER: Elektrochemische Sauerstoffmessungen mit membranbedeckten Elektroden in Gewässern sowie im Kläranlagen- und Laborbetrieb. Vom Wasser **33** (1966), 142

GAD, G.: Die Titrimetrische Bestimmung des im Wasser gelösten Sauerstoffes ohne Verwendung jodhaltiger Reagenzien. Gesundheits.-Ing. **69** (1948), 22

GAD, G. und S. RICHTER: Zur photometrischen Bestimmung des im Wasser gelösten Sauerstoffs. Gesundheits-Ing. **80** (1969), 309

GRASSHOFF, K.: Untersuchungen über die Sauerstoffbestimmung im Meerwasser. Kieler Meeresforschungen **18** (1962), 42, 151

HUSMANN, W. und G. STRACKE: Kontinuierliche Sauerstoffmessung in Fluß- und Abwasser. Wasserwirtschaft **48** (1957), 13

KNOWLES, G. and G. F. LOWDEN: Methods for Detecting the End Point in the Titration of Jodine with Thiosulfat. Analyst. **78** (1953), 159

KLIFFMÜLLER, R.: Bestimmung des gelösten Sauerstoffs in Vorflutern und Abwasser. Arch. Hydrobiol. **56** (1959), 113

LEGLER, Ch.: Beitrag zur Bestimmung des im Wasser gelösten Sauerstoffes Limnologica **4** (1966), 291

LEITHE, W. : Die Bestimmung des gelösten Sauerstoffs in Wasser ohne Verwendung jodhaltiger Reagentien. Angew. Chem. **56** (1943), 151

LEITHE, W.: Zur oxydimetrischen Sauerstoffbestimmung in Wasser und in Gasen. Angew. Chem. **57** (1944), 74

LE PETIT, G. und H. THIELEMANN: Die kontinuierliche elektrochemische Sauerstoffmessung in der technischen Mikrobiologie. Chem. Techn. **17** (1965), 479

MALIK, U. A.: Über die komplexometrische Bestimmung des in Wasser gelösten Sauerstoffs. Vom Wasser **31** (1964), 301

MANCY, H. H. and W. C. WESTGARTH: A Galvanic Cell Oxygen Analyzers. Journal WPCF **34** (1962), 1037

MONTGOMERY, H. A. C., N. S. THOM, and A. COCKBURN: Determination of Dissolved Oxygen by the Winkler-Method and the Solubility of Oxygen in Pure Water and Sea Water. J. Appl. Chem. **14** (1964), 280

NÖSEL, H.: Krtische Untersuchungen über die Genauigkeit und Zuverlässigkeit nembranpolarimetrischer O_2-Messungen in der Abwasserpraxis. Wasserwirtschaft **9** (1969), 260

OHLE, W.: Zur Vervollkommnung der hydrochemischen Analyse. II. Bestimmung des im Wasser gelösten Sauerstoffs. Angew. Chem. **49** (1936), 778

OHLE, W.: Die chemische und die elektrochemische Bestimmung des mulekular gelösten Sauerstoffs der Binnengewässer. Mitt. Internat. Verein. Limnol. Nr. 3 (1953)

ROSKAM, R. Th. and D. DE LANGEN: A Compleximetric Method for the Determination of Dissolved Oxygen in Water. Anal. Chim. Acta, **28** (1963), 78

ROSS, F. F.: The Determination of Oxygen in Polluted Waters Water. und Waste Treatment **9** (1964), 528

SKOPINZEW, B. A. und O. W. MITJAGINA: Das Verfahren der „Jodprobe" bei der Bestimmung des im Wasser gelösten Sauerstoffs bei Gegenwart von Reduktionsstoffen. J. Angew. Chemie (Moskau) **12** (1939), 1250

TÖDT, F. und G. PETSCH: Über die Weiterentwicklung des „Sauerstofflotes" zur elektrochemischen Sofortablesung des in offenen Gewässern gelösten Sauerstoffs. Gesundheits-Ing. **76** (1965), 104

TÖDT, F.: Verfahren zur kontinuierlichen elektrochemischen Sauerstoffmessung in verunreinigten Gewässern. Wasser, Luft u. Betr. **7** (1963), 258

TRUESDALE, G. A., A. D. DOWNING, and G. F. LOWDEN: The Solubility of Oxygen in Pure Water and Sea Water. J. Appl. Chem. **5** (1955), 53

TÜMMLER, R. und P. G. REITNAVER: Ein Gerät zur elektrochemischen Sauerstoffmessung in Flüssigkeiten und Gasen mit membranbedeckten Elektroden. Fortschr. der Wasserchemie (1964), Heft 1, 45

Unificirovannye Metody Issledovanija Kačestva Vod Čast I, Metody Chimičeskogo Analiza Vod-Razdel 1. Ofsetno-Pečatnaja Laboratorija Sekretariata SEV

WICKERT, K. und E. IPACH: Sauerstoffbestimmung nach der Ferro-Methode. Vom Wasser **18** (1950/51), 337

WICKERT, K. und E. IPACH: Die Sauerstoffbestimmung in Wässern bei Ab- und Anwesenheit von aktiven Reduktionsmitteln. Z. anal. Chem. **139** (1953), 181; **140** (1953), 350; **140** (1953), 350

WINKLER, L. W.: Über die Bestimmung des gelösten Sauerstoffes in verunreinigten Wässern. Z. Unters. Nahrungs- u. Genußmittel **29** (1915), 121

Anschrift der Verfasserin:

Dr. Christa LEGLER
Institut für Wasserwirtschaft,
119 Berlin, Schnellerstr. 140, DDR

P. Vogler

Wasserwirtschaftsdirektion Havel, Potsdam

Die getrennte quantitative Bestimmung von gelösten organischen Verbindungen der Orthophosphorsäure („COP-Phosphaten") und gelösten kondensierten Phosphaten („POP-Phosphaten")

Vortrag erschienen in Limnologica 7 (1969), H. 2

Mit der UV-Bestrahlung bei gleichzeitiger Kühlung der Probe liegt ein Verfahren vor, mit dem eine getrennte quantitative Bestimmung von gelösten organischen Phosphaten („COP-Phosphaten") neben gelösten kondensierten Phosphaten („POP-Phosphaten") möglich ist. Die Aufspaltung am C-Atom durch OH-Radikale wurde nachgewiesen. Die Prüfung mit einer großen Anzahl von möglichen Wasserinhaltsstoffen ergab, daß in Oberflächengewässern normalerweise keine Störungen dieser Methode auftreten können. Untersuchungen am Stechlinsee zeigten das natürliche Vorkommen von COP- und POP-Phosphat neben o-Phosphat und das unterschiedliche Verhalten im Jahreszyklus.

Anschrift des Verfassers:

Dr. rer. nat. P. Vogler,
15 Potsdam, Rubensstraße 6, DDR

K.-E. Quentin

Institut für Wasserchemie und Chemische Balneologie der TH München

Aktuelle Spurenstoffprobleme in der Gewässerforschung

Zusammenfassung: Durch Spurenelementuntersuchungen in Wässern unter Einsatz aller Fortschritte der analytischen Chemie kann nicht nur eine Dokumentation des Vorkommens solcher Elemente, sondern auch die Bearbeitung hydrogeologischer, hydrochemischer und hydrotechnischer Fragen erfolgen. Zum anderen sollten auch die Probleme und Möglichkeiten der Spurenelementdefinition im Wasser und der Abgrenzung zum lebenden Organismus dargelegt werden. Selbstverständlich kann mit Definitionen und Einteilungen die enge Verflechtung zwischen belebter und unbelebter Materie nicht aufgehoben werden, wie sie beispielsweise in der biologischen Kette zum Ausdruck kommt.

Summary: By investigation of minor elements in waters utilizing progress in analytical chemistry not only a documentation of the occurence of such elements, but also the treatment of hydrogeological, hydrochemical and hydrotechnical questions can be done. Also the problems and possibilities of minor element definition in water and the delimitation against living organisms should be explained. With definitions and classifications the close connection between animate matter cannot be repealed, as it is expressed, e.g., in the biological chain.

Резюме: Путём исследования микроэлементов в водах при применении всех успехов аналитической химии можно не только провести документацию этих элементов, но также обработку гидрогеологических, гидрохимических и гидротехнических вопросов. С другой стороны и должны быть изложены номенклатурные проблемы и возможности определения микроэлементов в воде и разграничения от живого организма. Конечно мы не можем изменить определениями и распределениями тесное сплетение между одушевлённой и неодушевлённой материей, как это например выражается в биологической цепи.

Jegliche Erörterung der Spurenstoffe im Wasser und speziell in den Oberflächenwässern, deren Heranziehung zur Trinkwassernutzung in allen Ländern ständig ansteigt, bedeutet heute die Konfrontation mit einer erdrückenden Fülle an Einzelsubstanzen. Es ist also notwendig, zunächst eine gewisse Ordnung in diese Vielfalt zu bringen, um Forschung und Untersuchung sinnvoll gestalten zu können. Zu den ordnenden Grundlagen gehören die Definition, Konzentration, Analytik, Aktualität und die Stoffgliederung. Letztere wird als erstes eine Zweiteilung in organische und anorganische Stoffe vornehmen. Die verwirrende Vielzahl der organischen Substanzen erfordert für die Gewässerforschung eine Beschränkung auf aktuelle Stoffgruppen, wie z. B. Pestizide, Phenole, Mineralöle, Detergentien, polychlorierte Biphenyle, algenbürtige Schadstoffe u. dgl. Etwas einfacher ist es bei den anorganischen Substanzen, also Mineralstoffen, die als „Spurenelemente" bezeichnet werden.

Eine allgemein anerkannte oder verbindliche internationale Definition des Begriffes „Spurenelement" gibt es noch nicht (LANG u. a.). Üblicherweise wird zwischen „Mengenelementen" und „Spurenelementen" unterschieden und unter Spurenelementen eine Mineralstoffgruppe verstanden, die in der *belebten Substanz* in kleinster Konzentrationen vorliegt (BERSIN). Die Bezeichnung ist nicht glücklich gewählt, da sie einerseits zur Annahme führt, daß Spuren überflüssig sind. Andererseits werden an diese Stoffe manchmal auch hochgespannte Wirkungserwartungen gestellt, die in Namen wie „Anorganische Vitamine", „Mikronährstoffe" oder „Hochleistungselemente" zum Ausdruck kommen. Vom Namen her handelt es sich nur um einen Mengenbegriff, dessen exakte Definition allerdings Schwierigkeiten macht. Zur Abgrenzung von anderen Stoffen wird zwar verschiedentlich ein Konzentrationsbereich von 0,005…0,001% angegeben, doch müßte richtigerweise diese Konzentrationseinteilung für Pflanzen, Tiere und Menschen gesondert festgelegt werden.

Der genannte Bereich bezieht sich in erster Linie auf den menschlichen Körper, der zu 99,9% aus zwölf Hauptelementen und zu 0,1% aus Spurenelementen besteht.

Noch schwieriger wird es, wenn der Begriff „Spurenelemente" quantitativ auf die unbelebte Substanz, beispielsweise das Wasser, übertragen werden soll. Es ist ein Zufall, wenn gleichzeitig im Wasser und im lebenden Organismus ein bestimmtes Element in geringer Menge vorliegt und der Ausdruck „Spurenelement" für beide zutrifft. Ein erwachsener Mensch mit 70 kg besitzt 5 g Eisen entsprechend ca. 70 mg/kg. Die tägliche alimentäre Zufuhr beträgt 10…15 mg. Der Manganbestand des Menschen wird auf 30…40 mg beziffert, die tägliche Zufuhr auf 3…6 mg (SEIBOLD). In der Wasserchemie werden solche Mengen keineswegs unter die Spurenelemente eingereiht. Die Bemühungen gehen dahin, solche Mengen zu beseitigen, z. B. Eisen unter 0,1 mg/l oder Mangan unter 0,05 mg/*l* und es wird dann von einer Herabminderung in den Spurenbereich gesprochen. Wasserchemisch müssen unterschiedliche Gesichtspunkte berücksichtigt werden, wie z. B. Fragen der Einwirkung solcher Stoffe auf die Biozönose des Gewässers, technologische Fragen der Aufbereitung und Verwendung des Wassers und Probleme der Gesundheitsgefährdung in der Trinkwassernutzung. In übergeordneter Sicht erscheint es am zweckmäßigsten, nur analytisch-quantitativ den Spurenelementbegriff für unser Fachgebiet zu umreißen. *Analytisch* kennzeichnet der Begriff „Spur" ein sehr geringe Stoffmenge, die neben einem großen Überschuß an anderen Stoffen bestimmt werden muß. *Quantitativ* handelt es sich um eine Menge, die mit den in der Normalanalyse am häufigsten verwendeten Verfahren für die Haupt- und Nebenbestandteile nicht mehr zu erfassen ist. Ohne Trenn- und Anreicherungsverfahren wird in der analytischen Chemie dieser Bereich mit 0,01…0,001% angegeben (KOCH u. KOCH-DEDIC). Er bezieht sich aber auf *feste Stoffe*. Werden solche Prozentzahlen auf das Wasser transportiert, so müßte sein *Mineralstoffgehalt* die Bezugsgröße sein. Dieser ist aber stark wechselnd und auch aus anderen Gründen nicht anwendbar. Unsere Bezugsgröße ist in erster Linie das Liter oder Kilogramm Wasser.

Für das Wasser wäre die Spurenelementkonzentration aus den Erfahrungen der Wasseranalytik abzuleiten. Mit einiger Berechtigung läßt sich sagen, daß dieser *Bereich unter 1 mg/l liegt*. Dies kann allerdings nicht ausschließen, daß in bestimmten Fällen, z. B. in einem konzentrierten Salzwasser mit ca. 250 g/l Mineralstoffen auch ein Bereich von 1···10 mg/l zu den Spurenelementen zählen muß. Wenn man von der ,,Allgegenwart der Elemente" (NODDACK) in den Gesteinen spricht, dann ist es nicht mehr weit bis zu der Vermutung, daß auch im Wasser die verschiedenen Elemente zumindest weitverbreitet sind. Damit erhebt sich auch die Frage, ob die in dieser oder jener Analyse betonte Abwesenheit eines Elementes nicht ein analytisches Nachweisproblem ist. Der Nanogramm- und Picogrammbereich, in den heute beispielsweise bei Pestiziduntersuchungen vorgedrungen werden muß, ist für viele Spurenelemente im Wasser noch nicht erschlossen. Deshalb sollte auch bei Hinweisen auf ,,Spuren" der Konzentrationsbereich mitgeteilt werden, also z. B. unter 0,1 mg/l. Die Angabe ,,nicht vorhanden" ist zu ersetzen durch die Mitteilung, daß sich das Element bis zu einer bestimmten unteren Grenze nicht nachweisen ließ [Erfassungsgrenze, Grenzkonzentration KOCH u. KOCH-DEDIC].

Es läßt sich also feststellen, daß schon in bezug auf die Menge der Begriff ,,Spurenelemente" physiologisch und hydrologisch nicht identisch zu sein braucht. Dies gilt für die obere Mengenbegrenzung und die Verschiedenheit der Bezugsgrößen. Sind dagegen die Stoffmengen seltener Elemente im Wasser sehr gering, so trifft der Name ,,Spurenelement" als Konzentrationsbegriff sowohl für das Wasser als auch für die belebte Materie zu. Ein bekanntes Beispiel ist das Meerwasser, das viele Elemente in sehr geringer Menge besitzt (RICHARDS) siehe Tab. 1. Zahlreiche Spurenelemente, die im Meerwasser nur 0,01% der Hauptkomponenten ausmachen, werden auch in der belebten Substanz unter den gleichen Begriff fallen.

Die klassischen Spurenelemente müssen heute um die *Radioisotope* erweitert werden. Oft interessiert darüber hinaus auch das gesamte Isotopenverhältnis einzelner Elemente. In Tab. 2 ist das Vorkommen natürlicher Isotope im menschlichen Organismus dargestellt, wobei Isotope der Mengenelemente konzentrationsmäßig als Spurenelemente gelten können. Für die Wässer liegen wenig Untersuchungen über die Isotopie der Inhaltsstoffe vor, besser bekannt ist die Isotopie des Wassers mit 18 Wasserarten aus den jeweils 3 Sauerstoff- und Wasserstoffisotopen. Das ,,normale" Wasser $^{1}H_2{}^{16}O$ macht 99,73% des Gesamtwassers aus. In die restlichen 0,27% teilen sich die übrigen Wassermodifikationen. Bemerkenswert ist die Konzentration des in geringster Menge vorkommenden $^{2}H_2{}^{17}O$, die mit 10⁻⁹ % noch über der Goldkonzentration im Meerwasser liegt.

Bedeutungsvoll sind für das Wasser die Kohlenstoffbestimmungen, sowohl hinsichtlich des Isotopenverhältnisses $^{13}C:{}^{12}C$, als auch hinsichtlich des Gehaltes an radioaktivem ^{14}C zur Altersdatierung der Grundwässer (BRINKMANN, u. a.) Mit der kosmischen Höhenstrahlung bildet sich dieses radioaktive Kohlenstoff-Isotop ^{14}C, das einem β-Zerfall mit einer Halbwertszeit von 5730 Jahren unterliegt. Infolge Bildung und Zerfall von ^{14}C stellt sich eine Gleichgewichtskonzentration an $^{14}CO_2$ in der Atmosphäre ein. Durch die Assimilation der Pflanzen

Tabelle 1:
Elemente im Meerwasser
(R. F. RICHARDS, 1957)

Element	mg/kg	Element	mg/kg
Chlor	18980	Zink	0,005
Natrium	10556	Nickel	0,0001…0,005
Magnesium	1272	Blei	0,004
Schwefel	884	Selen	0,004
Calcium	400	Zinn	0,003
Kalium	380	Cäsium	0,0004…0,004
Brom	65	Chrom	0,0002…0,002
Kohlenstoff	28	Uran	0,0015
Strontium	13	Antimon	0,0005
Bor	4,6	Titan	0,0005
Silicium	0,02…4,0	Thorium	0,0005
Fluor	1,3	Gallium	0,0005
Stickstoff (Vbdg.)	0,01…0,7	Cer	0,0004
Aluminium	0,5	Silber	0,0003
Zirkon	0,3	Vanadium	0,0003
Rubidium	0,2	Lanthan	0,0003
Lithium	0,1	Yttrium	0,0003
Phosphor	0,001…0,1	Wismut	0,0002
Barium	0,05	Kobalt	0,0001
Jod	0,05	Germanium	0,0001
Arsen	0,01…0,02	Cadmium	0,00005
Eisen	0,002…0,02	Scandium	0,00004
Mangan	0,001…0,01	Quecksilber	0,00003
Kupfer	0,001…0,01	Gold	0,000006
Molybdän	0,0005…0,01	Radium	$0{,}2 \cdot 10^{-10} \ldots 3 \cdot 10^{-10}$

Tabelle 2
Vorkommen von Isotopen im menschlichen Organismus (70 kg)

Element	Menge	Isotop	Häufigkeit %	Menge	Bemerkungen
^{16}O	44 kg	^{18}O	0,22	88 g	$+^{17}O$
^{12}C	14 kg	^{13}C	1,1	154 g	+0,13 mg ^{14}C β-Strahler
^{1}H	7 kg	^{2}H	0,014	980 mg	
^{14}N	2,1 kg	^{15}N	0,38	7,98 g	
^{40}Ca	1 kg	^{44}Ca	2,07	20,7 g	$^{42,43,46,48}Ca$
^{39}K	170 g	^{40}K	0,012	20,4 mg	β-Strahler + schwacher β-Strahler
		^{41}K	6,55	11,1 g	
^{32}S	140 g	^{34}S	4,2	5,88 g	$+^{33,36}S$
^{35}Cl	70 g	^{37}Cl	24,6	17,2 g	
^{24}Mg	30 g	^{25}Mg	11,5	3,45 g	
		^{26}Mg	11,1	3,33 g	
^{56}Fe	6 g	^{54}Fe	5,8	350 mg	$+^{57,58}Fe$
^{64}Zn	3 g	^{66}Zn	27,3	820 mg	$+^{67,68,70}Zn$
^{63}Ca	150 mg	^{65}Ca	32,0	48 mg	

gelangt das ^{14}C in die belebte Materie, aber auch in das Wasser. Wenn in bestimmten Tiefen ein Stoffaustausch mit der Atmosphäre nicht mehr stattfinden kann, wird die ^{14}C-Konzentration entsprechend der Halbwertszeit absinken, so daß mit ^{14}C-Messungen eine Altersbestimmung der tiefen Wässer erfolgen kann. Mit dieser Methode wurde geschätzt, daß Wässer in Zechen des Ruhrgebietes in 500···800 m Tiefe vor mehr als 24000 Jahren eingesickert sind. In letzter Zeit wurde aber diese Methodik auch zu Verschmutzungsuntersuchungen der Oberflächenwässer herangezogen (ROSEN u. RUBIN). Die ^{14}C-Aktivität organischer Wasserinhaltsstoffe läßt nämlich Aussagen zu, welcher Anteil dieser Stoffe aus dem biologischen Kohlenstoffkreislauf stammt, da synthetische organische Substanzen, z. B. aus Industrieabwässern, keine ^{14}C-Aktivität besitzen. Sie entstammen fast nur aus der Verarbeitung fossiler Rohstoffe. Hier eröffnet sich ein neues Feld der Gewässerforschung, das sicherlich in der Zukunft gerade bei Flußuntersuchungen wertvolle Aufschlüsse bringen wird.

In den Bereich der radioaktiven Isotope fallen auch die Indikatoruntersuchungen, also Markierungen zur Untersuchung von Transportproblemen oder zur Erforschung von Wasseraufbereitungsprozessen sowie der Isotopeneinsatz in der Limnologie und Gewässerbiologie oder auch in der Analyse, z. B. in Form der Aktivierungsanalyse (HABERER).

Physiologisch wird vielfach die *Wirksamkeit* verschiedener Spurenelemente betont. Untersuchungen über die Funktionen solcher Stoffe im Organismus führten zu einer Einteilung in *schädliche*, *nützliche* und *indifferente* Stoffe. Die Übertragung einer solchen Einteilung auf das Wasser ist, abgesehen von den hier auszuklammernden Wirkungen der Mineral- und Heilwässer, wenig sinnvoll. Spurenelemente im Wasser geben nämlich verschiedene Auskünfte, die mit einer physiologischen Gliederung allein nicht erfaßt werden können. Zusammensetzung und Eigenschaften unserer Wässer sind primär vom Rohstoff Wasser in Verbindung mit den geologischen Gegebenheiten, sekundär aber von zahlreichen Stoffbeeinflussungen abhängig. Es sind also Fragen nach der Herkunft des Wassers bzw. der Wasserzusammensetzung, Fragen nach Fremdbeeinflussungen des Wassers und schließlich Fragen der Auswirkung von Wasseraufbereitungsmethoden, die mit Spurenelementuntersuchungen bearbeitet werden können. Von der physiologischen Gliederung der Spurenelemente interessieren in erster Linie die *schädlichen Stoffe*, vor allem beim *Trinkwasser* nach dem Grundatz: ,,Trinkwasser muß dauernd frei sein von Krankheitserregern und sonstigen Stoffen, welche die Gesundheit schädigen können". Zu den schädlichen Stoffen gehören auch diejenigen, die nach Art und Menge die Biozönose unserer Gewässer negativ beeinflussen. Schließlich bezieht sich die Schädlichkeit wasserchemisch gesehen auch auf technische Fragen der Wasserversorgung, sei es nun die Trinkwassernutzung oder die Betriebswasserverwendung. Das Vorkommen *nützlicher* Stoffe im Sinne einer gezielten Spurenelementwirkung ist kein Kriterium der Wassergüte. Eine Ausnahme dürfte das *Fluorid* im Trinkwasser bilden, welches entweder von Natur aus in genügender Menge im Wasser vorkommt oder durch Fluoridierung des Wassers kariesprophylaktische Wirkungen ausübt (QUENTIN u. LINGELBACH 1963a, 1963b).

Für die Gesundheitsgefährdung durch Trinkwasser stehen heute verschiedene Stoffe mit Grenzwerten zur Diskussion, die mengenmäßig unter den Begriff „Spurenelemente im Wasser“ fallen und auf Tab. 3 aufgezeichnet sind (WHO 1961a, 1961b, 1963; WRIGHT). Aus den Änderungen der Grenzwerte im Laufe der Jahre ist auch ihre Problematik ersichtlich. Die Diskussion über solche Grenzwerte wird sicherlich anhalten. In Tab. 3 sind nicht die radioaktiven Spaltprodukte aufgeführt, die hier ebenfalls eingereiht werden müßten.

Tabelle 3
Grenzwerte für gesundheitsgefährdende und toxische Stoffe im Trinkwasser in mg/l (WHO)

Stoffe	International Standards WHO 1958	European Standards WHO 1961	Public Health Standards USA 1962	International Standards WHO 1963	Entwurf Trinkwassergüte VO BRD 1965
Fluorid	1…1,5	1,5	1,4…2,4	1,5	1,5
Nitrat	50…100	50	45	45	50
Arsen	0,2	0,2	0,05	0,05	0,2
Blei	0,1	0,1	0,05	0,05	0,1
Cadmium	–	0,05	0,01	0,01	0,05
Chrom	0,05	0,05	0,05	0,05	0,03
Cyanid	0,01	0,01	0,2	0,2	0,01
Kupfer	–	–	–	–	0,05
Phenolische Stoffe	–	–	–	0,002	–
Schwefelwasserstoffe	–	–	–	–	0,01
Selen	0,05	0,05	0,01	0,01	–
Zink	–	–	–	–	5

Bei einer Betrachtung der Stoffe und Substanzmengen ist es klar, daß der Analytik eine wichtige Rolle zukommt. Die gesamte analytische Chemie befindet sich in einer Evolution. Klassische Methoden werden mehr und mehr durch neue Verfahren abgelöst oder ergänzt, die besonders für Spurenelementuntersuchungen interessant sind. Anreicherung, Isolierung und Nachweis bzw. Bestimmung sind die drei wichtigsten Phasen wasseranalytischer Spurenbestimmung. Hierfür einige Beispiele aus neueren Untersuchungen.

Zunächst das *Quecksilber*. Dieses steht zwar in keiner Grenzwertliste der Wässer, jedoch muß heute auch mit diesem toxischen Element gerechnet werden. Von der chemischen Industrie gelangen quecksilberhaltige Abwässer in die Gewässer, außerdem quecksilberhaltige Saatgutbeizmittel. Es hat sich gezeigt, daß dieses Element in den Biozyklus eintritt, von Organismus zu Organismus weitergegeben wird und sich im Verlauf der Nahrungskette anreichert. Aus Schweden ist bekannt, daß Fische aus verschiedenen Gewässern nicht mehr verkauft bzw. verzehrt werden dürfen, weil deren Quecksilbergehalte zu hoch sind. Hier liegt also eine neue Gefahrenquelle (WESTOO). Sehr kleine Quecksilbermengen im Wasser nachzuweisen, ist schwierig. Deshalb wurde die Quecksilberbestimmung mit Mercupral und Dithizon neu bearbeitet. Es ergab sich mit der empfindlicheren Dithizonmethode ein noch meßmarer Wert von 1 μg in

25 ml Dithizon-Kohlenstofftetrachlorid (QUENTIN u. ROSOPULO, 1970). Da erfahrungsgemäß die Quecksilberwerte im Wasser im Nanogrammbereich pro Liter liegen, muß angereichert und isoliert werden. Wegen der Flüchtigkeit der Verbindungen ist das übliche Eindampfen nicht anwendbar. Auch Ausschütteln größerer Wassermengen ist umständlich und benötigt erhebliche Reagenzmengen. Deshalb wurde in einer Spezialapparatur (Abb. 1) eine bestimmte Menge Reagenzlösung vorgelegt, durch die kontinuierlich größere angesäuerte Wassermengen (z. B. 25···50 *l* von pH 1) durchgeleitet werden. Mit dem Konzentrat wird die photometrische Quecksilberbestimmung dann zu Ende geführt. So ist es gelungen, die Bestimmung im Wasser auf eine Erfassungsgrenze von 20 ng/*l* herunterzusetzen. Derzeit laufen Untersuchungen, dieses Anreicherungsverfahren auch auf andere Spurenelemente zu übertragen.

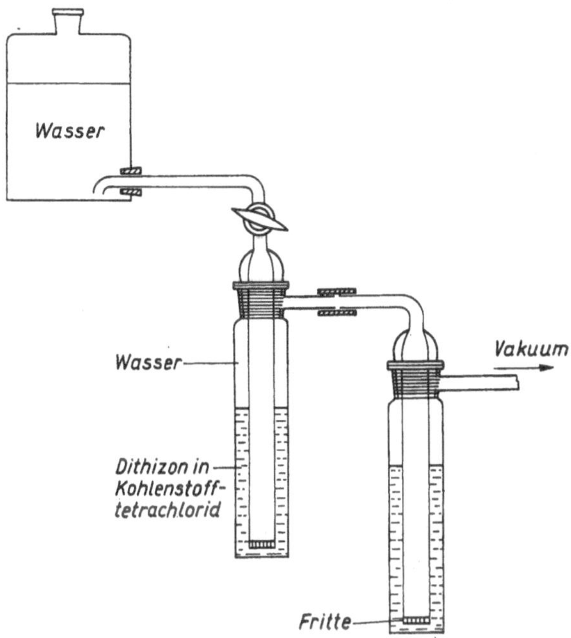

Abb. 1: Flüssigkeitsextraktion zur Spurenanreicherung

Ein weiteres Beispiel ist die *Eisenbestimmung*, von der man meinen möchte, sie sei völlig klar und einfach. Hier zeigt sich deutlich die Auswirkung der Verfahren (EICHELSDÖRFER u. ROSOPULO 1967, 1968). Ohne Anreicherung und mit gleichen Wassermengen eröffnet sich je nach Empfindlichkeit des Verfahrens ein unterschiedlicher Meßbereich (Abb. 2). Wird extrahiert, so steigt die Empfindlichkeit der Verfahren nochmals an. Die Verhältnisse ändern sich wiederum, wenn größere Wassermengen kontinuierlich einer Extraktion unterzogen werden könnten. Derzeit wird versucht, die beim Quecksilber beschriebene Flüssig-Flüssig-Extraktion auch zur Eisenbestimmung zu verwenden. Außerdem ergibt sich gerade beim Eisen die Möglichkeit, mit den Ferroinkomplexbildnern zwischen zwei- und dreiwertigem Eisen zu unterscheiden. Zusätzlich kann unter Verwendung dieser Komplexbildner in natürlichen Wässern

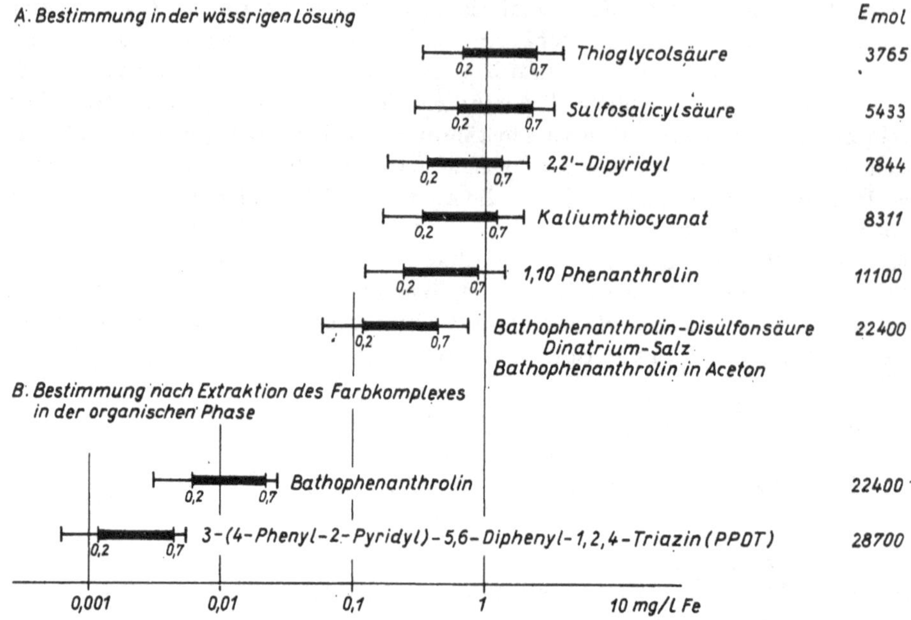

Abb. 2: Bereich der direkten photometrischen Eisenbestimmung im Wasser

auch das in organischer Bindung, z. B. als Eisenhumat, vorliegende Eisen bestimmt werden. Der Ferroinkomplex ersetzt als stabilere Verbindung den Humatkomplex (Abb. 3). Auf diese Weise erübrigt sich die früher übliche Naß- oder Trockenveraschung des Abdampfrückstandes vor einer Eisenbestimmung.

Aktuell ist nach wie vor die *Fluoridbestimmung*. Abgesehen von der analytischen Überwachung einer Trinkwasserfluoridierung muß der natürliche Fluoridgehalt der Wässer bestimmt werden, der von Ausnahmen abgesehen, im Spurenelementbereich, also unter 1 mg/l meist sogar unter 0,5 mg/l liegt. In den letzten 15 Jahren wurde eine Vielzahl photometrischer Verfahren ausgearbeitet, z. B. die zahlreichen Ausbleichungsreaktionen, z. B. mit Zirkon-Alizarin- oder Zirkon-Eriochromzyanin-Farblack (Quentin u. Indinger 1958, 1962). Hier hat die Analysenentwicklung nunmehr ein gewisses Optimum erreicht, nachdem von Belchert u. a. erstmals eine Farbvertiefungsreaktion gefunden wurde, und zwar auf der Basis des roten Chelats, welches aus gelbgefärbtem Alizarinkom-

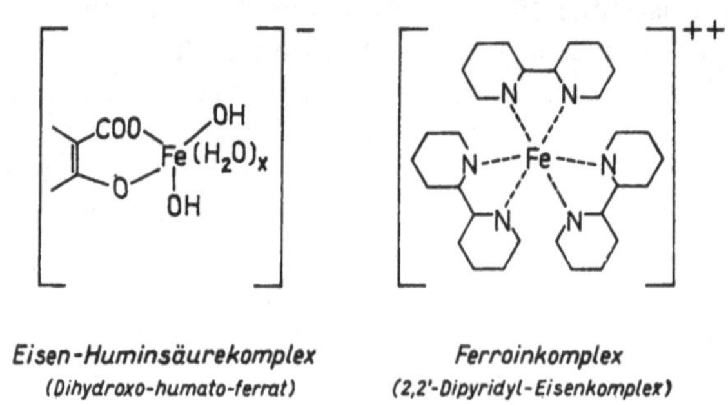

Abb. 3: Beispiele für Eisenkomplexe

plexan mit seltenen Erden, wie Cer, Lanthan und Praseodym entstehen. Mit geringen Fluormengen bildet sich eine blaue, ternäre Komplexverbindung und somit insgesamt eine Farbvertiefung nach violett, die durch Acetonzusatz gesteigert werden kann. Der Normalmeßbereich liegt zwischen 0 und 30 µg F^-. Eine gewisse Schwierigkeit bildete immer die Isolierung des Fluorids aus dem Wasser. Das Fluorid wird nunmehr mit überhitztem Wasserdampf von 250 °C aus der schwefelsauren Wasserprobe übergetrieben, wobei sich in der Probe automatisch die günstigste Destillationstemperatur von 120···130 °C einstellt (Abb. 4). Solche Destillationen erfordern nur einen Zeitaufwand von ca. 20 min. Hinzu kommt, daß durch die portionsweise Sammlung des Destillats die Fluoridkonzentration in den ersten beiden Auffangkolben so groß ist, daß die di-

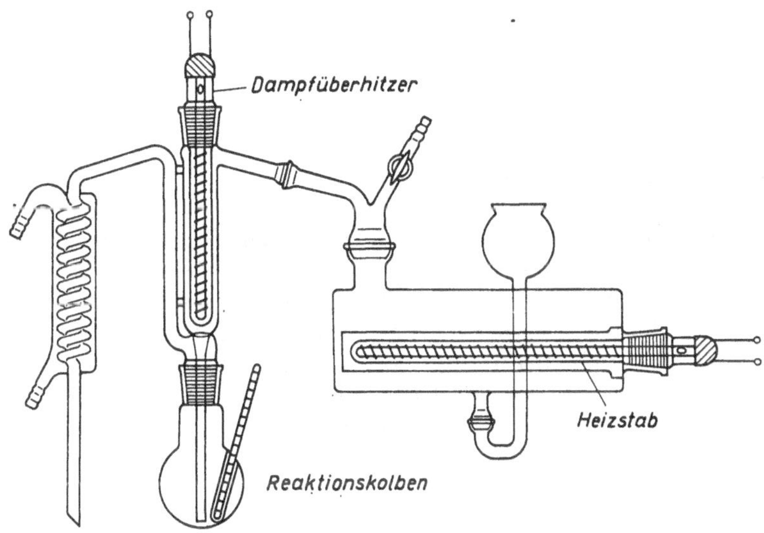

Abb. 4: Destillationsapparatur zur Fluoridbestimmung

rekte Messung möglich ist. Es läßt sich auch einwandfrei feststellen, wann die quantitative Isolierung beendet ist (Quentin u. Rosopulo 1968).

Auch die *Arsenbestimmung* im Wasser ist zu erwähnen. An die Stelle der alten „Gutzeit-Methode" und der späteren Molybdat-Methode ist heute die photometrische Bestimmung nach Vašak u. Šedivec getreten (Fresenius u. Schneider). Bei der Überleitung von Arsin in eine 0,25%ige Silberdiäthyldithiocarbaminatlösung in Pyridin bildet sich ein tiefroter Farbkomplex, der im Bereich von 0···15 µg Arsen dem Lambert-Beer'schen Gesetz gehorcht. Die statistisch ermittelte Nachweisgrenze dieser Methode beträgt etwa 0,2 µg Arsen. Das Verfahren wurde unter bestimmten Bedingungen an verschiedenen Wassertypen überprüft und seine hohe Arsenselektivität sowie seine geringe Störanfälligkeit festgestellt. Unangenehm war bei diesem Verfahren die Geruchsbelästigung und gesundheitliche Gefährdung durch Pyridin. Mit dem Ersatz des Pyridins durch *l* Ephedrin als organische Base ist es nunmehr gelungen, auch diese Schwierigkeit zu überwinden (Bode u. Hachmann).

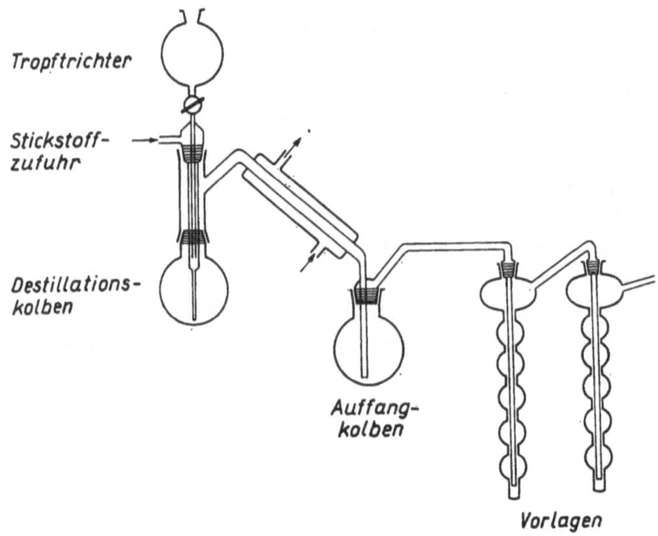

Abb. 5: Apparatur zur Selentetrabromiddestillation

Des weiteren ist das *Selen* zu nennen, das bei höheren Konzentrationen im Wasser toxische Eigenschaften besitzt und besonders in einigen Gebieten der Vereinigten Staaten zu Schwierigkeiten der Trinkwassernutztung führt. Über das Selenvorkommen in deutschen Wässern liegen mit Ausnahme der verdienstvollen Untersuchungen von HEIDE u. SCHUBERT an Saale und Elbe kaum Angaben vor. In letzter Zeit wurde dieses Problem eingehender untersucht (FEILER, QUENTIN u. FEILER). Die geringen Konzentrationen im Wasser erfordern eine Anreicherung, die durch Einengen im alkalischen Medium im Vakuum durchgeführt wurde. Anschließend wird das Selen als Tetrabromid von sämtlichen Störionen in einer Destillationsapparatur nach BOCK u. JAKOB abgetrennt (Abb. 5). Die Bestimmung erfolgt durch Umsetzung mit aromatischen Diaminen zu sogenannten Piazselenolen (2,1,3-Benzoselenodiazole). Diese Reaktion hat erstmals HINSBERG (Abb. 6) beschrieben. Die gelben Reaktionsprodukte lassen sich mit Toluol ausschütteln. Durch Photometrie kann ein Selenbereich von 0,1···200 μg erfaßt werden. Die bisher in unseren Gewässern gefundenen Werte von 2···6 μg/*l* Selen liegen unter dem von der Weltgesundheitsorganisation empfohlenen Grenzwert von 10 μg/*l* Se. Eigene Untersuchungen erstreckten sich darüber hinaus auf das Verhalten des Selens bei der Wasseraufbereitung durch Uferfiltration, Flockung und Filtration. Die weitgehende Eleminierung des Selens bei diesen Vorgängen ist von Bedeutung für die Aufbereitungstechnik. Bei speziellen hydrologischen Untersuchungen ergaben sich noch

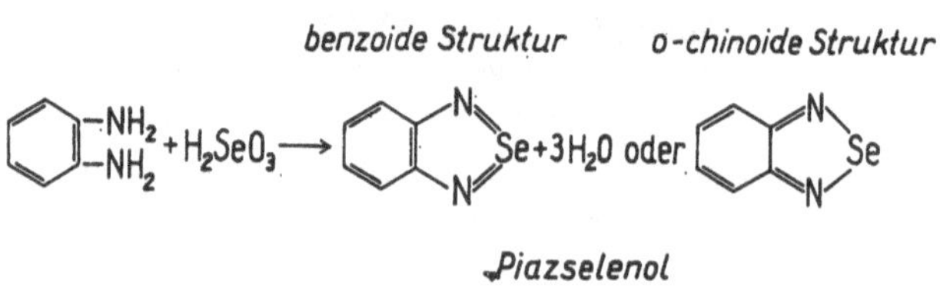

Abb. 6

weitere interessante Aspekte. Selen soll nach Literaturangaben mit Uran vergesellschaftet sein (PEINRTE, ANONYMUS). In Zusammenarbeit mit der österreichischen Akademie der Wissenschaften wurden in dieser Richtung die Gasteiner Thermalquellen untersucht. Dabei ließen sich durch Vergleich des Selen- und Urangehaltes der Wässer mit den Ergebnissen der geologischen Untersuchungen im Gasteiner Raum die bisherigen Einsickerungs- und Entstehungstheorien bestätigen, ferner die Vergesellschaftung von Uran und Selen.

Absichtlich sind die *organischen Stoffgruppen* nicht berücksichtigt worden. Bei ihnen sollten die experimentellen Untersuchungen über Abbau, Veränderung und Beseitigung sowohl während der natürlichen Selbstreinigung als auch bei der Wasseraufbereitung verstärkt werden. Wir dienen unserem Fachgebiet nicht, wenn wir beispielsweise bei oxydativen Wasserbehandlungen Reaktionen als gegeben annehmen, die aus den klassischen Lehrbüchern der Chemie stammen (JÜRS). Ein solches Beispiel ist für den Verfasser der Criegée-Mechanismus mit der Bildung von „Ozoniden“ bei der Wasserozonung, die bis heute keiner experimentell nachweisen konnte, die aber bedauerlicherweise in vielen Publikationen eine Rolle spielen. Hier liegt ein echtes Problem organischer Spurenstoffforschung im Wasser.

Literatur

ANONYMUS: U. S. Atomic Energy Commission. T. E. I. (1954), 440

BELCHER, R., M. A. LEONARD and T. S. WEST: Talanta **2** (1959), 92

BERSIN, Th.: Biochemie der Mineral- und Spurenelemente. Akademische Verlagsgesellschaft, Frankfurt/Main, 1963

BOCK, R. und D. JAKOB: Z. Anal. Chem. **200** (1964), 115

BODE, H. und K. HACHMANN: Z. Anal. Chem. **229** (1967), 261

BRINKMANN, R., K. O. MÜNNICH und I. C. VOGEL: Die Naturwissenschaften **46** (1959), 10

EICHELSDÖRFER, D. und A. ROSOPULO: Vom Wasser **34** (1967), 82

—: Gas- und Wasserfach **109** (1968), 707

FEILER, L.: Dissertation TH München 1966

FRESENIUS, W. und W. SCHNEIDER: Z. Anal. Chem. **203** (1964), 41

HABERER, K.: Radionuklide im Wasser. Thiemig-Taschenbuch Bd. 17 Verlag K. Thiemig, München, 1969

HEIDE, F. und P. SCHUBERT: Die Naturwissenschaften **47** (1960), 176

HINSBERG, O.: Ber. Dtsch. Chem. Ges. **22** (1889), 2895

JÜRS, R. H.: Fortschr. d. Wasserchem. H. 4 (1966), 40

KOCH, O. G. und G. A. KOCH-DEDIC: Handbuch der Spurenanalyse. Springer-Verlag, Berlin—Göttingen—Heidelberg—New York, 1964

KÖLLE, W.: In: H. 4. d. Veröff. d. Abt. u. d. Lehrstuhls f. Wasserchem. Karlsruhe. Karlsruhe, 1969

LANG, K., W. DIEMAIR, E. HUFNAGEL und D. CREMER: Bedeutung der Spurenelemente in Lebensmitteln. Schriftenr. d. Bundes f. Lebensmittelrecht u. Lebensmittelkunde H. 27. Behr's Verlag GmbH, Wiesbaden—Berlin, 1959

NODDACK, J.: Angewandte Chemie **49** (1936), 835

PEINTRE, C. le: Dissertation Universität Paris 1964

QUENTIN, K. E. und L. FEILER: Vom Wasser **34** (1967), 19

QUENTIN, K.-E. und J. INDINGER: Z. Lebensmittelunters. u. -Forsch. **110** (1959), 249

—: Vom Wasser **29** (1962), 98

QUENTIN, K.-E. und H. LINGELBACH: a) Pergamon Press. Oxford—London—New York—Paris, 1963

—: b) Gesundheits-Ing. **84** (1963), 139
QUENTIN, K.-E. und A. ROSOPULO: Z. Anal. Chem. **241** (1968), 241
—: Gas- und Wasserfach **111** (1970) (im Druck)
RICHARDS, F. A.: In: Treatise on Marine Ecology and Paleoecology. Vol. I, 185. Memoir 67, Geological Society of America. New York 1957
ROSEN, A. A. and M. RUBIN: Science **143** (1964), 1163
SEIBOLD, M.: Die Spurenelementversorgung des Menschen. In: Die Spurenelementversorgung von Pflanze, Tier und Mensch. 16. Sonderheft z. Zeitschr. „Landwirtschaftliche Forschung". J. D. Sauerländer's Verlag, Frankfurt/Main, 1962
VAŠAK, V. und V. ŠEDIVEC: Chem. Listy **46** (1952), 341
WESTOO, G.: Acta Chem. Scand. **20** (1966), 2131
W. H. O.: International Standards for Drinking-Water, Genf 1961 a)
W. H. O.: European Standards for Drinking-Water, Genf 1961 b)
W. H. O.: International Standards for Drinking-Water 2. Ed., Genf 1963
WRIGHT, C. V.: Public Health Rep. **77** (1962), 628

Anschrift des Verfassers:

Prof. Dr. K.-E. QUENTIN,
8000 München 55, Marchioninistraße 17, BRD

V. Vobach

Institut für Wasserwirtschaft, Berlin

Probleme und Methoden der organisch-chemischen Wasseranalyse

Die Methoden der organisch-chemischen Wasseranalyse wurden an einem Schema erläutert. Die Verschiedenartigkeit der Stoffe, ihre Anzahl, die zwischen den Extremen eins und unendlich liegt, und die unterschiedlichen Konzentrationen im Bereich von 1 ng···lg/l lassen die getrennte Bestimmung aller einzelnen organischen Wasserinhaltsstoffe zur Utopie werden. Die Versuche zur Eliminierungsanalyse als einfache Gruppenbestimmungsmethode wurden erläutert. Das zu untersuchende Wasser passiert mehrere stationäre Phasen, an denen eine selektive und im Gegensatz zur Chromatographie irreversible Entfernung der Stoffgruppen erfolgt, die mit Hilfe einer Summenbestimmungsmethode wie CSV oder C-Gehalt gemessen wird. Aluminiumoxid bindet Protonen-Donatoren, deren Gehalt in mäßig verunreinigten Fließgewässern der Deutschen Demokratischen Republik 80···90% beträgt.

Auf die Arbeit des Autors in Heft 13 dieser Schriftenreihe sowie auf eine weitere Arbeit zu dieser Problematik in einem der folgenden Hefte wird verwiesen.

Anschrift des Verfassers:

Ing. Chem. V. Vobach, 115 Berlin
Winklerstraße 72, DDR

A. Semenov

Institut für Hydrochemie, Nowotscherkassk

Organische Substanzen in Oberflächenwässern der UdSSR Methoden und einige Untersuchungsergebnisse

Methoden zur Bestimmung organischer Stoffe in Oberflächenwässern der UdSSR wurden erläutert. In der Praxis werden u. a. bestimmt: organisch gebundener Stickstoff und Phosphor, freie Aminosäuren, Amine, Harnstoff, Zucker, Karbonsäuren, Ester, Alkohole. Die Bestimmung dieser Komponenten erfolgte in den größeren Flüssen und Seen. Eine Charakterisierung der Gewässer nach den erhaltenen Befunden in lokaler Hinsicht erwies sich als schwierig.

Anschrift des Verfassers:

Dr. A. Semenov, Nowotscherkassk – 9 Lenina 61, Hydrochemisches Institut, UdSSR

K. Bolberitz

Staatliches Institut für Hygiene, Budapest

Wasseruntersuchungen mit der CCE (Kohle-Chloroform-Extrakt)-methode

Die Kohle-Extrakt-Methoden bieten prinzipiell Vorteile, in der Praxis treten jedoch Schwierigkeiten auf, die noch nicht beseitigt werden konnten. Die Messungen lieferten Daten über die natürlichen und fremden organischen Stoffe und auch über den Verschmutzungsgrad der Wässer. Durch Aufnahme eines Fluoreszensspektrums konnte in einigen Wasserproben 3,4-Benzpyren nachgewiesen werden. Die mehrfache Extraktion mit verschiedenen Lösungsmitteln ergibt überraschend hohe Extraktmengen. Die Wasserdampfdestillation der zur Adsorption benützten Kohle liefert weitere Daten über die vorhandenen Geschmacks- und Geruchsstoffe.

Anschrift des Verfassers:

Dr. K. Bolberitz, Budapest IX Gyáli út. 2-6, Staatliches Institut für Hygiene, Ungarn

B. Czeczuga

Department of Biology, Białystok Mecidal Academy, Poland

Determination of organic substances originating in the photosynthetik acitivity of bacteria

Zusammenfassung: Im Wądołek-See, im See Popówka Mała sowie im Muliczne-See wurde unterhalb des Phytoplanktonmaximums eine erneute Zunahme der Primärproduktion in den Schichten, die Schwefelwasserstoff führten und noch Licht erhielten, beobachtet. Die Primärproduktion der photoautotrophen Schwefelbakterien kann wesentlich über der des Phytoplanktons liegen.

Summary: In the lakes Wadołek, Popowka Mała and Muliczne under the maximum of phytoplankton a fresh growth of primary production in layers which contained hydrogen sulphide and light has been abserved. The primary production of photo autotrophes sulphur bacteria can be essential over the phytoplankton production.

Резюме: В озере „Вондолэк", в озере „Попувка Мала", а также в озере „Муличне" ниже максимума фитопланктона снова наблюдалось увеличение первичного производства в тех же слоях, которые содержали сероводород и ещё получали свет. Первичное производство фотоавтотрофных серных бактерий может лежать существенно выше чем у фитопланктона.

In the Mazurian-Suwalki Lake District, where there is an abudance of lakes and pools, some of the lakes, owing to succession, are in a state of dystrophy or can be classified as being dried up.

Because there are many hills, the sides of which are frequently covered with trees many of the lakes have a bradymictic type of circulation (Passowicz). It is thus possible for light rays to reach the thermocline and the lake bed in which as a result of the overgrown nature of the lakes, hydrogen sulphide also penetrates. This provides optimal conditions for the growth of the green sulphur bacteria, Chlorobium limicola Nads. and of the purple sulphuric bacteria Thiopedia rosea Winogr. (Czeczuga 1965, 1968). The cells of this bacteria may number up to to several million in one millilitre (Czeczuga and Czerpak), this has a considerable effect on the amount of chlorophyll in lakes of that type (Czeczuga 1964, 1965a, 1968 a, b). It would, therefore, seem that the part payed by this bacteria in the production of organic matter should be significant.

Methods

For the studies on the primary production of Chlorobium limicola and Thiopedia rosea an isotope of carbon bound primarily in bicarbonate ($Na_2{}^{14}CO_3$) was used.

Samples of water were taken with a Ruttner ladle from a given depth and poured into 250 ml bottles to which the C-labelled was then added after which they were sealed carefully, a method employed by STEEMAN-NIELSEN for the study of photosynthesis of algae.

The initial radioactivity of the solution added to the water samples was approximately 10 μC, and the volume of the solution 4.5 cm^3.

In order to determine the activity of the carbon assimilated in the process of photosynthesis in the cells of the bacteria, the whole sample was filtered through No. 1 membrane filter (U.S.S.R. production), the vital processes of the bacteria having been inhibited by the addition of 4% formalin. In the determination of the radioactivity of the bacteria on the filters, a correction was made for autoabsorption, the solid angle, the absorption of air the layer and the window of the counter, diffuse reflection and backgroud. In the sediments on the filters, there were no carbonates, the filter having been washed in weak hydrochloric acid as for the determination of chemosynthesis (SOROKIN, CZECZUGA and GRĄDZKI, REPORT).

The water was taken from the appropriate, depth, poured into two 250 ml bottles and, after the addition of the isotope, one bottle was placed in a black rubber bag (assimilation of carbon in the dark) after which they were tied to a string and lowered to the depth from which the water had been taken.

The temperature of the water was also measured, the oxygen and hydrogen sulphide, content, transparence of the water und penetration of sun-rays into the lower depths of the water were determined. The determinations of the extent of sun-ray penetration were carried out by means of an axtinometer. The amount of chlorophyll at the various depths was determined by means of the method described in the previous papers (CZECZUGA, 1965). The maximum absorption of the extract from the various depths was measured on a Beckman spectrophotometer Mod. 2400-DU.

Characteristics of the lakes

1. Lake Wądołek — Lies to the north-east of Suwałki near the forestry station of Samle Wielkie. 2. As the name of the lake indicates, Wądołek (diminutive of Wądołek meaning ,,narrow valley"), it is a small lake situated in a narrow valley the sides of which are covered with tall trees. The lake has a surface area of 0.83 hectares, a maximum depth of 15.1 metres and mean depth of 7.4 metres.

   The hydrochemical studies carried out by PASSOWICZ showed that during the autumn circulation not all the water is moved by the wind. For that reason the lake was classified as belonging to the meromictic type.

   At present, owing to the clearance of the trees growing round the lake, there is no obstruction to the wind, as a result of which the water of the lake is completely mixed so that Lake Wądołek is now of the holomictic type (CZECZUGA, 1966). During the summer stagnation period hydrogen sulphide reaches a depth of 3.5 m from the surface of the lake.

2. Lake Popówka Mała. A lake with a suface area of approximately 6.0 hectares and maximum depth of 6 metres.

Visibility of Secchi disk — 1.4···2.0 m, the epilimnion is rather thin (3···4 m), the thermoclin falls suddenly and the hypolimnion may be cooled to 8.4 °C. Hydrogen sulphide reaches a depth of 4.0 m (Czeczuga, 1964).

3. Lake Muliczne. Lies in a group of lakes near Lake Wigierski, with which it is connected by a stream through Lakes Duglie and Okrągłe. It is a lake of the eutrophic type with a surface of the water of 25.7 hectares, maximum depth of 13 m, mean depth 4.7 m.
   In the north-east part of the lake, a section of the lake basin is included in an isobath of 10 m below which, as investigations have shown, hydrogen sulphide occurs.

Results

The investigations were carried out at monthly intervals during the summer periods of 1966 and 1967. Of the results obtained, observations from June, which were typical for the whole period studied, were chosen.

Vertical distributions of photosynthetic rate and chlorophyll content show that the primary production results solely from the photosynthetic activity of Chlorobium limicola in the zone from 3.5···8.5 m (June 1966) or from 4.5···8 m (June 1967) with maximum photosynthesis at a depth of 5.5 m (20.5 mg C m^{-3} d^{-1}) or 5 m (180.4 mg C m^{-3} d^{-1}), respectively.

One measurement of primary production of Chlorobium limicola in Lake Powówka Mała was made on the 6th of September, 1966. At a depth of 4 m where the bacteria Chlorobium limicola were present, a primary production of 177.0 mg C m^{-3} d^{-1} was observed, when at 3.5 m the primary production was found to be only 53.7 mg and at 4.5 m, 0,5 mg m^{-3} d^{-1}.

Microscopic analysis revealed that the pink coloration of water in the lowest layer of Lake Muliczne which contains hydrogen sulphide, is due to the presence of large amounts of the purple sulphuric bacteria Thiopedia rosea, which from agglomerations so typical of that species (Kuznecov, Kondrateva, Müller). The determinations of the penetration of light rays showed that they reach right down to the lake bed, that is to the layer containing hydrogen sulphide, so that the essential ecological factors were favourable.

During the period of the investigations, light rays penetrated to the bed of the lake. Visibility of the Secchi disc was 5 m. From approximately 8.5 (7.5 m in September) down to the bed, the primary production consisted of Thiopedia rosea only. The measured intensity of the photosynthesis of the bacteria varied between 48 and 87 mg C m^{-3} d^{-1} in August, 18.2 mg C and 71.2 mg C m^{-3} d^{-1} in September, and remained at a level of about 15 mg C m^{-3} d^{-1} in October.

Discussion

These investigations show that at the depth where hydrogen sulphide occurs and to which light rays penetrate, the conditions are favourable for the development of the green hydrosulphuric bacteria Chlorobium limicola, which utilize the light energy not completely utilized by the phytoplankton in such lakes as Lake Wądołek.

On calculating the primary production of phytoplankton and Chlorobium limicola per m² at a given position (Fig. 1) it is seen that in June 1966 the daily production of phytoplankton was 32.8 mg C m^{-2}, whereas the primary production of Chlorobium limicola was 55.3 mg C m^{-2}. Considerable differences were noted in June 1967.

From the determinations of the primary production of Chlorobium limicola it can be said that the part played by the bacteria in the formation of organic substance in lakes of the type of Lake Wądołek is considerable (Fig. 2).

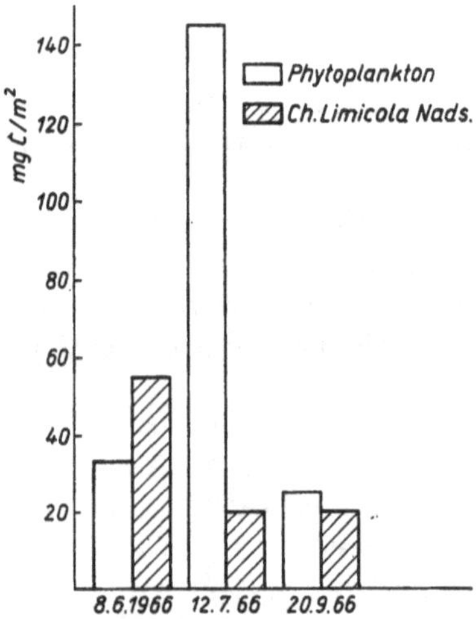

Fig. 1: The primary production of phytoplankton and of *Chlorobium limicola* Nads (mg C/m²)

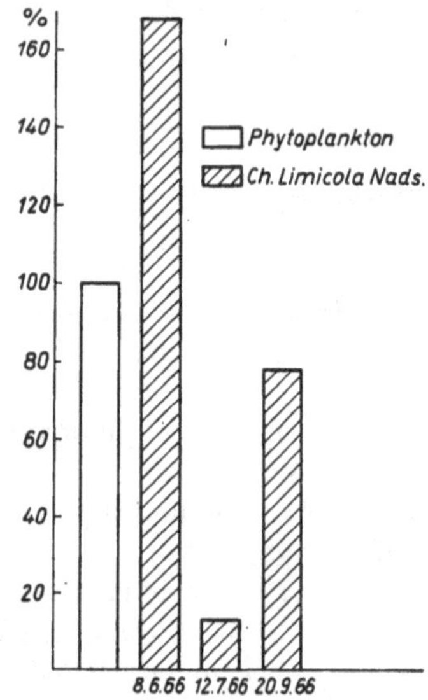

Fig. 2: The primary production of *Chlorobium limicola* Nads in % of the phytoplankton primary production

The determinations of the Thiopedia rosea primary production in the Lake Muliczne showed that in certain cases (September) the intensity of photosynthesis of these bacteria per m³ is higher than that of the phytoplankton. Our investigations showed that the primary production of this bacteria was frequently higher than that of phytoplankton. In view of this, the amount of primary production of green and purple bacteria should be taken into consideration in investigations on the energetic balance of aquatic ecosystems.

Literatur

CZECZUGA, B.: Pionowe rozmieszczenie chlorofilu w niektórych jeziorach Mazurskich. Polskie Arch. Hydrobiol. **12** (1964), 17

CZECZUGA, B.: *Chlorobium limicola* Nads. (*Chlrobacteriaceae* and the distribution of chlorophyll in some lakes of the Mazur Lake Ditrict. Hydrobiologia (The Hague) **25** (1965) 412

CZECZUGA, B.: Zawartość chlorofilu w fitoplanktonie jezior Legińskich. Zeszyty Naukowe W. S. R. w Olsztynie **20**, (1965a) 161

CZECZUGA, B.: Wądołek — jezioro holomiktyczne. Acta Hydrobiol. **8**, (1966) 1.

CZEZCUGA, B.: Primary prodction of the green hydrosulphuric bacteria, *Chlorobium limicola* Nads. *(Chlorobacteriaceae)* (Photosynthetica **2**, (1968) 11

CZECZUGA, B.: An attempt to determine the primary production of the green sulphur bacteria, *Chlorobium limicola* Nads., *(Chlorobacteriaceae)* Hydrobiologia (The Hague) **31** (1968a) 317

CZECZUGA, B.: Primary production of the purple sulphuric bacteria *Thiopedia rosea* Winogr. *(Thiorhodaceae)* Photosynthetica **2** (1968a), 161

CZECZUGA, B. and R. CZERPAK: Obserwacje nad bakterioplanktonem jezior legińskich. Zeszyty Naukowe W. S. R. w Olsztynie **23** (1967), 35

CZECZUGA, B. and F. GRĄDZKI: Zmiany sezonowe chemosyntezy w przeżyźnionym ekosystemie wodnym. Acta Soc. Bot. Pol. **36** (1967), 335

KONDRATEVA, E. N.: Fotosinteziruyushchie bakterii. Izdat. Akad. Nauk SSSR, Moskva 1963

KUZNECOV, S. I.: Rol mikroorganizmov v krugovorote veshchestv v ozerakh. Izdat. Akad. Nauk SSSR, Moskva, 1952

MÜLLER, G.: Bodenbiologie Gustav Fischer, Jena, 1965

PASSOWITZ, K.: Ein meromiktischer See in Suwałki-Gebiet (Polen). Arch. Hydrobiol. i Ryb. **11** (1938), 210

Report of a meeting of the joint group of experts on radiocarbon estimation of primary production. Held at Copenhagen 24···26 October 1966 sponsored by UNESCO, SCOR, ICES — Unesco technical papers in marine Science **6** (1967), 1

SOROKIN, Yu. I.: Opredelenie vielichiny khemosinteza v vode Rybinskogo vodokhranilishcha s primeneniem C^{14} Dokł. Akad. Nauk SSSR **105** (1955), 1343

STEEMANN-NIELSEN, E.: The use of radioactive carbon (C^{14}) for measuring organic production in thc sca. J. Cons. int. Explor. Mcr. **18** (1952), 117

Anschrift des Verfassers:

Doz. Dr. rer. nat. habil. B. CZCECZUGA, Akademia Medyczna w Białymstoku, Katedra i zakład Biologii, Białystok, VR Polen

J. Paluch und S. Stangret

Polnische Akademie der Wissenschaften, Forschungsinstitut für den Oberschlesischen Industriebezirk, Zabrze

Aminosäuren in Oberflächengewässern und einige Probleme ihrer analytischen Bestimmung

Zusammenfassung: Zur Identifizierung der in Oberflächengewässern enthaltenen Aminosäuren wurden Wege aufgezeigt. Die Eliminierung erfolgte durch die Anwendung von Kationenaustauschern. Unabhängig von der Beschaffenheit der Gewässer konnten zehn Aminosäuren papierchromatographisch identifiziert werden, wobei die Asparaginsäure den höchsten Anteil aufwies.

Summary: Ways for the identification of amino acids contained in surface waters were pointed out. The elimination took place by cation exchangers. Independent of the quality of waters ten amino acids could be identified by paper chromatography. Aspartic acid showed the highest portion.

Резюме: Для идентификации аминокислот, содержащихся в поверхностных водах, были показаны пути. Элиминация была проведена применением катионитов. Независимо от свойства вод можно было отождествлять десять аминикислот при помощи бумажной хроматографии, причём на аспарагиновую кислоту отпала высшая доля.

Im allgemeinen fehlen nähere Angaben über die qualitative und quantitative Zusammensetzung der in Oberflächengewässern enthaltenen organischen Substanz. Die Ursache liegt in den methodischen und analytischen Schwierigkeiten. Unter den organischen Bestandteilen von Gewässern erregen die Eiweißstoffe infolge der ungeklärten Dynamik biochemische Umsetzungen besonderes Interesse. Es gibt über die analytische Untersuchungsmethodik von Eiweißstoffen und deren Derivaten so viel Literatur, daß es unmöglich ist, diese hier anzuführen. Zahlreiche Monographien wurden diesem Gegenstand gewidmet, sei es nur in bezug auf die Eiweißanalyse in pflanzlichem, tierischem und menschlichem Material mittels chromatographischer Verfahren [1, 3, 6, 12, 18, 22]. Dagegen sind im Prinzip wenig Methoden zur detaillierten Klassifizierung dieser Substanzen in qualitativer und quantitativer Hinsicht bekannt besonders für Eiweißkörper, die in großer Verdünnung auftreten, wie dies meistens in Oberflächengewässern der Fall ist. Das betrifft insbesondere die erste Phase des analytischen Vorgehens, d. h. die Abtrennung der Eiweißstoffe aus dem Wasser.

Wegen der sehr geringen Konzentration von Eiweißstoffen in Oberflächengewässern ist die Anwendung allgemein üblicher Methoden ihrer Fraktionierung nicht möglich [5, 11, 16, 20] und ihre direkte Abscheidung und Prüfung sehr erschwert. Eine Möglichkeit der Beurteilung des Gesamtgehaltes an Eiweiß, ohne auf dessen Klassifizierung einzugehen, ergibt sich aus der Bestimmung der Aminosäuren nach der Hydrolyse. Eine andere Art einer solchen Beurteilung ist auf direktem Wege durch die Analyse von Eiweißstoffen möglich, die die im gegebenen wäßrigen Milieu lebenden Organismen enthalten, indem als Kriterium beispielsweise ihre Verhalten gegenüber konzentrierten Ammoniumsulfatlösungen angewandt wird [17].

In Oberflächengewässern treten die Eiweißstoffe in freier oder in gebundener Form auf. Einige Möglichkeiten der Vorbehandlung von Wasserproben zur Abscheidung der freien Aminosäuren sind bekannt. Das erste am meisten angewandte Verfahren [10, 28, 29, 30] beruht darauf, daß eine entsprechende Wassermenge durch einen Kationenaustauscher läuft und dann die adsorbierten Aminosäuren mit Ammoniak eluiert werden. Die durchzuleitende Wassermenge hängt von der voraussichtlichen Konzentration der freien Aminosäuren und der verwendeten Bestimmungsmethode ab. Selbstverständlich müssen die Wasserproben klar sein, was manches Mal eine vorherige Filtration oder sogar eine Koagulation und Filtration erfordert. Eine gewisse Modifikation dieses Verfahrens ist das Ausschütteln der Wasserprobe mit einem Kationenaustauscher [19] und nach dessen Abfiltrieren ein erneutes Ausschütteln mit Ammoniak zum Eluieren der Aminosäuren. In beiden Fällen müssen recht große Mengen Wasser (10···50 *l*) verwendet werden. Die Dauer des Prozesses beträgt beim ersten Verfahren (je nach der Größe der Austauscherkolonne) etwa 24···72 h, beim zweiten Verfahren ca. 5 h. Ebenfalls ist die Möglichkeit einer Adsorption von Peptiden auf dem Austauscher zu beachten.

Das gleiche läßt sich durch Anwendung von Aceton, das 1% Salzsäure enthält, erzielen [12, 15]. Die 0,5···1 *l* große Wasserprobe wird unter Vakuum bei maximal 50 °C zur Trockene eingedampft und die freien Aminosäuren mittels einiger Portionen angesäuerten Acetons extrahiert. Jedoch kann beim Einengen des erhaltenen Extraktes eine Hydrolyse des Glutamins und gewisser Peptide eintreten [12]. Dieses Verfahren soll gleichzeitig eine Entsalzung der ausgeschiedenen Aminosäurenprobe bewirken und die Anwendung des Sorptionsprozesses auf dem Kationenaustauscher erübrigen. Eigene Untersuchungen ergaben jedoch keine Bestätigung.

Eine interessante Methode zur Abscheidung von Aminosäuren aus Oberflächengewässern hat Povoledo [26] angewandt. Das Verfahren beruht auf dem Einbringen von Kationenaustauscher enthaltenden Paketen während 48 h in verschiedene Tiefen des Gewässers und nachfolgender Eluation der vom Austauscher adsorbierten Aminosäuren mittels Ammoniak. Nach dieser Methode ist eine Bestimmung der Konzentration nicht möglich und nur die Differenzen in den adsorbierten Aminosäuremengen können beurteilt werden, beispielsweise in bezug auf die Tiefe, die unterschiedlichen Temperaturbedingungen oder die verschiedenen Zeitperioden der Untersuchungen. Einen entscheidenden Vorteil des Verfahrens bildet nicht nur die Einfachheit der Ausführung, sondern vor allem die Möglichkeit der Adsorption von Aminosäuren bei unveränderten physikalischen, chemischen und biologischen Verhältnissen des Milieus.

Ebenfalls interessant erscheint die von Park u. Mitarb. [25] angewandte Methode, die auf der Sorption der Aminosäuren auf der Oberfläche von in der

Wasserprobe ausgefälltem Ferrihydroxid beruht. Dieses wird zentrifugiert, gelöst und dann mit dem Kationenaustauscher entsalzt. Bei eigenen Untersuchungen wurden mehr Hoffnungen auf die von POVOLEDO angewandte Methode gesetzt. Die hiermit erhaltenen Resultate sind im experimentellen Teil angegeben.

Die gebundenen Aminosäuren können nach vollständiger saurer oder alkalischer Hydrolyse nach allgemein üblichen Verfahren [1, 12, 22] mit der Modifikation bestimmt werden, daß der Trockenrückstand hydrolysiert wird, bei Anwendung von etwa 0,5···1 *l* Wasser. Die Aminosäuren können aus dem Hydrolisat nach Beseitigung des Überschusses an hydrolysierenden Substanzen durch Sorption am Kationenaustauscher abgetrennt werden.

Bisherige Arbeiten über Aminosäuren in Oberflächengewässern [9, 14, 31, 32, 33, 34] enthalten Versuche zur Feststellung des Gesamtgehaltes an freien und gebundenen Aminosäuren ohne deren detaillierter Identifizierung. Im Zusammenhang damit waren die zur Abscheidung der Aminosäuren verwendeten Wassermengen bedeutend niedriger (1 *l* für freie und 0,2···0,5 *l* für gebundene Aminosäuren). Die quantitativen Bestimmungen erfolgten in wäßrig-alkoholischer Lösung durch Erzeugung des Cadmiumkomplexes mit dem als Folge der Ninhydrinreaktion entstandenen Hydrindans, wobei die Resultate in Umrechnung auf Glykokoll angegeben wurden. Bei einigen Untersuchungen kam nicht konserviertes und unfiltriertes Wasser zur Anwendung, die Schwebestoffe wurden nur durch Sedimentation entfernt [38]. Die nach diesen Verfahren im Don-Fluß bestimmte Menge freier Aminosäuren betrug 4,5···12 µg/*l*. In verschiedenen Flüssen der Sowjetunion war der Aminostickstoffgehalt innerhalb der Grenzwerte 7···50 µg/*l* in Umrechnung auf Glykokoll enthalten [31]. Es gibt auch gewisse nicht besonders vollständige Angaben über den Aminosäurengehalt im Grundschlamm einiger Seen der USA [2]. In einigen russischen Seen [14] wurden Gesamtmengen freier Aminosäuren von 20···70 µg/*l* organischen Kohlenstoffs festgestellt. Die Ursache des verhältnismäßig geringen Gehaltes an freien Aminosäuren in Oberflächengewässern liegt in ihrem raschen Verbrauch durch Wasserlebewesen in dem Maß, wie sie infolge des Abbaues von Eiweißsubstanzen in Lösung gehen. Die rasche Assimilation von Aminosäuren durch allerlei Arten von Wasserpflanzen und Bakterien konnten zahlreiche Autoren feststellen [17, 21, 27, 34].

Der Prozentanteil freier Aminosäuren am Gesamtgehalt an organischem Stickstoff ist sehr gering und beträgt 0,4···1,2%. Gebundene Aminosäuren, die mittels Hydrolyse des Trockenrückstandes bestimmt wurden, treten in etwas größeren Mengen von 40···160 µg/*l* Aminostickstoff auf, was 2,4···09% der Gesamtmenge an organischem Stickstoff ausmacht [14].

Die Untersuchungen von DAUKO u. Mitarb. [8] beweisen, daß die Mengen freier Aminosäuren in Wässern von Staubecken im Mittel ca. 45 µg/*l* Aminostickstoff, umgerechnet auf Glykokoll, betragen und an gebundenen Aminosäuren ca. 92 µg/*l* Aminostickstoff. Das Verhältnis gebundener Aminosäuren zu den freien variierte von 1,1···6,5 und betrug im Durchschnitt [2]. Dieser Koeffizient steigt mit erhöhtem Reinheitsgrad der Gewässer [14]. Ähnliche Werte der Konzentration von freien und gebundenen Aminosäuren konnte WŁASOWA [38] feststellen. Sie unterstrich hierbei deren Veränderlichkeit mit den Jahreszeiten und gab auch eine Deutung dieses Verhaltens vom Standpunkt der in Oberflächengewässern stattfindenden biochemischen Prozesse.

Experimenteller Teil

Die Untersuchungen zur Bestimmung des Gehaltes an freien und gebundenen Aminosäuren wurden für zwei Arten von Oberflächengewässern durchgeführt: im Fluss Biała Przemsza, der stark mit Abwässern der Sulfitzellstoffproduktion verunreinigt ist, und in der Soła, einem reinen Gebirgsfluß, in dessen Lauf die drei Staubecken Tresna, Porąbka und Czaniec eingebaut sind (Tab. 1).

Tabelle 1

Allgemeine Charakteristik der Oberflächengewässer (1968)

Bestandteil	Einheit	Fluß Biała Przemsza	Fluß Soła	Staubecken auf der Soła
Färbung	mg/l Pt	60···100	15	10
$KMnO_4$-Verbrauch	mg/l O_2	60···80	3···5	3···5
BSB_5	mg/l	20···30	2···10	1,5···2,0
Organischer Stickstoff	mg/l N org.	0,6···2,7	0,6	0,1···0,3
Ammoniakstickstoff	mg/l N_{NH_4}	1···1,3	0,1···0,2	0,1···0,2
Nitritstickstoff	mg/l N_{NO_2}	0,01···0,02	0,008	0,003···0,007
Nitratstickstoff	mg/l N_{NO_3}	0,01	0,5	0,5···1,0
Trockenrückstand	mg/l	400···500	140	110···160
Nach dem Glühen	mg/l	250···300	90	70···130
Glühverlust	mg/l	130···190	50	25···50

Bestimmungsmethodik der freien Aminosäuren

Die entnommenen Wasserproben wurden an Ort und Stelle mittels Chloroform konserviert und dann je nach ihrem Trübungsgrad unmittelbar unter Vakuum auf dem Büchnertrichter durch harte Filter, oder auch nach Koagulation mittels Aluminiumsulfat, filtriert. Die derart vorbereitete Wassermenge von 10 l wurde durch den Kationenaustauscher ZEROLIT 225-SRC-13 in Wasserstofform mit der Körnung 0,3···1,0 mm mit der Geschwindigkeit ca. 100 ml/h · cm² hindurchgeschickt [7,36]. Der Austauscher wurde vorher folgendermaßen präpariert: Ein Volumenaustauscher in gequollenem Zustand wurde mit zwei Volumen NaOH ln übergossen und bei ca. 100 °C unter stetigem Mischen etwa 2 h lang auf dem Wasserbad erhitzt. Nachher wurde der Austauscher zehnmal mit destilliertem und demineralisiertem Wasser durch Dekantation gewaschen (zur Demineralisation des Wassers wurde derselbe Austauscher verwendet), anschließend mit zwei Volumen ln NaOH übergossen und über Nacht bei Zimmertemperatur abgestellt, nochmals wurde mit destilliertem und demineralisiertem Wasser durch Dekantation und nachher in der Kolonne gewaschen. Durch den ausgewaschenen Kationenaustauscher wurden nun 5 Volumen 6 n HCl pro Volumenaustauscher gegeben und schließlich der Austauscher mit destilliertem und demineralisiertem Wasser bis zum Verschwinden der Chloridreaktion gewaschen. Durch Zugabe von Chloroform erfolgte die Sicherung der zubereiteten Austauscherportion vor Entwicklung von Mikroorganismen.

Um einer Übersättigung des Wassers durch gelöste Gase (Sauerstoff, Stickstoff) vorzubeugen, was manchmal zur Winterszeit vorkam, wurden die Wasserproben unter Vakuum entgast. Diese Maßnahme verfolgte den Zweck, den Austauscher vor Gasblasen zu schützen, die infolge des Temperaturanstieges bei Laboratoriumsbedingungen auftreten können.

Zur Anwendung kamen Glaskolonnen (20 × 9 cm). Die Schichthöhe der Füllung betrug 10 cm. Nachdem durch die Kolonne 10 *l* des untersuchten Wassers durchgegeben waren, wurde sie mit vier Portionen je 10 m*l* deionisiertem Wasser durchgespült. Die Aminosäuren wurden mittels ca. 25···30 m*l* 2 n Ammoniak bis zum Auftreten eines stark alkalischen Ausflusses eluiert. Danach wurde die Kolonne mit 40 m*l* destilliertem Wasser durchgespült. Die vereinigten Eluate wurden bei einer Temperatur unter 50°C zur Trockene verdampft und die ausgeschiedenen Aminosäuren in 1 m*l* 10%igem Isopropanol gelöst.

Die Bestimmung der quantitativen Zusammensetzung der Aminosäuren erfolgte papierchromatographisch nach dem aufsteigenden, eindimensionalen und zweidimensionalen Verfahren unter nachstehenden Bedingungen:

- Whatman-Filtrierpapier Nr. 1,
- Lösungsmittelanordnung bei eindimensionaler Chromatographie: Tert. Butylalkohol-Ameisensäure-Wasser (70:15:15), Butylalkohol-Essigsäure-Wasser (4:1:1) oder (4:1:5), mit Phosphatpuffer gesättigtes Phenol vom pH 12, Amylalkohol-Pyridin-Wasser (35:35:30)
- Entwicklungszeit der eindimensionalen Chromatogramme 20···24 h bei einmaliger Entwicklung, sowie 24···48 h bei zweimaliger Entwicklung
- Lösungsmitelanordnung bei zweidimensionaler Chromatographie:
  I:n-Buthylalkohol-Essigsäure-Wasser (4:1:5 bzw. 4:1:1),
  II:Phenol-Wasser (4:1) mit Zugabe von Komplexen III (5 mg/100 m*l*) bei Anwesenheit von Ammoniakdampfspuren,
- I: Tert. Buthylalkohol-Ameisensäure-Wasser (70:15:15),
  II: Äthylalkohol 77%
- Entwicklungszeit der zweidimensionalen Chromatogramme — 24 h in jeder Richtung,
- Aufgetragen wurden 0,1···0,2 m*l* Aminosäurelösung
- zur Anwendung kamen Standardaminosäuren der Fa. Mann Research Laboratories Inc. New York,
- die Chromatogramme wurden in 30 *l*-Kammern von Chropa entwickelt und danach mit elektrischem Trockenapparat getrocknet,
- zur Entwicklung wurde eine 0,5%ige Ninhydrinlösung mit Essigsäure angesäuertem Aceton verwendet (5 m*l* Essig/100 m*l* Lösung).

Die Sichtbarmachung der Aminosäuren erfolgte nach der charakteristischen Reaktion von Ehrlich, Sakaguchi, Pauli und anderer [3, 6, 18, 22]. Die Richtigkeit der Identifizierung wurde noch zusätzlich mittels Gaschromatographie nachgeprüft [24].

Die quantitative Bestimmung der Aminosäuren erfolgte auf eindimensionalen Chromatogrammen, die meistens in der Anordnung n-Butylalkohol—Essigsäure-Wasser (4:1:5) entwickelt wurden, mittels zweier kolorimetrischer Methoden durch Messung:

– der Extinktion des aus dem Filterpapier eluierten farbigen Kupferkomplexes mit Ninhydrin nach DÖRFEL [18] mit einem SPEKOL-Spektrokolorimeter in 1 cm langen Küvetten bei der Wellenlänge 504 mμ,
– der optischen Dichte von Papierchromatogrammen nach dem densitometrischen Verfahren mittels eines Zeiss-Densitometers ERI-65.

Die qualitative und quantitative Charakterisierung der gebundenen Aminosäuren erfolgte nach durchgeführter Hydrolyse der eingeengten Wasserproben. Dabei wurde folgendermaßen vorgegangen:

Die mittels Chloroform konservierte Wasserprobe von 1 *l* wurde bei einer Temperatur unter 50 °C auf einige m*l* eingedampft, anschließend in ein Reagenzglas umgefüllt und soviel konzentrierte Salzsäure hinzugefügt, um etwa 10 m*l* 6 n HCl zu erhalten. Aus dem Raum über der Oberfläche der Flüssigkeit wurde die Luft durch Durchblasen von Stickstoff entfernt und das Reagenzglas verschmolzen. Die Hydrolyse wurde 24 h lang im Trockenschrank bei 100 °C geführt. Die Beseitigung des Überschusses an Salzsäure geschah durch mehrmaliges Verdünnen und Abdampfen auf dem Wasserbad. Die neutrale Aminosäurelösung von etwa 50 m*l* wurde nach Abzentrifugieren der unlöslichen Teile in die mit Zerolit der oben angegebenen Charakteristik gefüllte Kolonne eingeführt. Das weitere Vorgehen glich dem bei der Bestimmung freier Aminosäuren, nur wurden kleinere Mengen der Proben (10···20 m*l*) auf das Papier aufgetragen. Die qualitative und quantitative Bestimmung der Aminosäuren blieb unverändert.

Gleichzeitig erfolgten Voruntersuchungen über die Bestimmung freier Aminosäuren nach der Methode der Extraktion aus dem Trockenrückstand mittels angesäuerten Acetons [12], Ausschüttelns der Wasserproben mit Kationenaustauscher [18] sowie der „Eintauchpakete“ [26].

Bei den besprochenen Untersuchungen konnten optimale Trennungen der Aminosäuren auf eindimensionalen Chromatogrammen unter Anwendung folgender Anordnung der Lösungsmittel erzielt werden: Butylalkohol–Essigsäure-Wasser (4:1:5) sowie Phenol (gesättigt mit Phosphatpuffer) mit pH 12.

Die Anwendung der Keilstreifenmethode nach MATTHIAS [22] beeinflußt die Trennung und den Inhalt der Flecken sehr günstig. Dagegen scheinen densitometrische Messungen infolge variabler Hintergrundfärbung der Chromatogramme weniger genaue Resultate zu ergeben. Außerdem ist sogar in den Fällen, wo auf den Densitometerdiagrammen eine Integralregistrierung der Fläche erzielt wird, die weitere Korrektur der erhaltenen Werte sehr zeitraubend und ungenau infolge der schwer eliminierbaren und unvermeidbaren Veränderlichkeit des Untergrundes. Deshalb wurden die im weiteren angeführten Ergebnisse quantitativer Bestimmung nach dem Verfahren der Extinktionsmessung von Alkoholeluaten erhalten.

Resultate der Untersuchungen

In den untersuchten Flüssen wurden zehn Aminosäuren festgestellt, Leucin, Isoleucin, Valin, Methionin, Alanin, Prolin, Glutaminsäure, Asparaginsäure und Cystein, sowie eine nicht identifizierte Säure. Die gleichen Aminosäuren treten sowohl in verunreinigten wie in reinen Wässern und auch in Hydrolysaten (gebundene Aminosäuren) auf. Die Verteilung dieser Aminosäuren auf zweimal entwickelten eindimensionalen Chromatogrammen bei der Lösungsmittelanordnung Butylalkohol-Essigsäure-Wasser (4:1:5) zeigt Abb. 1 u. 2, daß schon auf eindimensionalen Chromatogrammen Cystein, Asparaginsäure und Glutaminsäure gut getrennt werden. Dagegen läuft das Prolin zusammen mit dem

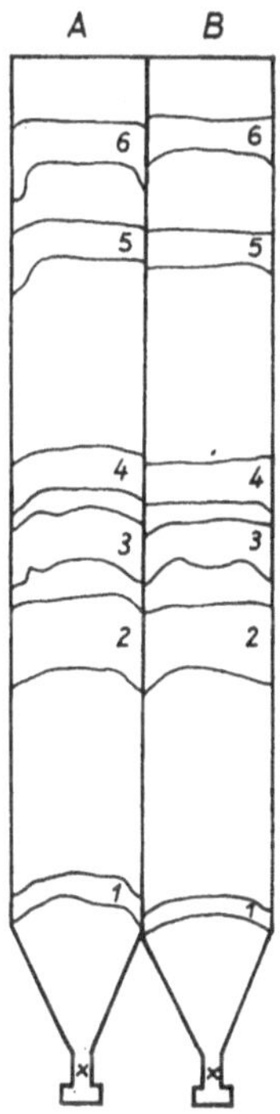

Abb. 1: Eindimensionales zweimal entwickeltes Chromatogramm

A = Fluß Biała Przemsza
B = Fluß Soła
1. = Cystein
2. Asparaginsäure
3. Glutaminsäure
4. Alanin und Prolin
5. Valin und Methionin
6. Leucin und Isoleucin

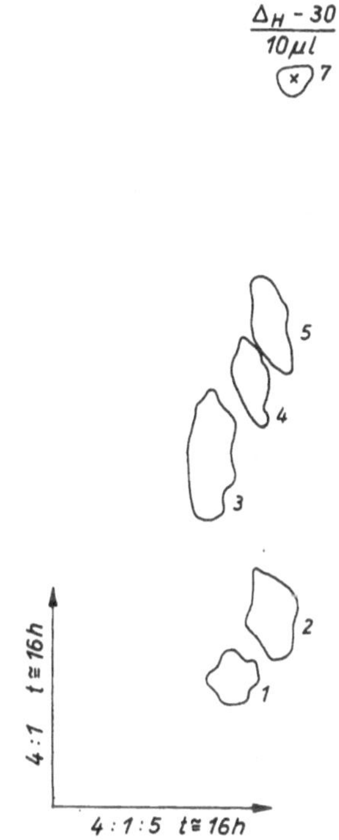

Abb. 2: Zweidimensionales Chromatogramm

1. Asparaginsäure
2. Glutoaminsäure
3. Cystein
4. Methionin
5. Alanin
6. Valin
7. Prolin
8. Leucin

Alanin und das Leucin mit dem Isoleucin. Valin und Methionin werden schlecht getrennt. Ihr Auftreten wurde auf Grund von charakteristischen Reaktionen nachgewiesen und gaschromatographisch bestätigt.

Deutliche Unterschiede treten aber in der quantitativen Zusammensetzung der freien und gebundenen Aminosäuren je nach dem Reinheitsgrad der Wässer, auf. In reinen Gewässern (Tab. 2, 3, 4, 5) wurden Gehalte an freien Aminosäuren der Größenordnung von einigen μg/l festgestellt, wogegen in verunreinigten (Tab. 6) diese Mengen zwei- bis fünffach anwachsen. Noch deutlicher sind diese Differenzen bei gebundenen Aminosäuren. Ihre Konzentration in verunreinig-

Tabelle 2
Freie und gebundene Aminosäuren im Wasser des Flusses Sola in µg/l (1968)

Nr.	Art der freien Aminosäuren	Umgerechnet auf	Entnahmestelle			
			oberhalb des Tresna-Staubeckens		unterhalb des Tresna-Staubeckens	
			freie	gebundene	freie	gebundene
1	Leucin und Isoleucin	Leucin	1,3	90,8	1,2	82,9
2	Valin und Methionin	Valin	0,8	54,8	0,7	50,1
3	Alanin und Prolin	Alanin		61,8		50,9
4	Glutaminsäure	Glutaminsäure		30,9		21,3
5	Asparaginsäure	Asparaginsäure		254,2		146,4
6	Cystein	Cystein	0,4	35,8	0,6	35,8
7	Nicht identifiziert	Leucin	1,5		1,2	
	Insgesamt		4,0	528,3	3,7	377,4

Taballe 3
Freie und gebundene Aminosäuren im „Tresna"-Staubecken auf dem Sola-Fluß in µg/l (1968)

Nr.	Art der freien Aminosäuren	Umgrechnet auf	Entnahmestelle							
			Oberfläche		Über dem Grund		Oberfläche		Über dem Grund	
			freie	geb.	freie	geb.	freie	geb.	freie	geb.
1	Leucin und Isoleucin	Leucin		75,6	1,9	77,7	1,3	78,7	1,3	86,6
2	Valin und Methionin	Valin		48,9	0,7	48,9	0,8	46,8	0,8	47,8
3	Alanin und Prolin	Alanin	1,6	96,2	1,5	101,9	1,8	100,4	1,6	48,1
4	Glutaminsäure	Glutaminsäure	0,3	19,4	0,4	21,3		18,1	0,4	19,0
5	Asparaginsäure	Asparaginsäure	1,9	130,4	1,9	149,0	2,4	110,5	2,0	146,4
6	Cystein	Cystein	0,5	29,0	0,7	32,7	0,6	30,5	0,5	32,7
7	Nicht identifiziert	Leucin			1,3		1,4		1,2	
	Insgesamt		4,3	399,5	8,4	431,5	8,3	385	7,8	380,6

ten Wasser des Flusses Biała Przemsza beträgt 3000···5000 µg/l (Tab. 6), wogegen die Wässer des Flusses Sola und der Staubecken (Tab. 2···5) etwa nur ein Zehntel dieser Menge (300···500 µg/l) enthalten. Von den angeführten Aminosäuren tritt in beiden untersuchten Flüssen in größter Menge Asparaginsäure auf.

In den Staubecken am Sola-Fluß wurden praktisch keine Differenzen im Aminosäuregehalt des Wassers in Proben aus verschiedenen Tiefen festgestellt. Da die Probenahme im Winter bei voller Eisdecke stattfand (Wassertemperatur −0,5 °C) an der Oberfläche und + 1,5 °C über dem Grund) dürfte der Mangel

Tabelle 4
Freie und gebundene Aminosäuren im „Porabka"-Staubecken auf dem Sola-Fluß in µg/l (1968)

Nr.	Art der freien Aminosäuren	Umgerechnet auf	Oberfläche		Mittlere Tiefe		Über dem Grund	
			freie	geb.	freie	geb.	freie	geb.
1	Leucin und Isoleucin	Leucin	1,1	78,7	1,1	81,3	1,4	75,6
2	Valin und Methionin	Valin	0,7	57,8	0,7	46,8	0,9	46,8
3	Alanin und Prolin	Alanin	1,4	100,0	1,6	99,5	2,7	96,9
4	Glutaminsäure	Glutaminsäure	0,6	19,0	0,4	21,3	0,6	20,0
5	Asparaginsäure	Asparaginsäure	2,0	146,4	2,0	130,4	3,1	146,4
6	Cystein	Cystein	0,6	42,6	0,5	40,2	0,7	40,2
7	Nicht identifiziert	Leucin	1,2	40,7	1,2		1,6	
	Insgesamt		7,6	475,2	7,5	419,9	11,0	425,9

Taballe 5
Freie und gebundene Aminosäuren im Staubecken „Czaniec" auf dem Fluß Sola in µg/l (1968)

Nr.	Art der freien Aminosäuren	Umgerechnet auf	Wasseroberfläche	
			freie	gebundene
1	Leucin und Methionin	Leucin	1,1	75,6
2	Valin und Methionin	Valin	0,7	46,8
3	Alanin und Prolin	Alanin	1,8	97,2
4	Glutaminsäure	Glutaminsäure	0,6	20,0
5	Asparaginsäure	Asparaginsäure	1,7	146,4
6	Cystein	Cystein	0,5	40,2
7	Nicht identifiziert	Leucin	1,2	
	Insgesamt		7,6	426,2

einer deutlichen Differenzierung der Aminosäuremenge von einer ausgesprochenen Hemmung der biochemischen Prozesse in den Grundschichten des Wassers zeugen. Der Aminostickstoff der freien Aminosäuren bildete nur einen unwesentlichen Teil des organischen Stickstoffs (ca. 0,1···0,3%), dagegen war bei den gebundenen Aminosäuren der Prozentanteil ihres Aminostickstoffs bedeutend größer (etwa 20% des organischen Stickstoffs).

Parallel dazu geführte Messungen des Gehaltes der untersuchten Wässer an freien Aminosäuren durch Sorption auf dem Austauscher und durch Extraktion des Trockenrückstandes mit angesäuertem Aceton ergaben divergierende Resultate (Tab. 7).

Wie ersichtlich, erhält man bei der Extraktion des Trockenrückstandes mit angesäuertem Aceton mehr als zehnmal so hohe Resultate für den Gehalt an freien Aminosäuren wie durch unmittelbare Sorption am Kationenaustauscher. Dies wird vermutlich durch die teilweise Hydrolyse einiger Peptidverbindungen in saurer Lösung bei der Extraktion selbst und den nachherigen Operationen des Abdampfens der Überschüsse an Aceton und Salzsäure bewirkt. Eine weitere Ursache der hohen Differenzen der Resultate liegt darin, daß bei Anwendung

Tabelle 6

Freie und gebundene Aminosäuren im Wasser des Flusses Biała Przemsza in µg/l (1668)

Nr.	Art der freien Aminosäuren	Umgerechnet auf	Probe 27		Probe 28		Probe 29		Probe 30	
			freie	gebunden	freie	gebunden	freie	gebunden	freie	gebunden
1	Leucin und Isoleucin	Leucin	3,9	572,0	3,2	787,2	2,1	656,0	1,3	681,2
2	Valin und Methionin	Valin	2,2	342,0	2,0	407,4	3,3	345,5	0,8	362,7
3	Alanin und Prolin	Alanin	5,0	664,7	2,0	542,8	0,3	498,9	0,8	480,6
4	Glutaminsäure	Glutaminsäure	1,2	256,1	1,1	294,4	0,6	353,3	0,4	323,4
5	Asparaginsäure	Asparaginsäure	16,4	1464,1	7,9	2625,0	2,8	1996,5	2,3	2075,0
6	Cystein	Cystein	3,4	364,8		668,6	0,8	258,9	1,0	302,5
	Insgesamt		32,1	3667,7	16,2	5325,4	9,9	4109,1	6,6	4225,4

Tabelle 7

Gehalt des Wassers an freien Aminosäuren in µg/l

Nr. der Probe	Sorption auf Kationenaustauscher	Acetonextraktion
27	32,1	336,7
28	9,9	123,9

dieses Verfahrens zur Extraktion des Trockenrückstandes eine Entsalzung vor dem Auftropfen auf das Filterpapier notwendig ist. Ohne Entsalzung der Extrakte erhaltene Chromatogramme sind verwaschen, und die Trennung der Aminosäuren ist nicht ausreichend deutlich. Deswegen scheint die Anwendung dieser Verfahren bei Wasseruntersuchungen wenig zweckmäßig.

Weit bessere Aussichten hat die Methode des Ausschüttelns entnommener Wasserproben mit einem Kationenaustauscher. Die bisherigen Voruntersuchungen weisen zwar darauf hin, daß der Sorptionsprozeß etwas weniger ausgiebig verläuft, aber die Zeitdauer des Vorganges der Abscheidung freier Aminosäuren aus der Lösung ist um ein Vielfaches kürzer, was bei einem so labilen biologischen Hintergrund wie das wäßrige Milieu als sehr wichtiger Faktor gelten muß.

Ebenfalls durchgeführte Voruntersuchungen über das Verfahren der sogenannten „Eintauchpakete“ [26] wiesen auf die Möglichkeit hin, auch diese Methode zur Abscheidung freier Aminosäuren aus Oberflächenwässern anzuwenden.

Mit der Methode der Eintauchpakete wurde eine deutliche Differenzierung des Aminosäuregehaltes an der Oberfläche des Wassers und in der Grundschicht erzielt, was nach der Sorptionsmethode auf Austauscherkolonnen nicht festgestellt werden konnte (Tab. 3, 4, 8). Die Ursache liegt wahrscheinlich in der Genauigkeit dieses Verfahrens. Bei der Bestimmung freier Aminosäuren durch Sorption von 10 l Proben auf Austauschersäulen liegen die auf das Filterpapier aufgetropften Mengen der einzelnen Aminosäuren fast schon an der Empfindlichkeitsgrenze der Ninhydrinreaktion. Vermutlich waren aus diesem Grunde die von Povoledo [26] bei seinen Untersuchungen angewandten Wassermengen bedeutend größer. Das ist selbstverständlich wiederum mit einer sehr wesentlichen Verlängerung der Zeitdauer der gesamten Abscheidungsoperation von Aminosäuren aus den wäßrigen Lösungen verbunden, was wenig erwünscht ist.

Tabelle 8
Nach der „Eintauchpaketmethode“ bestimmte freie Aminosäuren im Staubecken „Porabka“ nach 24-stündiger Sorptionsdauer in µg/g Austauscher

Nr.	Aminosäure	Umgerechnet auf	Wassertiefe	
			Oberfläche	über dem Grund
1	Cystein	Cystein	1,7	81,7
2	Asparaginsäure	Asparaginsäure	66,6	93,8
3	Glutaminsäure	Glutaminsäure	0,9	1,2
4	Alanin und Prolin	Alanin	3,3	4,3
5	Valin und Methionin	Valin	1,5	1,8
6	Leucin und Isoleucin	Leucin	2,7	3,5
7	Nicht identifiziert	Leucin	2,0	2,0
	Insgesamt		78,7	188,3

Folgerungen

— Die durchgeführten vorläufigen Untersuchungen und Messungen weisen darauf hin, daß die üblichen Methoden der Entsalzung von Proben und der Abscheidung freier Aminosäuren durch Ionenaustausch und Sorption an Kationenaustauscher, wie auch der Extraktion mittels organischer Lösungsmittel einer eingehenden Nachprüfung und entsprechender Anpassung angesichts der Verhältnisse im wäßrigen Milieu bedürfen.

- Die Abscheidung freier Aminosäuren aus der Lösung ist eine besonders schwierige Operation. Gute Aussichten sind von der Methode des Ausschüttelns der Wasserprobe mit einem Kationenaustauscher zu erhoffen, doch erfordert sie noch eine genaue Prüfung aller analytischen Parameter (Zeitdauer des Schüttelns, Austauschermenge). Ebenfalls interessant erscheint die Methode der „Eintauchpakete" besonders deswegen, weil hier der Sorptionsprozeß bei unveränderten Verhältnissen des wäßrigen Milieus vor sich geht. Doch müßten die Parameter dieses Prozesses noch eingehend bearbeitet werden. Das Extraktionsverfahren mit angesäuertem Aceton ergibt wesentlich zu hohe Resultate und sichert nicht eine ausreichende Entsalzung der Probe.
- In den untersuchten Proben von Oberflächengewässern wurde, ungeachtet ihres Reinheitsgrades, das Auftreten von 10 Aminosäuren festgestellt, nämlich von Cystein, Asparaginsäure, Glutaminsäure, Prolin, Valin, Methionin, Leucin, Isoleucin, sowie einer nicht identifizierten Säure.
- Die Konzentration der gebundenen Aminosäuren stand im deutlichen Zusammenhang mit dem Reinheitsgrad der untersuchten Oberflächengewässer und betrug in reinen Gewässern ca. 3000···500 $\mu g/l$ und in verunreinigten 3000···5000 $\mu g/l$. In größeren Mengen trat, unabhängig vom Reinheitsgrad des untersuchten Wassers, die Asparaginsäure auf und bildet bis 50% der Gesamtmenge an Aminosäuren.
- Der Anteil des Aminosäurenstickstoffs der gebundenen Säuren am Gesamtgehalt organischer Verbindungen war gering und bildete maximal 20% des organischen Stickstoffs.
- Weitere Untersuchungen sind notwendig, nicht nur hinsichtlich der geeignetsten Methode der Abscheidung von Aminosäuren aus Oberflächengewässern, sondern auch zur Erforschung der Dynamik biochemischer Umsetzungen, die im wäßrigen Milieu stattfinden. Mit solchen Arbeiten wurde schon begonnen.

Literatur

[1] Aleksander, P., R. J. Block: Analiticzeskije mietody biełkowoj chimii. Izd. Inostr. Litierat. Moskwa 1963

[2] Arnal, R.: Limnology, sedimentation and microorganisms of the Saltin Sed. California the Geological Soc. of America. Bulletin **7** (1961), 427

[3] Block, R., L. Durram, G. A. Zweig: A Manual of paperchromatography and paper electrophoresis. N. York, 1965

[4] Burchfield, H. P., E. Storrs: Biochemical applications of gas chromatography. Academic Press, New York, 1962

[5] Brzeski, W., Z. Kaninga: Praktikum z biochemii. PWN, Warszawa 1968

[6] Cramer. R.: Papierchromatographie Verlag. Chemie, Weinheim 1958

[7] Czmułow, K. W.: Wymiana jonowa i jej zastosowanie. PWN, Warszawa 1962

[8] Dacko, W. G., L. I. Niemcewa, A. D. Siemionow, W. I. Wasiliewa, T. S. Kiszkinowa: O kaczestwiennom sostawie organiczeskich wieszczestw w wodie starobieszewskogo wodochraniliszcza. Gidrochem. Mat. **40** (1965), 124

[9] Dacko, W. G., W. L. Wasiljewa, N. N. Ramenskaja, I. N. Iwljewa, A. D. Siemionow: Niekotoryje dannyje ob organiczeskich wieszczestw w Cymlańskom wodochraniliszcze elementach ich bałansa. Gidrochim. Mat. **37** (1964), 63

[10] Dowgiałło, A.: Zastosowanie metod chromatograficznych do badań nad substancjami organicznymi w ekosystemach słodkowodnych. Ekologia Polska, Seria B, XI, **4** (1965), 333

[11] Fruton, J. S., S. Simmonds: Biochemia Ogólna. PZWL, Warszawa 1966.

[12] Heis, I. M., K. Macek: Chromatografia na bumagie. Izd. Inostr. Litierat, Moskwa 1962

[13] Heis, I. M., K. Macek: Handbuch der Papierchromatographie. G. Fischer Verlag, Jena 1963

[14] Iwljewa, I. N., W. G. Dacko: O kaczestwiennom sostawie organiczeskich oddielnych wodojemow. Gidrochim. Mat. **42** (1965), 126

[15] Jursik, F.: Sledovani bilkowin a aminokiselin v odpadnich. vodach. Sbornik Wys. Chem. Technolog. Skoly, Praga 1960

[16] Karlson, R.: Zarys biochemii. PWN, Warszawa 1963

[17] Kretowicz, W. L.: Osnowy biochemii rastienij. Izd. Wyższoj Szkoły Moskwa, 1964

[18] Linskens, H. P.: Papierchromatographie in der Botanik. Springer Verlag, Berlin 1959

[19] Mandaszew, S. R., M. Z. Zaleskij, S. I. Piechtierewa, L. A. Semina: S-Kancewaja posledowatielnsto aminokisłotj w histidindekarboksylazie Lactobacillis 30a i Micrococcus SP. N. Biochimija 32, **6** (1967), 655

[20] Mejbaum-Katzenellenbogen, W. J. Mochnacka: Kurs praktyczny z biochemii. PWN, Warszawa 1968

[21] Mikulaszek, B.: Nowe dane o pozakomórkowych substancjach wytwarzanych przez bakterie oraz ich proli w biologii i immunologii. Post. Mikrobiologii 1,2,18, 1962

[22] Opienska, J.: Chromatografia PWN, Warszawa 1957

[23] Opienska-Blauth, J.: Methody chromatograficzne w badaniach aminoacydurii. Post. Biochemii 7, **1** (1961), 80

[24] Paluch, J., S. Stangert, J. Dobrzynski: Oznaczania aminokwasów w wodach metodą chromatografii gazowej (im Druck)

[25] Park, K., W. T. Williams, J. M. Prescott, W. D. Hood: Aminoacids in deepse water. Science, 1938—531—532, 1962 wg. Dowgiallo A.: Ekologia Polska Seria B. XI, 4, 333—342 1965)

[26] Povoledo, D.: Studi chimici sulle sostanze organiche azotate sedimentarie o sestoniche di alcumi laghi della Italia Settentrionale. Men. Ist. Ital. Idrobiol. **11** (1960), 25.1960 wg. Dowgiałło A.: Ekologia Polska Seria B. XI, 4, (1965) 333

[27] Rogulski, J.: Swoistość przemian azotu aminokwasów w tkankach ssaków. Post. Biochemii 1, **12** (1966), 35

[28] Siemionow, A. D., I. N. Iwljewa, W. G. Dacko: Mietodyka koncentriowanija i opriedielenije aminokisłot w prirodnych wodach. Trudy Kom. po analit. chimii AN SSSR, **13** (1963) 62

[29] Siemionow, A. D., I. N. Iwljewa, W. G. Dacko: Koncentriowanija i opriedielenije aminokislot w presnych wodach. i hydrolizatach Mat. AN SSSR, (1962) **104**

[30] Siemionow, A. D., J. N. Iwljewa W. G. Dacko: Opriedielenije aminokisłot w prirodnych wodach: Gidrochim. Mat. **3** (1961) 172

[31] Siemionow, A. D., A. P. Paszanowa, T. S. Kiszkinowa, I. L. Niemcewa: O soderżanii oddielnych grup organiczeskich wieszczestw w wodach niekotorych riek Sowieckogo Sojuza. Gidrochim. Mat. 42 (1966), 171

[32] Siemionow, A. D., I. L. Niemcewa, T. S. Kiszkinowa, A. P. Paszanowa: O chimiczeskoj prirodie organiczeskich wiesczestw sodzierżaszczychsia w wodie rieki Niewy. Gidrochim. Mat. **42** (1966), 182

[33] Siemionow, A. D., L. I. Niemcewa, L. W. Braznikowa, A. S. Diemczenko, A. R. Paszanowa, T. S. Kiszkinowa, M. W. Kuzniecowa: O sostawie organiczeskich wieszczestw w pawadkowych wodach, formirujuszczychsia na małych wodozaborach zasuszliwoj zony. Gidrochim. Mat. 42 (1966), 186

[34] Smirnowa, Z. S.: Otnoszenije metan-propanokislajuszczych bakterii k razlicznym istocznikam azota. Mikrobiologia, **31**, 6 (1962), 980

[35] Szewczenko, M. A.: Organiczeskoje wieszczestw w prirodnoj wodie i mietody ich udalenija. Izd. AN USSR, Kijow 1966.

[36] Tremillon, B.: Razdielenije na jonoobmiennych smołach. Izd. Mir., Moskva 1967

[37] Vamos, R., J. Szolt: Papierchromatographische Analyse der Aminosäuren im Wasser und Teichschlamm. Symposium on new methode of determining biogenic and organic substances in Water and organisms. Zivohost 1963-Hydrobiologia Haag (Soc. cit. Dowgiałło A.: Ekologia Polska Seria B. XI. **4** (1960), 333

[38] WŁASOWA, T. A.: O sodierżanii organiczeskogo ugleroda, organiczeskogo azota, aminokisłot i reducirujuszczych sacharow w niekotorych wodojemach siewierowstoka jewropejskoj teritorii SSSR. Gidrochim. Mat. **39** (1965), 113
[39] ZABŁOCKI, B.: Podstawy chemii bakteryjnej. PWN, Warszwa 1965.

Anschrift der Verfasser:

Prof. Dr. J. PALUCH und S. STANGRET, Polnische Akademie der Wissenschaften, Forschungsinstitut für den Oberschlesischen Indurstriebezirk, Zabrze, Hagera 17, VR Polen

R. Bretthauer

Zoologisches Institut der Universität Bonn, Hydrobiologische Arbeitsgruppe

Quantitative Bestimmung des Aminosäuregehaltes in fallaubreichen Waldgewässern*)

Zusammenfassung: Eine Methode zur quantitativ-summarischen Bestimmung Ninhydrin-positiver Substanzen in Fallaubgewässern mit einer Ausbeute von etwa 100% wird beschrieben. Die zu messende Menge kann in weiten Grenzen schwanken, da einerseits 0,02 μM Aminosäuren noch erfaßt und andererseits Farbintensitäten, die außerhalb des Meßbereiches des Spektralphotometers lagen, mit 61%igem Äthanol bis zur Meßbarkeit verdünnt werden könnten. Mit dieser Methode wurde der Abbau niedermolekularer Ninhydrin-positiver Substanzen in Fallaubgewässern untersucht. Aus den Ergebnissen resultiert, daß der Abbau derartiger Substanzen augenscheinlich nicht direkt konform mit der Bakterien- und Flagellatenentwicklung geht.

Summary: A method for the quantitative-summary determination of ninhydrin-positive matters in waters containing fallen leaf with a yield of about 100% is described. The quantity to be measured can cary widely, because on the one hand 0,02 μM amino acid could be still detected and on the other and intensities of colour which lay outside of the measuring range of the spectral photometer may be diluted to become measurable with 61% ethanol. By this method the digestion of low-mole ninhydrin-positive matters in Waters containing fallen leaf has been tested. From the investigations results that the digestion of such matters does not conform to the development of bacteria and flagellates.

Резюме: Описан метод количественно-суммарного определения положительных по нингидрину веществ в водах, содержащих много отпавших листьев, с выходом около 100 %. Измеряемое количество может колебаться в широких границах, потому что с одной стороны 0,02 μM аминокислот ещё можно охватывать и с другой стороны цветоинтенсивности, расположенные вне области измерения спектрофотометра, можно было разбавлять 61 %-ним этанолом до измеряемости. При помощи этого метода исследовалось расщепление низкомолекулярных положительных по нигидрину веществ в водах, содержащих много листьев. Из результатов следует, что расщепление таких веществ очевидно не идёт прямо соответственно с развитием бактерий и флагеллатов.

Fallaub ist bekanntlich Hauptnahrung vieler Organismen; es ist daher verständlich, daß zahlreiche Autoren den Fallaubabbau und seine Bedeutung zum Gegenstand ihrer Untersuchungen gemacht haben (u. a. Bick, Heath, Arnold und Edwards, 1966; Heath und Arnold, 1966; Hynes, Kausik und Hynes; Nykvist, Saito, Witkamp, 1963 und 1966). In diesen Arbeiten wird überwiegend die Fallaubzersetzung durch Bakterien oder verschiedene Metazoen behandelt; uns interessierte vielmehr die Frage nach den Wechselbeziehungen zwischen dem Fallaubabbau und der Protozoen-, besonders der Flagellatenfauna. Obwohl vor dem Laubfall im Herbst große Mengen organischer Substanz aus den Blättern in Samen und Wurzeln der Bäume zurücktransportiert werden,

*) Herrn Prof. Dr. Danneel zur Vollendung des 70. Lebensjahres gewidmet.

verbleibt ein nicht geringer Teil wichtiger organischer Bestandteile in den Blättern; dabei überwiegt mengenmäßig die Cellulose, aber auch stickstoffhaltige Stoffe wie Aminosäuren, Peptide und Proteine werden offensichtlich nicht quantitativ zurücktransportiert. Diese organischen Substanzen gelangen mit dem Laubfall zum Boden und damit häufig auch in Gewässer. Da die wasserlöslichen Bestandteile – unter ihnen Peptide und Aminosäuren, die für die Bildung körpereigener Substanz besonders wichtig sind – den Mikroorganismen als erste zur Verfügung stehen und auch direkt aufgenommen werden können, sei es durch Pinocytose (CHAPMAN-ANDRESEN) oder durch aktiven Membrantransport (STEPHENS und KERR), wurde zunächst von diesen Stoffen versucht, die Menge niedermolekularer Ninhydrin-positiver Substanzen quantitativ zu erfassen.

Material und Methoden

Die Untersuchungen wurden als Modellversuche in belüfteten Aquarien mit 20 *l* Wasservolumen durchgeführt, denen je 12 g Fallaub einer bestimmten Art (*Fagus silvatica* L., *Quercus rubra* L., *Quercus robur* L. und *Pinus mugo* TUR.) und 200 m*l* Impfwasser eines fallaubreichen Waldgewässers zugegeben wurden. Das Laub stammte jeweils von einem Baum. Für jede Laubsorte wurden zwei Becken verwandt, von denen jeweils eins zusätzlich mit 240 adulten Gammariden (*Gammarus pulex fossarum* KOCH) besetzt wurde, um auf diese Art zu überprüfen, ob und welchen Einfluß diese Organismen infolge ihrer Fallaubzersetzung (BICK) auf den Gehalt des Wassers an niedermolekularen Ninhydrin-positiven Substanzen und deren Abbau haben. Die Versuche erfolgten in einem temperaturkonstanten Raum bei 20 °C. Eine hinderliche Beeinflussung der Flagellatenentwicklung durch abiotische Umweltfaktoren wie z. B. niedrige Temperaturen, die zum Einfrieren der Gewässer und dadurch zum plötzlichen Niedergang der Organismenpopulationen führen können, wurde auf diese Weise ebenso verhindert wie eine Störung durch niedermolekulare Ninhydrin-positive Substanzen und andere Stoffe, die von Bodenorganismen etc. produziert werden und mit dem Sickerwasser in natürliche Gewässer gelangen. In diesen verhältnismäßig einfachen und daher übersichtlichen Modellen fallaubreicher Waldgewässer konnten die niedermolekularen Ninhydrin-positiven Substanzen aus Fallaub quantitativ bestimmt und ihr Einfluß auf die Entwicklung der Flagellatenfauna sowie der Abbau dieser Substanzen untersucht werden.

Die chemische Untersuchung des Wassers auf niedermolekulare Ninhydrin-positive Substanzen erfolgte in wöchentlichem Abstand mit je 1 *l* Probenwasser wie folgt:

- Filtration durch gereinigte Glaswatte zur Entfernung grober Partikel und größerer Organismen.
- Membranfiltration zur Entfernung im Filtrat verbliebener Mikroorganismen.
- Ultrafiltration zur Retention der Moleküle mit einem Gewicht über 10^2 (GALLINGER).
- Eindampfen der Filtrate bis zur beginnenden Trockne und Wiederaufnehmen in 10 m*l* 0,01 n NaOH oder heißem Ionenaustauscherwasser.
- Quantitative Bestimmung der niedermolekularen Ninhydrin-positiven Substanzen nach TROLL und CANNAN.

Die Organismenzählungen wurden in Blutzählkammern nach HELBER durchgeführt; die Bestimmung der Flagellaten erfolgte nach LACKEY und LEMMERMANN.

Ergebnisse

Die photometrische Methode zur quantitativen Bestimmung von Aminosäuren nach TROLL und CANNAN erwies sich in Vorversuchen einigen anderen Methoden sowie verschiedenen Variationen des Nachweises von Aminosäuren mit Ninhydrin überlegen, wie die folgenden Angaben zeigen:

Das Absorptionsmaximum des gefärbten Reaktionsproduktes von Ninhydrin mit Aminosäuren liegt in dem von TROLL und CANNAN angegebenen Gemisch organischer Verbindungen ebenso bei 570 nm wie das des reinen DYDA (Diketohydrindyliden-Diketohydrindamin); daher wurden die Messungen bei dieser Wellenlänge im Zeiss-Spektralphotometer durchgeführt. Die Ausbeute für einzelne Aminosäuren liegt im Vergleich mit reinem DYDA zwischen 98% und 103% (vgl. BRETTHAUER), im Druck), für ein Gemisch von 16 Proteinaminosäuren bei 99%; die millimolare Extinktion dieses Gemisches beträgt 21,4. Die Konzentration der niedermolekularen Ninhydrin-positiven Substanzen kann anhand von Eichkurven mit einer einzelnen bzw. einem Gemisch mehrerer Aminosäuren oder rechnerisch bestimmt werden. Als Vergleichssubstanz kam eine Glycinlösung mit einer millimolaren Extinktion von 21,1 und einer prozentualen Ausbeute von 98% zur Anwendung. Um reproduzierbare Werte zu erhalten, genügten drei Tests je Probe. Die Schwankungsbreite in dem Modellversuch zeigen einige in Tab. 1 angegebene Messungen.

Tabelle 1
Übersicht über die Schwankungen der Extinktionsmessungen der Proben vom 2.4.
(−G. = ohne Gammariden, +G. = mit Gammariden)

Rotbuche		Roteiche		Stieleiche		Bergkiefer	
−G.	+G.	−G.	+G.	−G.	+G.	−G.	+G.
0,115	0,112	0,079	0,082	0,066	0,066	0,063	0,065
0,120	0,113	0,079	0,080	0,065	0,061	0,059	0,062
0,107	0,111	0,080	0,078	0,063	0,060	0,060	0,060

Das Wasser von Fallaubtümpeln zeigt meist eine gelbe bis braune Färbung, die durch Huminstoffe verursacht wird. Mit Hilfe der angewandten Ultrafiltration mit Millipore Pellicon PSAC Membranen laßt sich der störende Einfluß dieser Stoffe auf eine quantitative Bestimmung der Ninhydrin-positiven Substanzen weitgehend ausschließen. Darüber hinaus wurde versucht, durch Zugabe definierter Aminosäuremengen den Einfluß der Huminstoffe auf die quantitative Analyse Ninhydrin-positiver Substanzen zu bestimmen; bedeutsame Unterschiede treten nur bei stark gefärbten Proben oder solchen mit sehr geringem Aminosäuregehalt auf. Das mag einmal an den unterschiedlichen Spektren von DYDA und Huminstoffen liegen (Abb. 1), die eine quantitative Beeinflussung der Extinktion des DYDA durch Huminstoffe nahezu ausschließt, und zweitens daran, daß die beim Eindampfen ausgefallenen Huminstoffe beim Wiederaufnehmen der Aminosäuren nur z. T. wieder in Lösung gehen. Außerdem wurde der Verlust an Ninhydrin-positiven Substanzen bei Eindampfen der Filtrate geprüft und diese gegebenenfalls in Rechnung gestellt. Dabei ist festzustellen, daß auch hier nur geringfügige Unterschiede auftraten. Selbstverständlich wurde eine Berührung des Probenwassers mit den Fingern eingedenk der Beobachtungen von BREHM, HAMILTON sowie ORO und SKEWES vermieden.

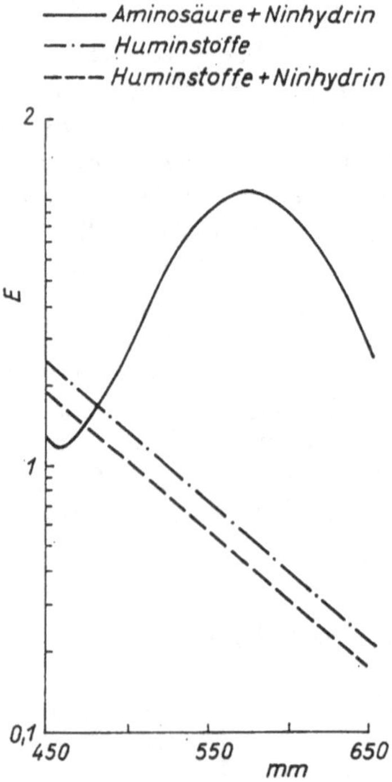

Abb. 1: Vergleich der Adsorptionsspektren von Glycin + Ninhydrin; Huminstoffen und Huminstoffen + Ninhydrin (Die Wahl der Konzentrationen erfolgte willkürlich)

Die quantitative Bestimmung niedermolekularer Ninhydrin-positiver Substanzen in Gewässern in der beschriebenen Art hat einige Vorteile:

- Auf mechanischem Wege lassen sich niedermolekulare und höhermolekulare Ninhydrin-positive Substanzen voneinander trennen.
- Andere niedermolekulare Substanzen wie z. B. Harnstoff, Zucker etc. stören nicht.
- Die prozentuale Ausbeute schwankt bis auf wenige Ausnahmen bei allen Proteinaminosäuren um 100%.
- Der überwiegende Teil färbender Substanzen (z. B. Huminstoffe) wird durch die Ultrafiltration entfernt und kann daher die Bestimmung nicht mehr störend beeinflussen; außerdem kann man mit Hilfe eines Spektralphotometers genau im Absorptionsmaximum des Diketohydrindyliden-Diketohydrindamin messen.
- Die zu messenden Aminosäuremengen können in verhältnismäßig weiten Grenzen schwanken; als geringste Menge konnten 0,02 μM Glycin bestimmt werden. Bei hohem Aminosäuregehalt läßt sich die nach der Reaktion mit Ninhydrin entstandene Farbintensität mit 60%igem Äthanol bis zur meßbaren Konzentration verdünnen.

Obwohl im Herbst vor dem Laubfall große Mengen organischer Substanz aus den Blättern in Stamm und Wurzeln zurücktransportiert werden, bleibt — wie schon erwähnt — ein Teil der stickstoffhaltigen Verbindungen im Laub und gelangt mit dem Laubfall zum Boden und damit z. T. auch in Gewässer. Die Qualität und Quantität dieser Verbindungen sind von der jeweiligen Laubart abhängig, können aber außerdem durch den Biotop, in dem der betreffende Baum wächst, beeinflußt werden. Ein Teil der im Blatt verbliebenen Stickstoffverbindungen, hauptsächlich Proteine, löst sich nach KAUSHIK und HYNES nicht im Wasser und wird daher nur langsam abgebaut; infolgedessen stehen diese Substanzen den Protozoen erst später als Nahrung zur Verfügung. Im Gegensatz dazu sind Peptide und Aminosäuren wasserlöslich. Wie in Abb. 2 gezeigt, werden diese in ein bis zwei Tagen ausgewaschen und können von den Mikroorganismen direkt verbraucht werden. Der Abbau erfolgt sehr schnell, schon nach einer Woche sind nur noch 25% der Höchstkonzentration Ninhydrin-positiver Substanzen vorhanden; diese werden in der folgenden Zeit bis auf 10% redu-

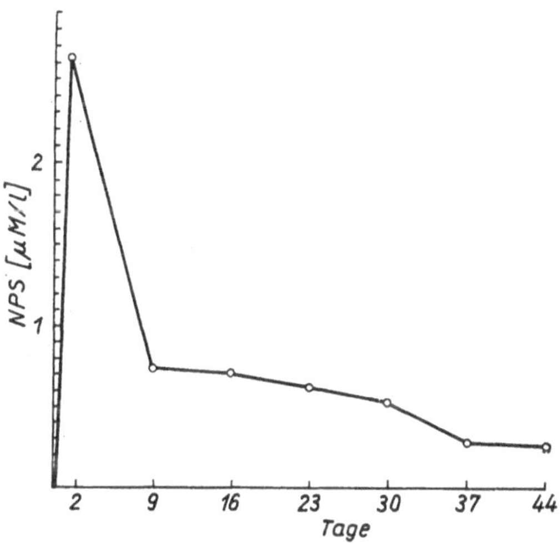

Abb. 2: Abbau des Gehaltes an niedermolekularen Ninhydrin-positiven Substanzen im Modellversuch mit Fallaub (*Fagus silvatica* L.)

ziert. Auf diesem Aminosäurepegel, d. h. nach fünf Wochen, wurden die Versuche abgebrochen. Die Ergebnisse ergänzen diejenigen von BREHM und SCHÜRMANN, die nach dem herbstlichen Laubfall einen Anstieg im Gehalt der Gewässer an Ninhydrin-positiven Substanzen fanden, der anschließend schnell wieder abgebaut wurde. Auch in Bodenproben werden die Aminosäuren in wenigen Tagen abgebaut (VAN DIEHL). Diese schnelle Eliminierung von niedermolekularen Ninhydrin-positiven Substanzen durch Organismen ist leicht verständlich, denn den Heterotrophen bieten sie eine einfache und gute Möglichkeit zum Aufbau körpereigener Substanz.

Die Menge der wasserlöslichen niedermolekularen Ninhydrin-positiven Substanzen ist bei einzelnen Pflanzenarten sehr unterschiedlich, der Abbau dieser Stoffe erfolgt dagegen ziemlich gleichartig, wie Tab. 2 zeigt; Untersuchungen ergaben keine signifikanten Unterschiede zwischen den Versuchen mit und ohne Gammariden. In den Versuchen mit Gammariden ist der Gehalt an Ninhydrin-

Tabelle 2

Gehalt der Modellgewässer an niedermolekularen Ninhydrin-positiven Substanzen in µM/l
(– G. = ohne Gammariden, +G = mit Gammariden)

Datum	Rotbuche		Roteiche		Stieleiche		Bergkiefer	
	– G.	+ G.	– G.	+ G.	– G.	+ G.	–. G	+ G.
5.3.	2,62	2,50	2,02	2,10	1,98	1,96	2,42	2,40
12.3.	0,74	0,60	0,84	0,60	0,56	0,60	0,78	0,82
19.3.	0,70	0,62	0,84	0,56	0,56	0,54	0,76	0,48
26.3.	0,62	0,58	0,64	0,46	0,44	0,40	0,50	0,42
2.4.	0,52	0,52	0,42	0,42	0,36	0,36	0,34	0,36
9.4.	0,28	0,36	0,22	0,20	0,20	0,20	0,24	0,16

positiven Substanzen geringfügig niedriger als in den anderen. Da die Aminosäuren und Peptide sehr rasch ausgewaschen werden, scheint das verständlich, wenn man annimmt, daß *Gammarus* ähnlich wie *Calanus* (Corner, Cowey und Marshall) keine Aminosäuren ausscheidet; in diesem Fall fehlen nämlich die in den ersten beiden Tagen noch im Laub enthaltenen und gefressenen Mengen Ninhydrin-positiver Substanzen.

Als erste Besiedler der Fallaubbecken traten neben Bakterien einige Flagellaten auf, *Cercobodo longicauda*, *Monas arhabdomonas*, *Monas minima*, *Oicomonas socialis* und *Rhynchomonas nasuta*, zu denen sich im Laufe der Zeit *Astasia* spec., *Amphimonas* spec., *Bicocea ovata*, *Bodo edax*, *Colponema loxodes*, *Dinomonas vorax*, *Monas vivipara*, *Oicomonas obliqua*, *Parabodo* spec., *Peranema trichophorum*, *Pleuromonas jaculans* sowie Rhizopoden und Ciliaten gesellten.

Beim Vergleich des Gehaltes an niedermolekularen Ninhydrin-positiven Substanzen mit Organismenzählungen erwies sich, daß die Abnahme dieser Substanzen nicht streng disproportional zur Organismenzahl erfolgt. Vielmehr zeigte sich nach der rapiden Akkumulation Ninhydrin-positiver Substanzen im Wasser während der ersten Versuchstage ein schnelles Absinken der Aminosäurequantität; die Bakterien erreichen ihr Populationsmaximum erst nach fünf bis sechs Tagen, die Flagellaten sorgar erst nach etwa zehn Tagen. Dieser zunächst erstaunliche Befund läßt sich mit Versuchen von McCalla erläutern, nach denen Flagellaten Aminosäuren zu speichern vermögen. Populationen mit hohem Stickstoffdepot, die sich in der logarithmischen Vermehrungsphase befinden, können sich danach bis zum Aufzehren dieser Depots entsprechend weiter vermehren. Darauf deuten auch eigene Versuche mit Pepton als organischer Stickstoffquelle hin, in denen der Gehalt des Wassers an Ninhydrin-positiven Substanzen extrem schnell abnahm. Am dritten Tag waren von 250 mg/*l* Pepton nur noch geringe Mengen vorhanden, das Bakterienmaximum trat am vierten Tag auf und das der Flagellaten nach fünf bis sechs Tagen. Untersuchungen zur genaueren Erfassung dieses Problems werden z. Zt. durchgeführt.

Literatur

Bick, H.: *Gammarus pulex fossarum* Koch 1835 als Fallaubzersetzer. Z. f. Fischerei 8 (1959) 635

Brehm, J.: Untersuchungen über den Aminosäure-Haushalt holsteinischer Gewässer, insbesondere des Fluß-Sees. Arch. Hydrobiol. Suppl. 32 (1967), 313

Bretthauer, R.: Quantitative estimation of low-molecular ninhydrin-positive matter in waters rich in autumn shed leaves. Intern. Revue ges. Hydrobil. (im Druck)

Chapman-Andresen, C.: Studies on pinocytosis in Amoebae. Compt. Rend. Trav. Lab. Carlsberg **33** (1962), 73

Corner, E. D. S., C. B. Cowey und M. S. Marshall: On the nutrition and metabolism of zooplankton. III. Nitrogen excretion by *Calanus*. J. Mar. biol. Ass. U. K. **45** (1965), 429

Diehl, W. van: Studies on the Conversion of Aminoacids in Soil. Acta Bot. Neerlandica **10** (1961), 209

Gallinger, S.: Die Pellicon TM-Ultrafiltration im medizinischen Laboratorium G. I. T. Fachz. Lab. **13** (1969), 1169

Hamilton, P. B.: Amino acids on hands. Nature (Lond.) **205** (1965), 284

Heath, G. W., M. K. Arnold, und C. A. Edwards: Studies in Leaf Litter Breakdown. I. Breakdown Rates of Laeves of Different Species. Pedobiologia **6** (1966), 1

— und M. K. Arnold: Studies in Leaf-litter Breakdown. II. Breakdown Rate of „Sun" and „Shade" Leaves. Pedobiologia **6** (1966), 238

Hynes, H. B.N.: Imported organic matter and secondary productivity in streams. Proc. 16. Int. Congr. Zool. Washington **4** (1963), 324

Kaushik, N. K. und H. B. N. Hynes: Experimental study on the role of autumn shed leaves in aquatic environments. J. Ecology **56** (1968), 229

Lackey, J. B.: Zooflagellates. In Fresh-water Biology. Herausg. W. T. Edmondson John Wiley a. Sons, Inc., New York, 1959

Lemmermann, E.: Flagellatae. In: Die Süßwasser-Flora Deutschlands, Österreichs und der Schweiz, Herausg. A. Pascher, Gustav Fischer Verlag, Jena 1914

McCalla, P. R.: Accumulation of extracellular amino acids by *Euglena gracilis*. J. Protozool. **10** (1963), 491

Nykvist, N.: Leaching and decomposition of litter. V. Experiments on leaf litter of *Alnus glutinosa, Fagus silvatica* and *Quercus robury*. Oikos **13** (1962), 232

Oro, J. und H. B. Skewes: Free amino-acids on human fingers: The question of contamination in microanalysis. Nature (Lond.) **207** (1965), 1042

Saitô, T.: An approach to the mechanism of microbial decomposition of beech litter Sci. Rep. Tohoku Univ. Ser. IV (Biol.) **26** (1960), 125

Schürmann, J.: Untersuchungen über organische Stoffe im Wasser des Zürichsees. Vjschr. naturforsch. Ges. Zürich **109** (1964), 409

Stephens, G. C. und N. S. Kerr: Uptake of phenylalanine by *Tetrahymena pyriformis*. Nature (Lond.) **194** (1962), 1094

Troll, W. und R. K. Cannan: A modified photometric ninhydrin method for the analysis of amino and imino acids. J. Biol. Chem. **200** (1953), 803

Witkamp, M.: Microbial populations of leaf litter in relation to enviromental conditions and decomposition. Ecology **44** (1963), 370

—: Decomposition of leaf litter in relation to environment, microflora and microbial respiration. Ecology **47** (1966), 194

Anschrift des Verfassers:

Dr. Rainer Bretthauer, Zoologisches Institut der Universität,
5300 Bonn, Poppelsdorfer Schloß, BRD

J. Paluch, S. Stangret

Polnische Akademie der Wissenschaften, Forschungsinstitut für den Oberschlesischen Industriebezirk, Zabrze

Die gaschromatographische Bestimmung einiger Ligninverbindungen in Oberflächengewässern

Zusammenfassung: Das bei der alkalischen Hydrolyse von Ligninsulfonsäure entstehende Vanilin wurde mit Äther extrahiert und in einer 0,1%igen Lösung von Anisaldehyd als Standard gaschromatographisch bestimmt. Die Ergebnisse wurden auf eine Sulfitablauge bekannter Zusammensetzung umgerechnet und lagen 20···30% niedriger als bei Anwendung der Folin-Denis-Methode.

Summary: Vanilin, which results from the alkaline hydrolysis of lignin sulpho-acid, was extracted by ether and determinated by gas chromatography in a 0,1% solution of anisic aldehyde. The results were converted to a spent sulphite liquor of known composition and they were 20 to 30% lower than by the use of the Folin-Denis method.

Резюме: Образующийся при щелочном гидролизе лигнинсульфоновой кислоты ванилин извлекался эфиром и определялся в 0,1 %-ном растворе анисового альдегида как стандарт для газовой хроматографии. Результаты были пересчитаны на отработанный сульфитный щелок с известным составом и лежали на 20—30 % ниже, чем при применении метода по Фолину — Ленизу.

Einleitung

Die Ligninsulfosäuren bilden eine Gruppe von Substanzen, die aus dem Holz im Verlauf des Sulfitcelluloseverfahrens entstehen. Ihnen werden Molekulargewichte im ziemlich weiten Bereich von 2000···50000 zugeschrieben [2, 29], ferner eine 4-Propylguajakolstruktur der Monomere, sowie eine variierende Anzahl von Sulfo-Metoxyl- und Hydroxylgruppen, und bei einzelnen Säuren wohl auch von Kabroxylgruppen [4, 5, 31, 36, 37]. Ligninsulfosäuren gehören zu den lästigsten Wasserverunreinigungen. Dazu tragen mehrere Ursachen bei: Die Mineralisation der Ligininsulfosäuren verläuft unter natürlichen [18, 20, 25, 27] und auch unter künstlichen [3, 26] Verhältnissen recht langsam. Sie werden ebenfalls im Belebtschlammverfahren nur schwach zersetzt [3] und bilden außerdem in wäßrigen Lösungen intensiv gefärbte Komplexverbindungen mit Eisen, wodurch die Farbe des Wassers sehr weitgehend verschlechtert wird [13, 18]. Hierzu kommt noch, daß sie schwer zu bestimmen sind.

Als Bestätigung der mit der analytischen Bestimmung von Ligninsulfosäuren verbundenen Schwierigkeiten kann die verhältnismäßig große Zahl der diesbezüglichen Verfahren gelten. Beachtung verdienen vor allem folgende Methoden:

- nach Folin-Denis [14], die von den amerikanischen Einheitsverfahren (34] empfohlen wird in einigen Modifikationen, unter anderen von Gańczarczyk [11] zur Anwendung kommt,
- die Nitrosolininmethode, [12], auch PBI-Methode (Pearl-Benson-Index) genannt [24],
- Oxydation mit Chlorwasser nach Gańczarczyk [15],
- Erzeugung schwer löslicher Verbindungen mit verschiedenen organischen Basen, wie Tryptoflavin, Surfen, α-Naphtylamin, Chinolin u. a. [1],
- Bromieren und nachherige Titration [1],
- spektrophotometrische Messung der Lichtabsorption im Ultraviolett nach [22] oder nach [28],
- fluormetrische Bestimmung [8],
- Papier- oder Gaschromatographie von Oxydationsprodukten der Sulfitablaugen [1, 7, 21, 23, 24, 33].

Jedoch geben nicht alle der oben angeführten Methoden ausschließlich für Ligninsulfosäuren charakteristische Reaktionen. Organische aromatische Verbindungen, die Hydroxylgruppen enthalten, reagieren mit dem Reagens von Folin-Denis [11, 14]. So gibt dieses Reagens charakteristische blaugefärbte Wolfram-Molybdän-Komplexverbindungen mit zahlreichen organischen Stoffen natürlicher oder fremder Herkunft, die in Oberflächengewässern auftreten. Auch die Nitrosoligninmethode kann nicht als für Ligninsulfosäuren spezifisch angesehen werden, da bei gleichen Bedingungen auch organische Basen und Verbindungen vom Phenoltyp reagieren und somit auch in jedem Oberflächenwasser vorhandene Humusstoffe [12]. Beim „Chlorverfahren" nach Gańczarczyk [15] ist die Reaktion mit Chlor für Lignin charakteristisch, insbesondere für die 1, 2, 3-Trihydroxyphenylgruppe und ··· „Messungen nach dem Chlorverfahren an Proben ausgeführt, die farbige organische Substanzen enthalten, die durch Chloreinwirkung entfärbt werden, geben fehlerhafte, von der jeweiligen Zusammensetzung der Lösung abhängige Resultate ···" (Zitat aus [15]).

Lichtabsorptionsmessungen im Ultraviolett sind ebenfalls bei Anwesenheit von Verunreinigungen humöser Herkunft erschwert, und eine Elimination des Einflusses von Humusverbindungen ist nicht immer möglich. Die Resultate der Bestimmungen werden nicht nur von Humusverbindungen beeinflußt, sondern ebenfalls durch andere Verunreinigungen, z. B. aus komunalen Abwässern [22]. Interessant ist die auf der Fluoreszenzmessung von sulfitlaugehaltigen Lösungen beruhende Methode angesichts der hohen Empfindlichkeit und einfachen Ausführungen. Leider enthält die Beschreibung dieses Verfahren keine Angaben bezüglich des Einflusses anderer organischer Stoffe auf die Reproduzierbarkeit der Ergebnisse.

Eine beträchtliche Schwierigkeit bei der Ausarbeitung eines brauchbaren Analysenverfahren bildet der Mangel einer präzis und eindeutig definierten chemischen Struktur der Ligninsulfosäuren, sowie die weitgehende Abhängigkeit ihres Baues und ihrer Zusammensetzung nicht nur vom verwendeten Rohstoff [4, 29], sondern auch von anderen Produktionsparametern [5, 30]. Aus diesem Grunde hat jede Methode ihrer Bestimmung gewissermaßen nur einen kennzeichnenden Charakter und bezieht sich auf ein Gemisch von Verbindungen mit ziemlich differenzierter und doch spezifischer chemischer Zusammensetzung. Daher muß bei der Wahl des Verfahrens außer seiner Empfindlichkeit und

Reproduzierbarkeit vor allem der Selektivität maßgebende Bedeutung zugeschrieben werden.

Die Möglichkeit des chemischen Abbaues von Lignin und dessen Derivaten bietet die entsprechenden Voraussetzungen für die Bestimmung von Ligninsulfosäuren in Oberflächengewässern mittels chromatographischer Verfahren [7, 21, 23, 24, 33]. Die Produkte des chemischen Abbaues von Lignin enthalten eine Reihe von Strukturtypen, von einfachen Phenolen wie Guajakol, bis zu komplizierten, dimeren sehr schwer flüchtigen Verbindungen. Vom Standpunkt der gaschromatographischen Analyse beeinflussen zwei prinzipielle Eigenschaften die Wahl der Methode und der Einrichtung. Die erste davon ist die Siedetemperatur im Bereich von 180···300 °C und mehr. Damit hängt die Notwendigkeit zusammen, Kolonnentemperaturen von über 150 °C anzuwenden. Die Anzahl der flüssigen Phasen, die sich zur Arbeit bei höheren Temperaturen eignen, ist auf Apiezon- und Siliconöle sowie auf Polyester und noch einige anderen Arten von Verbindungen beschränkt. Glücklicherweise sind darunter zahlreiche Verbindungen mit stark differenzierter Aktivität vertreten, von apolaren bis zu ausgeprochenen polaren. Außer der hohen Kolonnentemperatur ist ebenfalls eine hohe Eintrittstemperatur erwünscht und zwar für Phenole und Kresole 240 °C, für Vanillin und Syringaldehyd 300 °C. Eine Vorwärmung der eingeführten Probe bewirkt eine Herabsetzung der Schwanzbildung.

Die zweite charakteristische Eigenschaft der Ligninabbauprodukte besteht in ihrer Neigung Wasserstoff zu binden, die eine Folge ihrer durch Anwesenheit von Sauerstoff in zahlreichen Funktionsgruppen verursachten Polarität ist. Diese Verbindungen neigen zu Reaktionen mit der flüssigen Phase und mit der naturalen Trägersubstanz. Besonders beschwerlich ist die Neigung Wasserstoff zu binden, und — da sie meistens auf Reaktionen von Hydroxylgruppen der Phenole mit aktiven Punkten der neutralen Trägersubstanz beruht — bewirkt sie als Folge die Bildung von Schwänzen. Deshalb können solche Stoffe wie Teflon, silanisiertes, bzw. mit einem Perfluoräthylpolymer überzogenes keramisches Material einen verhältnismäßig guten neutralen Träger bilden.

Die Art der angewandten Phase ist in gewissem Maß vom Charakter der zu bestimmenden Bestandteile abhängig. Im allgemeinen werden polare Phenole von polaren Phasen stark festgehalten und aus apolaren leichter eluiert, allerdings mit geringerer Selektivität.

Vom Standpunkt der chromatographischen Analyse lassen sich die Abbauprodukte des Lignins auf Grund der steigenden Analysenschwierigkeiten in vier Gruppen einteilen.

Die erste Gruppe ist die Guajakolfraktion, die Kresole, Xylenole, Guajakol und andere Verbindungen mit Siedepunkten von etwa 200 °C umfaßt. Trennungsmethoden für diese Verbindungen sind im Prinzip genau ausgearbeitet. Jede der genannten flüssigen Phasen kann zu ihrer Trennung, meist bei Temperaturen unter 200 °C verwendet werden [6].

Die zweite könnte „Vanillin-Syringruppe" benannt werden. Ihre Siedepunkte liegen um 300 °C. Diese Gruppe ist für die Chemie des Lignins besonders wichtig. Über ihre Zusammensetzung gibt es zahlreiche Literatur [7, 23, 24].

Die dritte Gruppe bilden sehr schwach füchtige aromatische Säuren. Aus diesem Grund sollen sie in die chromatographische Kolonne in Form ihrer Methylester eingeführt werden [6].

Die vierte, interessanteste und gleichzeitig am wenigsten erforschte Gruppe umfaßt Fraktionen mit den höchsten Molekulargewichten. Gewisse Arbeiten zur Untersuchung dieser Verbindungen wurden, wie HRUTFIORD [23] angibt, von RUDLOFF durchgeführt.

HRUTFIORD und McCARTHY haben eine Reihe von Untersuchungen [23, 24] mittels des gaschromatographischen Verfahren durchgeführt, um die qualitative Zusammensetzung von Abbauprodukten des Lignins und von Sulfitlaugen festzustellen und die Anwendbarkeit der sogenannten ,,Vanillinmethode“ zur Bestimmung der Ligninsulfosäuren in Oberflächengewässern zu prüfen.

Die Parameter des Abbauprozesses an sich können verschiedenartig sein. Je nach den Bedingungen des Abbauprozesses und nach der Herkunft der Ligninstoffe und den Produktionsparametern können aus Sulfitlaugen qualitativ und quantitativ unterschiedliche Endprodukte erhalten werden. Da die Ligninsulfosäuren das repräsentativen Kennzeichen für den Verunreinigungsgrad von Gewässern durch Sulfitlaugen bilden, wäre der Abbauprozeß derart zu führen, daß die analytischen bestimmten Produkte dieses Prozesses den Ligninsulfosäuren entstammen. Solche Möglichkeiten bietet die Hydrolyse von Sulfitlaugen im alkalischen Milieu [4, 10, 24, 29, 36] unter Zugabe von Nitrobenzol als Oxydationsmittel. Man erhält hierbei aus nacktsamigen Pflanzen entstammendes Lignin-Vanillin, während Lignin von bedecktsamigen Pflanzen ein Gemisch von Vanillin mit Syringaldehyd ergibt [36]. Hierzu kommt noch das verschiedene Verhältnis von Vanillin zum Syringaldehyd bei ein- und zweikeimblättrigen Pflanzen. Der Mechanismus der Oxydationsreaktion beruht vermutlich darauf, daß der Phenolätherbindung (a) infolge der Hydrolyse die α-oxygruppe (b) entsteht, die dann mit Abgabe eines Wassermoleküls eine Doppelbindung (c) bildet. Diese wird durch die Oxydation gesprengt und es bildet sich Vanillin sowie etwas Oxalsäure (d):

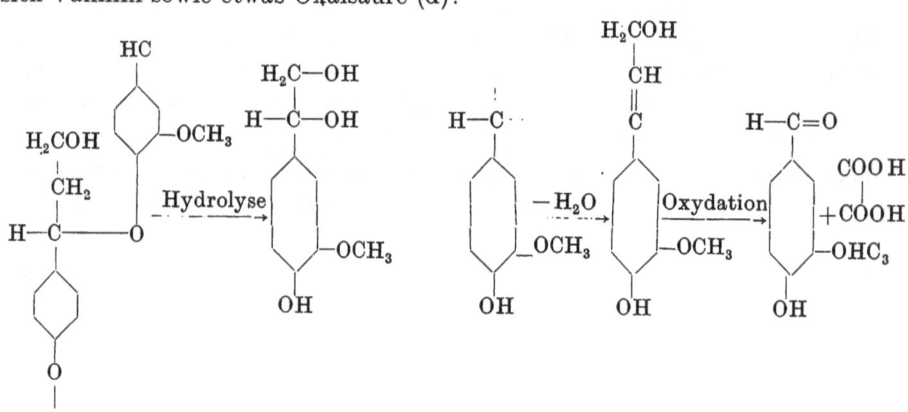

a b c d

Die Ausbeute an Vanillin ist in diesem Oxydationsprozeß hoch und beträgt für nacktsamige Pflanzen 15···24% in Umrechnung auf das nach der Methode von KLASON bestimmte Lignin. Zweikeimblättrige Pflanzen ergeben hingegen bei solchen Bedingungen ein Vanillin-Syringaldehydgemisch in Mengen von 31···51% [29]. Wird die Reaktion bei milden Bedingungen ohne Anwendung von Nitrobenzol als Oxydationsmittel geführt, unterliegen nur die Ligninsulfosäuren der Hydrolyse, und die Maximalausbeute an Vanillin wird verringert und beträgt, auf Lignin umgerechnet 5,9% [24, 36]. Außerdem wurde noch festgestellt, daß der Vanillinanfall mit ansteigendem Schwefelgehalt der Ligninsulfosäuren wächst.

Der hypothetische Verlauf dieser Reaktion beruht auf der Abspaltung der Sulfogruppe von α-Atom des Kohlenstoffs in der seitlichen Bindung (a), was eine Aldolumgruppierung (b) bewirkt, die bei der umgekehrten Aldolreaktion gespalten wird und Vanillin (c) sowie Azetaldehyd (d) ergibt.

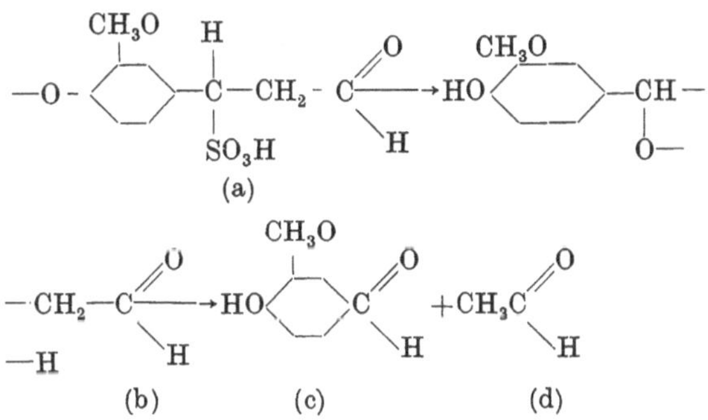

Die obige Reaktion kann also demnach die Grundlage für die „Vanillinmethode“ zur Bestimmung der Ligninsulfosäuren bilden. Es scheint nämlich, daß dies eine spezifische Reaktion für die Einheit des in der α-Stellung sulfonierten Guajakolglyzerols ist, das in den Ligninsulfosäuren der Sulfitlaugen auftritt.

Wie HRUDFIORD und MCCARTHY angeben [24], haben HORNKE und HEINISCH eine qualitative Methode zur Bestimmung von Sulfitlaugen in Oberflächengewässern nach dem Vanillinverfahren ausgearbeitet, indem sie aber die Oxydation der Proben mittels Nitrobenzol und potentiometrische Titration der Sulfogruppen anwandten. Unter Bezug auf die oben angeführten Erwägungen erscheint jedoch die Frage diskutabel, ob es sich um eine für Sulfitlaugen spezifische Methode handelt, besonders wenn man in Betracht zieht, daß die in Oberflächengewässern in großer Menge auftretenden Detergente Sulfogruppen enthalten.

Experimenteller Teil

Die Untersuchungen über die „Vanillinmethode“ zur Bestimmung von Ligninsulfosäuren wurden mit Wasser des Flusses Biała Przemsza durchgeführt, dessen Proben oberhalb und etwa 30 km unterhalb der Einlaufstelle von Abwässern der Papier- und Cellulosefabrik in Klucze entnommen wurden. Die Wasserqualität in diesem Flußlauf während der Untersuchungszeit zeigt Tab. 1. In Tab. 2 ist die Charakteristik der Sulfitlaugen angegeben, die zur Ausfertigung der Eichkurven verwendet wurden.

Tabelle 1
Allgemeine Charakteristik der Wässer des Flusses Biała Przemsza

Bestimmung	Einheit	Oberhalb der Cellulosefabrik	30 km unterhalb der Cellulosefabrik
Färbung	mg/*l* Pt	10···15	60···100
$KMnO_4$-Verbrauch	mg/*l* O_2	2···3	60···80
BSB_5	mg/*l* O_2	2···4	20···30
Organischer Stickstoff	mg/*l* Norg.	0,6···0,9	0,6···2,7
Ammoniumstickstoff	mg/*l* N_{NH_4}	0,05	1···1,3
Nitritstickstoff	mg/*l* N_{NO_2}	0,01	0,01···0,02
Nitratstickstoff	mg/*l* N_{NO_3}	0,08	0,01
Gesamttrockenrückstand	mg/*l*	200···250	400···500
Glührückstand	mg/*l*	50···80	250···300
Glühverlust	mg/*l*	150···170	130···190

Tabelle 2
Charakteristik der Sulfitablaugen

Bestimmung	Einheit	Meßwerte
Dichte	g/m*l*	1,044
Gesamttrockenrückstand	g/*l*	102,3
Glührückstand	g/*l*	11,03
Glühverlust	g/*l*	91,27
Calcium	g/*l* Ca	4,14
Magnesium	g/*l* Mg	0,067
Reaktion	pH	1,6
Acidität	mval/*l*	90,0

Die Hydrolyse der Wasserproben und Sulfitlaugen wurde im Prinzip gemäß der von HRUDIFIORD und MCCARTHY angegebenen [24] Methode durchgeführt. Gewisse Modifikationen der Ausführungstechnik, die hierbei eingeführt wurden, machen jedoch eine genaue Beschreibung des Vorgehens notwendig.

Die 1 *l* Flußwasser betragende Probe wurde durch ein hartes Filter filtriert und auf dem Wasserbad bis auf 200 m*l* eingedampft. Dann wurde mit 40 g NaOH alkalisiert und mit Anwendung eines Rückflußkühlers 6 h lang hydrolisiert, wobei der Kolbeninhalt in leichtem Siedezustand erhalten wurde. Nach dem Abkühlen wurde mit 85%iger H_3PO_4 bis zum pH 5 $\pm$ 0,2 unter ständigem Rühren und Kühlen angesäuert und die so vorbereitete Probe einer kontinuierlichen Extraktion mittels Äthyläther im Verlauf von 15···16 h unterworfen, bei Anwendung eines Extraktors von 400 m*l* Inhalt. Die abgesonderte Ätherfraktion wurde über wasserfreiem Natriumsulfat getrocknet und nach dem Trocknen abgedampft. Der Abdampfrückstand wurde in 5 m*l* Äthyläther gelöst und ohne vorheriges Abdampfen mittels einer magnetischen Mikropipette in den Kopfteil der Kolonne des Argon-Chromatographen der Fa. Pye eingeführt. Die Menge betrug 0,025 oder 0,05 μl. Nachstehende Säulenfüllungen wurden angewandt: 10% Reoplex auf mit Säure gewaschenem Chromasorb „W", sowie Standardkolonnen von Pye mit Polyäthylenglykoladipinat (PEGA) in der Menge von 10% auf Celit. Die Temperatur der Kolonne betrug 190 °C, die

Gasdurchflußgeschwindigkeit 60 ml/min und die Spannung am Detektor 1750 V. Die quantitativen Messungen erfolgten nach der Methode der inneren Normierung [32] bei Anwendung von Anisaldehyd, das in der Menge von 0,1% zum verwendeten Lösungsmittel zugegeben wurde. Die Identifizierung der Spitzen wurde an Hand von Standardlösungen des Vanillins und Anisaldehydes durchgeführt. Die Standardkurven wurden mittels Sulfitlaugenlösungen (Abb. 1) mit der in Tab. 2 angegebenen Charakteristik ermittelt.

Die Bestimmung des Gehaltes an Ligninsulfosäuren erfolgte mittels des Reagens von FOLIN-DENIS nach der von GAŃCZARCZYK angegebenen Vorschrift.

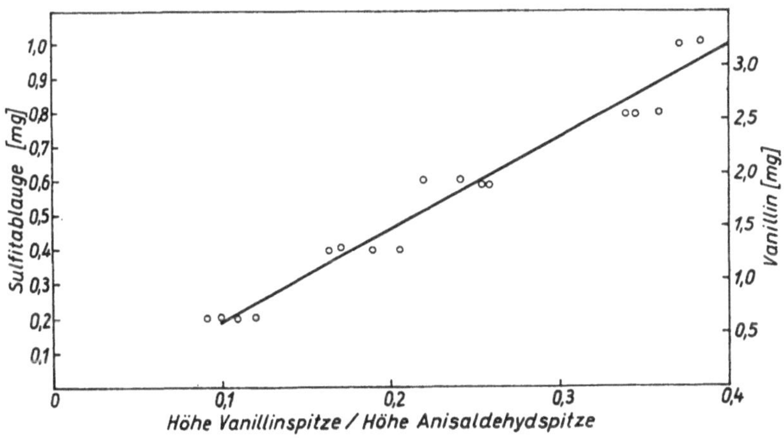

Abb. 1: Standortkurve zur Bestimmung der Sulfitablaugen

Die durchgeführten Untersuchungen ergaben, daß von den zwei angewandten Säulenfüllungen gute Trennung bei Verwendung von Polyäthylenglykoladipinat erzielt wurde. Die Retentionszeit betrug für Vanillin 25,2 min, für Anisaldehyd 5,5 min. Auf den Chromatogrammen der Wasserproben aus dem Fluß Biała Przemsza unterhalb der Eintrittsstelle der Sulfitabwässer treten außer dem Lösungsmittel zwei hohe Spitzen des Anisaldehydes und Vanillins (Abb. 2), sowie einige kleine, nicht identifizierte Spitzen mit Retentionszeiten unter 5 min. Gleichartig ist das Aussehen der Chromatogramme von Ligninsulfosäuren (Abb. 3). Die oberhalb der Abwasserreintrittsstelle geschöpften Wasserproben wiesen dagegen die charakteristische Vanillinspitze nicht auf (Abb. 4). Das würde für die Richtigkeit des anfangs angeführten vermutlichen Reaktionsmechanismus der Hydrolyse von Ligninverbindungen sprechen, und somit wäre auch die angenommene Behandlungsweise der Wasserproben als richtig anzuerkennen.

Diese Methode zeichnet sich für die qualitative Analyse durch sehr hohe Empfindlichkeit aus. Davon zeugt nachstehende Überschlagsrechnung. Bei den Untersuchungen (Abb. 1) wurde festgestellt, daß beim Hydrolyseprozeß etwa 3,2% Ausbeute, umgerechnet auf den Trockenrückstand der angewandten Sulfitlauge, erzielt worden, somit also enthielten die 0,5 ml Ätherextrakt aus 1 ml Sulfitlauge 0,0032 g Vanillin. In die Kolonne wurden nur 0,025 ul eingeführt, also nur 1/20000 Teil dieses Ätherauszuges. Demnach betrug die eingespritzte Vanillinmenge 1,6 · 10^{-3} g. Dies war ausreichend, um bei den gegebenen Bedingungen ein starkes Signal des Detektors zu bewirken, wovon die verhältnismäßig hohe Spitze im Diagramm zeugt (Abb. 3).

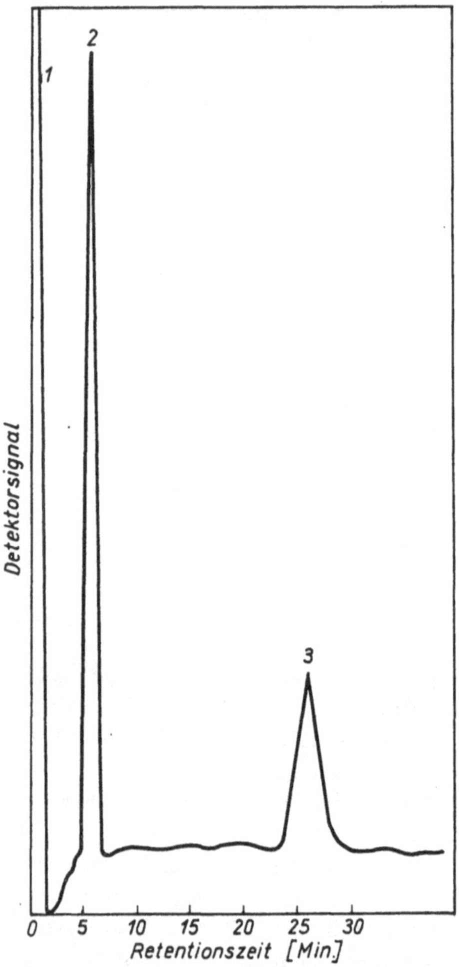

Abb. 2: Chromatogramm der Wasserproben aus dem Fluß Biała Przemsza 30 km unterhalb der Eintrittsstelle von Sulfitabwässern
1 — Lösungsmittel, 2 — Anialdehyd, 3 — Vanillin

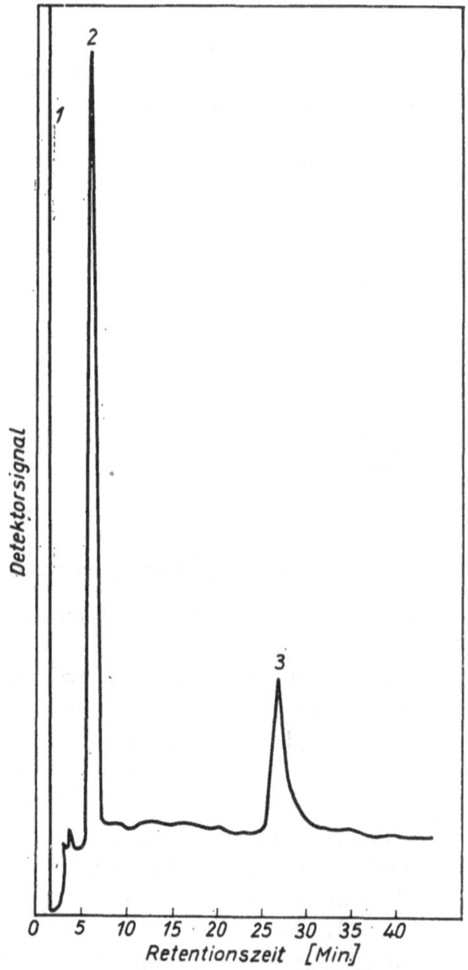

Abb. 3: Chromatogramm der Sulfidablaugenlösung (Verdünnung 1:1000)
1 — Lösungsmittel, 2 — Anisaldehyd, 3 — Vanillin

Gewisse Vorbehalte bestehen doch bei Anwendung dieser Methode für die quantitative Analyse. Die Ursache liegt im Mangel einer genauen Erkenntnis der chemischen Struktur von Ligninsulfosäuren, daher fehlt eine chemische Verbindung für die Anfertigung einer Standardkurve.

Bei den dargestellten Untersuchungen wurde die Eichung der Anzeigen des Registriergerätes auf Grund einer Sulfitlaugenprobe durchgeführt, die als Bezugsbasis für gaschromatographische Messungen an alle aus dem Biała Przemszafluß stammenden Wasserproben angenommen wurde, sowie auch mittels des

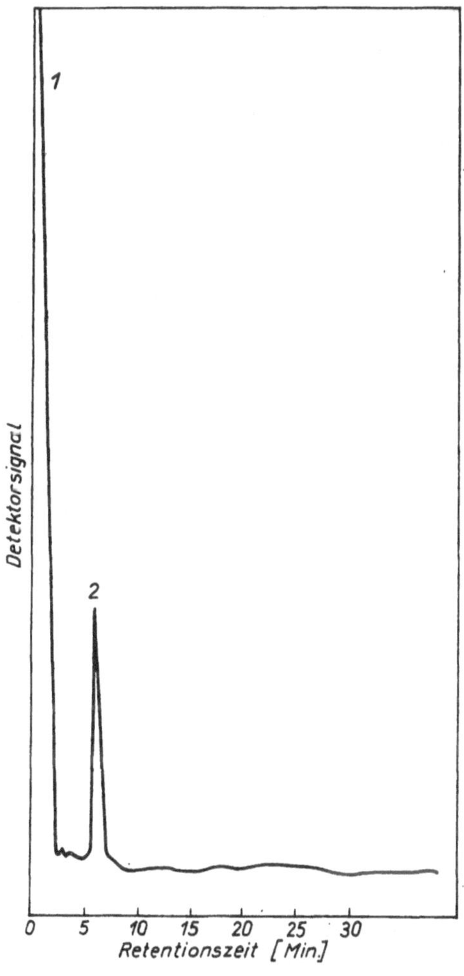

Abb. 4: Chromatogramm der Wasserproben aus dem Fluß Biała Przemsza, oberhalb der Eintrittsstelle von Sulfitabwässern

1 – Lösungsmittel, 2 – Anisaldehyd

Reagenten von Folin-Denis. Die Ergebnisse zeigen, daß die Konzentration der Sulfitlaugen im Wasser dieses Flusses zwischen 0,5···1,0 ml/l beträgt, entsprechend einer Vanillinmenge von 1,5···3,0 mg/l.

Die nach dem gaschromatographischen Verfahren erzielten Resultate hinsichtlich der Sulfitlaugenzentration sind um ca. 30% niedriger als die mit dem Folin-Denis-Reagens nachgewiesenen. Zur Erreichung, einer allgemeineren Vergleichbarkeit der Resultate erscheint es zweckmäßiger, diese in Umrechnung auf Vanillin anzugeben (Abb. 1).

Selbstverständlich wäre es zur Erzielung voller Vergleichbarkeit notwendig, alle anderen analytischen Hauptparameter ebenfalls zu vereinheitlichen.

Folgerungen

Die dargestellten bisherigen Untersuchungsergebnisse bezüglich der Möglichkeiten des chemischen Abbaues von Lignin und dessen Sulfoderivaten weisen auf die Zweckmäßigkeit, den Gehalt an Ligninsubstanzen und im gewissen Grade auch ihre Herkunft auf Grund der Bestimmung von Vanillin und Syringaldehyd nachzuweisen, die bei in milden und scharfen Verhältnissen durchgeführter alkalischer Hydrolyse (z. B. mit oder ohne Nibrobenzolzusatz) entstehen. Im ersten Fall würden die nachgewiesenen Vanillinmengen dem Gesamtquantum der im Wasser enthaltenen Ligninverbindungen entsprechen, wobei noch außerdem die festgestellten Mengen Syringaldehyd eine nähere Bezeichnung der Herkunftsquelle des Lignins ermöglichen könnten (nackt oder bedecktsamige, ein- oder zweikeimblättrige Pflanzen). Im zweiten Fall hingegen würde die Vanillinkonzentration die Zahl der Einheiten von in α-Stellung sulfoniertem Guajakolglyzerol bestimmen, das unter anderen Ligninsulfosäuren der Sulfitlaugen auftritt. Hervozuheben ist, daß diese Bestimmungen Indexwert haben würden, ähnlich wie dies bei anderen Bestimmungen (z. B. Oxydierbarkeit, organischer oder Albuminstickstoff) der hydrochemischen Analysenmethodik der Fall ist. Sofern aber für die bisher verwendeten Indexbestimmungen schon heute gewisse Kriterien bestehen, die eine allgemeine Beurteilung der erhaltenen Resultate vom Standpunkt der sanitärhygienischen und technologischen Bedürfnisse zulassen, mangelt es daran im Falle der Ligninstoffe. Eines der Hauptprinzipien bei Verallgemeinerungen jeder Art ist die Ansammlung eines möglichst umfangreichen Experimentalmaterials auf dem Grund einer einheitlichen Analysenmethodik. Es ist anzunehmen, daß eine Vereinheitlichung der Bestimmungsmethodik von Ligninsubstanzen im Bereich der sogenannten Vanillinverfahren zu suchen ist.

Weitere Untersuchungen über die Bestimmung von Sulfitlaugen nach dieser Methode, sowie über die Möglichkeiten ihrer ausgedehnteren Anwendung zur Analyse anderer in Oberflächengewässern auftretender Ligninstoffe laufen.

Literatur

[1] Benger, H.: Gewässerbelastung durch Abfallstoffe aus Zellulose und Zellwollenfabriken. Hygienisches Institut der Universität Innsbruck, 1965.

[2] Benko, J.: The Measurement of Molecular Weight of Lignosulfanic Acids and Related Materials By Diffussion. IV. Pappi 47, 8 (1964). 508

[3] Biprotosp — Gliwice: Projekt wstępny oczyszczalni ścieków przemysłowych dla fabryki Celulozy i Papieru w Kluczach, 1965 (nicht veröffentlicht)

[4] Brauning, B. L.: Chimia drewiesyny. Izdat. Lesnaja Promyszlen. Moskwa, 1967

[5] Brauns, F. J., D. A. Brauns: Chimia ligniny. Izd. Lesnaja Promyszlenost, Moskwa. 1964.

[6] Burchfield, H. P., E. E. Storrs: Brochemical Applications of Gas Chromatography, Academic Press, New York, London, 1962.

[7] Cholkin, J. I.: Chromatografia w chimii drewiesyny. Izdat. Lesnaja Promyszlenost, Moskwa, 1968.

[8] Christmann, R. F., R. A. Minear: Flurometric Detection of Lignin Sulfonates. The Trend in engineering **19**, 1-3-7, 1967.

[9] Coffman, J. R., W. M. Schwecke: Gas Lignid Chromatography of Vanilin and Related Substances. Gas Chromatography, Third International Symposium Held

Under the Anspices of the Analysis Instrumentation Division of the Instrument. Society of America. Academie Press New York and London 1961.
[10] CZICZIBABIN, A. E.: Podstawy chemii organicznej PWN, Warszawa, 1961.
[11] GANCZARCZYK, J.: Oznaczanie rozpuszczalnych w wodzie pochodnych ligniny za pomocą odczynnika Folin-Denisa. Przeglad Papierniczy **13** (1957) **3**, **74**, **85**
[12] GANCZARCZYK, J.: Oznaczanie w wodzie pochodnych ligniny metodą nitrozoligninową. I. Oznaczanie kwasów ligninosulfonowych. Przegląd Papierniczy **13**, 5, 140, 149, 1957.
[13] GANCZARCZYK, J.: Kompleksowe połączenia kwasów ligninosulfonowych z żelazem Przeglad Pap. 11, 9, 263, 1955.
[14] GANCZARCZYK, J.: Zastosowanie odczynników Folin-Denisa w organicznej analizie chemicznej. Wiadomości Chemiczne **9**, (1955), 288
[15] GANCZARCZYK, J.: Oznaczanie kwasów ligninosulfonowych w wodzie przy użyciu wody chlorowej. Chemia Anal. **9** (1957), **444**
[16] GANCZARCZYK, J., J. SUSCHKA K. ZALENSKA: Wstępne badania nad oczyszczaniem ścieków z produkcij celulozy siarczynowej na doświadczalnym złożu wieżowym. Gaz, Woda, Techn. Sanit. 37, 11, 354
[17] GANCZARCZYK, J.: Scieki z fabryki celulozy siarczynowej. Gaz, Woda, Techn. Sanit. **29**, 7, 231, 1955
[18] GANCZARCZYK, J.: Scieki z fabryki celulozy siarczynowej. Gaz, Woda, Techn. Sanit. **29**, 4, 117, 1955.
[19] GANCZARCZYK, J.: Scieki z fabryki celulozy siarczynowej. Gaz, Woda, Techn. Sanit. 29, 9, 312, 1055.
[20] GANCZACZYK, J.: Badania nad kinetyką samooczyszczania się rzeki zanieczyszczonej ściekami z fabryki celulozy siarczynowej. Acta Microbiologica Polon. **8** (1959), 77
[21] GLENNIE, D. W.: Chemical Structure of Lignin Sulfonates. III. Some Reactions of Monomeric Lignin Sulfnoates TAPPI, 49, 6, 237, 1966
[22] HEDLUNG, I. K. WILSON: Bestämnig av sulfitlut i Wattendrag. Svensk Papperstidn. 60, 16, 582, 1957
[23] HRUTFIORD, B. F.: Lignin Degradation Product Analysis by Gas Chromatography. TAPPI, 48, 1, 48, 1965
[24] HRUTFIORD, B. H., J. L. MC CARTHY: Estimation of the Concentration of sulfite Spent Ligner by the Vanilin Method. Contribution from the Pulp Mills Research. Graup and the Department of Chemical Engineering. University of Washington Seattle, Washington. (nicht veröffentlicht)
[25] Instytut Gospodarki Wodnej Zakład Ochrony Wód-Katowice. Ustalnenie zdolności do samooczyszczania się rzeki Białej Przemszy oraz wód gruntowych i jej zlewni poniżej fabryki w Kluczach z zanieczyszczeń spowodowanych ługami posulfitowymi. 1967 (nicht veröffentlicht)
[26] JOSZT A., J. GANCZARCZYK, B. TANIEWSKA: Odbudowa kwasów ligninosulfonowych metodą osadu czynnego. Acta Microbiologica Polon. **5** (1956), 213
[27] JOSZT, A., J. GANCZARCZYK: Odbudowa kwasów ligninosulfonowych w tlenowych warunkach rzeki. (Doniesienia tymczasowe), Acta Microbiologica Polon. **5** (1956), 211
[28] LINDBERG, A.: Bestämning av Lignin och Lignosulfonsyna. Vattenhygien. **4** (1963), 106
[29] NIKITYN, N. I.: Chimia drewiesyny AN-SSSR, Moskwa-Leningrad, 1951
[30] SABOTNICKIJ, S. A., A. K. JEDOMINA, R. M. MIASNIKOWA: Niekotoryje swojstwa ligninosulfonowych Kisłot połuczenych ot warok CWW. Sbornik Trudow, Wyższyj Naucz Isled. Inst. Gos. Szk. **13** (1965), 293
[31] SCHUBERT, W. J.: Lignin Biochemistry. Academie Press, New York and London, 1965
[32] SIKORSKI, Z.: Chromatografia gazowa w analizie żymności. Wydawnictwo Przem. Spożyw. i Lekkiego, Warszawa, 1964
[33] SJÖSTRÖMM, E., P. HAGLUND, J. JANSON: Quantitative Determination Carbohydrates in Cellulosic Materials by Gas — Liqnid Chromatography. SVENSK Papperstidn. 69, 11, 381, 1966
[34] Standard Methods for the Examination of Water and Wastewater. APHA, AWWA, WPCF, New York, 1965

[35] Szinglar, M.: Gazowaja chromatografia w praktike. Izd. „Chimja", Moskwa, 1964
[36] Wise, L. E., E. G. Jahn: Wood chemistry. Reinhold Publishing Corporation, New York, 36, 1952
[37] Wołkow, A. D., G. P. Grigoriew: Fizyczyskije swojstwa szczełokow celuloznogo proizwodstwa. Goslesbumizdat, Moskwa, 1963
[38] ZBN GOP PAN — Zabrze Prognoza możliwości wykorzystania wody rzeki Białej Przemszy dla celów komunalnych, 1966 (nicht veröffentlicht)

Anschrift der Verfasser:

Prof. Dr. J. Paluch und S. Stangret, Polnische Akademie der Wissenschaften,
Forschungsinstitut für den Oberschlesischen Industriebezirk,
Zabrze, Hagera 17, VR Polen

H. JEHRING und E. HORN

Deutsche Akademie der Wissenschaften zu Berlin, Zentralinstitut für Physikalische Chemie, Berlin

Empfindliches automatisches elektrochemisches Analysenverfahren für die Bestimmung grenzflächenaktiver Stoffe

Von den Polarographischen Methoden wurde die Tensammetrie als sehr moderne, exakte und empfindliche Methode zur Bestimmung grenzflächenaktiver Stoffe vorgestellt. Durch den relativ geringen apparativen und zeitlichen Aufwand konnten tensammetrische Untersuchungen z. B. für Tensidbestimmungen angewandt werden. Das Manuskript ist nicht eingegangen. Auf die Übersichtsarbeit von H. JEHRING „Doppelschichtkapazitätsmessungen mit der BREYER-Wechselstrompolarographie", J. Electroanal. Chem., **21** (1969) 77–98 wird verwiesen.

Anschrift der Verfasser:

H. JEHRING, E. HORN, 1199 Berlin, Rudower Chausee 5 DAdW, Zentralinstitut für physikalische Chemie, Bereich physikalische Methoden der analytischen Chemie, DDR

G. Müller

Universität Heidelberg, Laboratorium für Sedimentforschung

Ungewöhnlich hohe Strontium/Calcium-Verhältnisse im Wasser des Bodensees und des Alpenrheines, ihre Herkunft und ihre Rolle bei der Carbonatsedimentation im Bodensee

Normales Süßwasser weist ein Sr-Ca Verhältnis von etwa 2 auf. Das hohe Verhältnis von 5···6 im Bodenseewasser veranlaßte eine Reihe von hydro- und geochemischen Untersuchungen. Im Zusammenhang mit einem hohen Sulfationengehalt wurde als Ursache ein Cölestin-Vorkommen im Gebiet der Ill ausfindig gemacht. Das Sr/Ca-Verhältnis kann somit kein Kriterium für die Marinität sein, es ist nur für die Situationen im entsprechenden Ablagerungsgebiet charakteristisch.

Anschrift des Verfassers:

Prof. Dr. G. Müller, 69 Heidelberg, Berliner Straße 19, Laboratorium für Sedimentforschung, BRD

D. Ventz

Büro für Forschung und Entwicklung der Wasserwirtschaftsdirektion Küste-Warnow-Peene, Stralsund

Die Einzugsgebietsgröße, ein Geofaktor für den Trophiezustand stehender Gewässer

Zusammenfassung: Durch mathematisch-statistische Berechnungen natürlicher Einzugsgebietsfaktoren und morphometrischer Daten von mecklenburgischen Seen wird die Einflußnahme auf den Nährstoffgehalt charakterisiert. Die Ergebnisse werden im Hinblick auf die Prognoseplanung diskutiert, wobei den natürlichen Faktoren eine gleichrangige Bedeutung gegenüber den reinen Nährstoffverhältnissen zugesprochen wird.

Summary: By mathematic-statistical calculations of natural drainage area factors and morphological data of lakes in Mecklenburg the influence on the nutrient content is characterized. The results are discussed relating to the prognosis planning the natural factors having been given the same importance with regard to the pure nutrient relations.

Резюме: В результате математическо-статистических вычислений естественных водосборных факторов и морфометрических данных озер Мекленбурга характеризуется их влияние на содержание питательных веществ. Результаты дискутируются с точки зрения планирования прогноза, причём придаётся одинаковое значение естественным факторам и чистым отношениям питательных веществ.

1. *Einleitung*

„Die meisten Seen Norddeutschlands unterlagen seit dem Beginn der Dreißiger Jahre der „rasanten Eutrophierung", da die Nährstoffzufuhr aus der Gewässerumgebung riesige Ausmaße erreichte, bedingt durch die vermehrte Einleitung von Siedlungsabwässern sowie durch die Einschwemmung nährstoffreicher, vor allem phosphatreicher Bodenpartikel von landwirtschaftlich intensiver als je zuvor mit Mineraldüngern versorgten Ackerfeldern" (Ohle 1953).

Schon dieses eine wissenschaftlich begründete Postulat beweist, daß neben der zugegebenen starken eutrophierenden Wirkung kommunaler und industrieller Abwässer, falls diese in irgendeiner Form ein stehendes Gewässer erreichen, den edaphischen Eigenschaften der Umgebung von Seen und Talsperren die gebührende Aufmerksamkeit gewidmet werden muß.

Diese Notwendigkeit ergibt sich auch nach Vollenweider, der nach kritischer Sichtung der spezifischen Literatur zu folgender Meinung gelangt: „Die Frage der Nährstoffzufuhr zu den Seen aus ihrem Einzugsgebiet und deren Beziehung zur Produktion, respektive zum Seenmetabolismus, ist zweifellos die Kernfrage des ganzen Eutrophierungsproblems. Die Kenntnisse in diesem Sektor sind jedoch — im Hinblick auf deren eminente praktische Bedeutung — immer noch relativ bescheiden".

Im folgenden soll erörtert werden, in welcher Form Faktoren des jeweiligen Einzugsgebietes sowie Morphologie und Hydrographie des Gewässers Einfluß auf den Trophiezustand nehmen.

2. Charakteristik der untersuchten Seen

Das Einzugsgebiet der Ostseeküstenzuflüsse der Deutschen Demokratischen Republik hat eine Größe von ca. 18300 km². Auf diesem Gebiet liegen 817 Seen mit einer Einzelfläche von größer als 1 ha. Die Gesamtfläche dieser Seeoberflächen beträgt 375,85 km² und ist somit zu 2,05% an der Gesamteinzugsgebietsfläche beteiligt. Vergleichsweise liegt nach JANUSZKIEWICZ die Seeanteilsfläche in Polen bei 1%, wobei jedoch die Verteilung der Seen, ähnlich in der Deutschen Demokratischen Republik, nicht gleichmäßig ist. In beiden Fällen tritt die größte Dichte in den nördlichen und nordwestlichen Gebieten auf. Unter den Seen des zu betrachtenden Gebietes haben 433 eine Einzelgröße unter 10 ha, während 384 Seen größer als 10 ha sind. Als die flächen- und volumengrößten sind der Schweriner See, der Tollense See und der Kummerower See zu nennen, wobei der Breite Lucin hinsichtlich seines Trophiezustandes nach THIENEMANN und UHLMANN (1961) eine Sonderstellung unter den mecklenburgischen Seen einnimmt.

Die Morphometrie der norddeutschen Seen ist gegenwärtig noch nicht genügend bekannt, so daß die Auswahl der Seen, für die sowohl die Tiefenverhältnisse als auch die wesentlichen Beschaffenheitsparameter genannt werden können, noch begrenzt ist. Die in Tab. 1 dargestellten morphologisch-hydrographischen Daten der für die Bewertung herangezogenen Seen stellen jedoch einen repräsentativen Querschnitt dar.

Der Grundchemismus der untersuchten Seen, als solcher wird der chemische Zustand während der Frühjahrsvollzirkulation angesehen, weist nach Tab. 2, in der die jeweiligen Extremwerte genannt sind, zwischen den einzelnen Kriterien zwar einen beträchtlichen Streuungsbereich auf, der jedoch bei den mineralischen Komponenten überwiegend geogenen Ursprungs ist.

3. Der Einfluß natürlicher Faktoren auf die rasante Eutrophierung

Die Modellierung der Prozesse bei der Eutrophierung stehender Gewässer weist derzeit in wissenschaftlicher und praktischer Limnologie solche Lücken auf, daß der Eutrophierungsprozeß, bedingt durch die progressiv zunehmende Einflußnahme des Menschen, einen riesigen Vorsprung gewonnen hat, dem es zum Vorteil der Gewässer und der optimierten Nutzung durch wissenschaftliche und wasserwirtschaftliche Modelle zu begegnen gilt. Wenn es derzeit als bewiesen anzusehen ist, daß es besonders Phosphor- und Stickstoffverbindungen sind, die als Initialfaktoren der Eutrophierung anzusehen sind (VOLLENWEIDER), so ist diese Feststellung nur eine Prozeßaktivität, die es zu regulieren gilt.

In der einschlägigen Literatur ist oft zitiert und auch durch Versuche bewiesen worden, daß eine Algenmassenentwicklung als Ausdruck fortschreitender Eutrophierung erst bei Konzentrationen von mehr als 0,02···0.03 mg/*l* Phosphat einsetzen kann (WETZEL, THOMAS 1967).

VOLLENWEIDER gelangt zu dem Schluß, daß die Grenzen externer Belastung zwischen oligotrophen und eutrophen Seen in der Grössenordnung von 0,2···0,5 g Gesamt-P/m² · a und 5···10 g Gesamt-N/m² · a liegen, wobei bezüglich der Phosphorbelastung zu spezifizieren ist, daß das Gros der Phosphorzufuhr in einer metabolisch zugänglichen Form vorliegen muß.

Da nach STUMM in erster Annäherung ein atomares Verhältnis von N:P = 16:1 als für Planktonalgen ,,ideal" angesehen werden kann, beträgt die entsprechende Nitratkonzentration 0,45···0,7 mg/l. Erst bei Unterschreitung einer dieser Konzentrationen kann der betreffende Nährstoff als Minimumstoff angesprochen werden. UHLMANN (1968) drückt dies wie folgt aus: ,,Eine durch Nährstoffmangel bedingte Hemmung der Algenproduktion zeichnet sich erst unterhalb einer ,,Belastung" von 0,05 mg PO_4···P/m³ · d bei Talsperren und 0,02 mg bei Seen ab."

Wenn bislang angenommen wurde, daß der Phosphor die stärkste produktionsbegrenzende Wirkung aufweist, so trifft dies in der absoluten Form wohl nur noch für oligotrophe und wenig eutrophierte Voralpenseen zu (LIEPOLT 1965a, THOMAS 1968). Für anthropogen stärker beeinflußte Seen konnte von KLAPPER, VENTZ (1968) sowie UHLMANN und ALBRECHT nachgewiesen werden, daß zumindest zum Höhepunkt der Sommerstagnation auch Stickstoff produktionsbegrenzend wirken kann.

Neben den hinreichend bekannten anthropogenen Trophiebeeinflussungen durch Abwässer ist es ,,durchaus einleuchtend, · · · , daß es in erster Linie die geochemischen und edaphischen Eigenschaften der Gewässerumgebung sind, die den Nährstoffstandard der Gewässer und damit ihre Produktivität regulieren" (OHLE 1965a).

Beide ,,Trophiequellen" haben dazu geführt, daß z. B. die Relation Volumen:Oberfläche bzw. die mittlere Tiefe der Seen ihre Bedeutung als produktionsbiologisches Indizium verloren haben. Es müssen also andere Faktorbeziehungen gefunden werden, die den veränderten Verhältnissen besser Rechnung tragen. Vielversprechende Ansätze sind bei PATALAS (1960, 1968), UHLMANN und ALBRECHT sowie in der bei VOLLENWEIDER zitierten Literatur zu finden, indem den natürlichen, edaphischen und morphometrischen Faktoren mehr Beachtung geschenkt wird. Bei BREITIG sind ebenfalls natürliche Faktoren als wesentlich herausgestellt worden.

PATALAS sieht in der Tiefe des Epilimnions = E, welches in seiner Lage durch die Angriffswirkung des Windes beeinflußt wird, ein Kriterium für die potentiellen Produktionsmöglichkeiten eines Sees, da in Anlehnung an ELSTER, EINSELE und OHLE eine zunehmende Epilimniontiefe eine effektivere Ausnutzung der in der trophogenen Schicht vorhandenen Nährstoffe ermöglicht und den intrabiocoenotischen Kreislauf intensiviert.

Den Vorstellungen von PALATAS (1968) folgend, der für masurische und pommersche Seen eine Abhängigkeit der Tiefenlage des Epilimnions = E von der mittleren effektiven Achsenlänge = D nach

$$E = 4{,}4 \sqrt{D}$$

Tabelle 1
Morphometrische Daten mecklenburgischer Seen

Symbol	F_S	Volumen	T_{max}	T_{mittel}	U	D
SA	35,89	395,96	54,0	11,03	1,9	7,5
KS	32,93	259,17	25,5	7,87	3,5	7,0
TS	17,4	300,89	33,2	17,29	3,2	6,3
GS	7,42	14,89	3,9	2,0	2,01	3,4
IS	4,7	–	11,5	–	2,59	2,3
BS	3,9	12,76	6,1	3,27	1,46	2,5
TgS	3,57	10,92	7,3	3,06	1,06	2,37
BrL	2,79	70,99	58,5	25,5	2,23	2,6
RS	2,08	7,55	10,9	3,63	2,86	1,85
StS	1,98	10,42	12,2	5,26	1,41	1,85
WS	1,91	11,52	25,3	6,03	3,3	1,63
HHS	1,66	17,79	36,4	10,72	2,19	1,62
FS	1,35	8,64	12,0	6,4	2,09	1,45
SchmL	1,3	20,10	34,0	15,5	3,54	2,65
GPS	1,25	4,42	7,3	3,54	8,30	1,45
KVS	1,1	2,43	4,0	2,11	1,48	1,3
PSS	1,08	5,48	14,0	5,07	2,02	1,7
MS	1,02	9,72	27,6	9,49	1,81	1,3
RmS	0,72	0,86	2,2	1,19	5,40	1,3
CS	0,61	1,81	6,5	2,96	1,63	1,22
TeS	0,50	1,33	3,6	2,66	1,60	0,95
WSU	0,49	2,19	8,6	4,48	1,25	0,85
MüS	0,47	2,24	9,8	4,76	1,18	0,94
LS	0,41	2,64	17,9	6,44	1,97	0,95
NS	0,33	2,90	26,0	8,79	1,47	0,80
GrS	0,33	0,62	3,1	1,88	1,27	0,68
KriS	0,30	2,20	14,6	7,32	2,05	0,83
RgS	0,22	0,76	11,0	3,46	5,0	1,2
TrS	0,11	0,61	11,0	5,57	1,07	0,4
Se	0,09	1,32	31,0	14,65	1,32	0,33

Tabelle 2
Grundchemismus der untersuchten mecklenburgischen Seen

Kriterium		Minimum	Maximum
Chlorid	(mg/*l*)	18	57
Sulfat	(mg/*l*)	11	98
Calcium	(mg/*l*)	43	110
Magnesium	(mg/*l*)	4,2	17,3
Gesamthärte	(°dH)	7,4	17,6
Sauerstoffsättigung	(%)	75	100
BSB_2	(mg/*l*)	0,7	5,7
BSB_5	(mg/*l*)	1,7	7,8
CSV–Mn	(mg/lO_2)	4,5	15
Gesamtphosphat	(mg/*l*)	0,074	0,998
Orthophosphat	(mg/*l*)	0,011	0,962
Gesamtstickstoff	(mg/*l*)	0,56	6,38
org. geb. Stickstoff	(mg/*l*)	0,50	4,25
Nitrat	(mg/*l*)	0,03	8,20
Ammonium	(mg/*l*)	0,05	0,66

Erklärungen zu Tabelle 1

F_S	= Seefläche (km^2)
Volumen	= hm^3
T_{max}	= Meter
T_{mittel}	= Meter
U	= Uferentwicklung
D	= mittlere effektive Achsenlänge (km)

SA	= Schweriner Außensee	Bezirk Schwerin
KS	= Kummerower See	Bezirk Neubrandenburg
TS	= Tollensee See	Bezirk Neubrandenburg
GS	= Goldberger See	Bezirk Schwerin
IS	= Insel See	Bezirk Schwerin
BS	= Borgwall See	Bezirk Rostock
BrL	= Breiter Lucin	
RS	= Rödliner See	
StS	= Sternhagener See	
WS	= Wanskaer See	
FS	= Feldberger Haussee	Bezirk Neubrandenburg
SchmL	= Schmaler Lucin	
GPS	= Großer Parmen See	
KVS	= Klein Vieler See	
PSS	= Großer Stadtsee b. Penzlin	
MS	= Medeweger See	Bezirk Schwerin
CS	= Camminer See	
TeS	= Teschendorfer See	Bezirk Neubrandenburg
RmS	= Rittermannshäger See	
WSU	= Wolgast See	Bezirk Rostock
MüS	= Mühlen See	
LS	= Langer See b. Neustrelitz	
NS	= Naugartener See	
GrS	= Gramelower See	
KriS	= Krickower See	
RgS	= Rittgartener See	Bezirk Neubrandenburg
TrS	= Trinnen See	
Se	= Scharteisen	
TgS	= Torgelower See	
HHS	= Hardenbecker Haussee	

ermittelte, bietet sich an, noch weitere Formfaktoren für die Bestimmung des Epilimnions heranzuziehen.

Neben D wurde die Uferentwicklung (Keller)

$$U = \frac{Uferlinie}{2\sqrt{\pi \cdot F}}$$

sowie der prozentuale Anteil des Waldbestandes um einen See = U_W, der die Intensität des Windeinflusses auf den See regulieren kann, einer statistischen Berechnung unterzogen. Diese mit Hilfe einer Linearkombination durchgeführte Berechnung ergab eine Abhängigkeit der Tiefenlage des Epilimnions nach:

$$E = 1{,}068\, D + 0{,}352\, U - 0{,}0054\, U_W + 3{,}346$$

bei einem multiplen Korrelationskoeffizienten $r = 0{,}84$ und einer mittleren relativen Streuung von 25,2%.

Zur Untersuchung der Abhängigkeit der einzelnen Faktoren wurden die partiellen Korrelationskoeffizienten berechnet und bei vorgegebener Irrtumswahrscheinlichkeit von 95% getestet.

Diese Prüfung ergab, daß unter Ausschaltung des Einflusses der anderen Faktoren nur für E und D gesicherte Abhängigkeiten mit $r = 0{,}74$ bestehen.

Die Tiefenlage des Epilimnions und somit der Bereich der trophogenen Schicht ist nach diesen Überlegungen eine wesentliche Funktion von D, der mittleren effektiven Achsenlänge. Diese funktionelle Beziehung entspricht einer Parabel n-ten Grades, die im vorliegenden Fall der Gleichung

$$E = 4{,}72 \cdot D^{0{,}389} \pm 1{,}70\ (m)$$

folgt (Abb. 1).

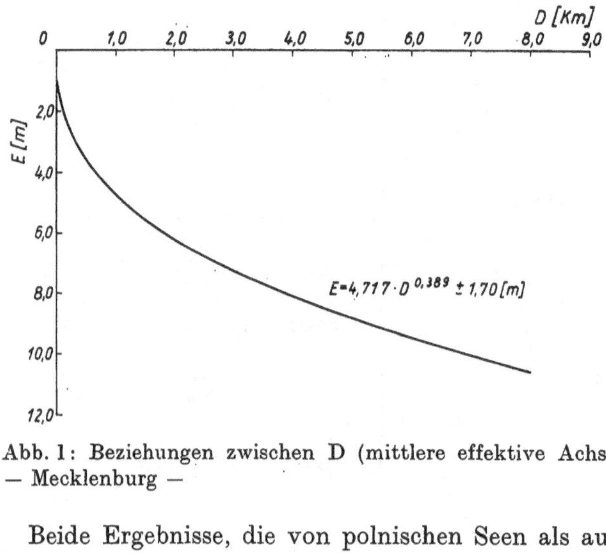

Abb. 1: Beziehungen zwischen D (mittlere effektive Achsenlänge) und E (Epilimnion) — Mecklenburg —

Beide Ergebnisse, die von polnischen Seen als auch die von mecklenburgischen Seen, machen es offensichtlich, daß die gute Faktorenbeziehung mehr als nur regionale Bedeutung verspricht.

Diesem Charakter Rechnung tragend, sind die Primärdaten beider Untersuchungsgebiete, soweit es für die polnischen Seen nach Patalas (1968) möglich war, zusammengefaßt und in der „überregionalen" Beziehung

$$E = 4{,}719 \cdot D^{0{,}393} \pm 1{,}23\ (m)$$

berechnet worden (Abb. 2).

Das Phänomen dieses faktoriellen Zusammenhanges, welches den Formfaktor D bei der Ausbildung eines Epilimnions integriert, läßt für die Fragen der Prognoseplanung spezifische Möglichkeiten offen. Für die Anlage neuer Wasserspeicher, Talsperren zum Zwecke der Trinkwasserversorgung, ergibt sich hiernach die Forderung, die Flächenentwicklung so zu regulieren, daß zumindest D aber auch U dem Wert 1 angenähert werden, um das Epilimnion, es soll der trophogenen Schicht gleichgesetzt werden, möglichst flach zu halten. Hierdurch ist der Vorteil erreichbar, daß das Hypolimnion gegenüber dem Epilimnion relativ und absolut zunimmt und der hypolimnische Sauerstoffvorrat ausreicht, die anthropogen und geogen zugeführten Nährstoffe möglichst stabil im Sediment zu akkumulieren und sie aus dem kurzgeschlossenen Kreislauf auszuschließen. Analoge Möglichkeiten sehen auch schon UHLMANN und ALBRECHT. Wird dieses Verhältnis durch eine große Tiefenlage des Epilimnions zu Ungunsten des Hypolimnions gestaltet, tritt eine explosionsartige Umstellung des Stoffhaushaltes ein, wie sie von OHLE (1965a, b) und LIEPOLT (1965b) beschrieben wurde.

Neben den flächenhaft auf das Epilimnion wirkenden Formfaktoren ist eine epilimnische Bildung allerdings nur möglich, wenn die notwendigen Tiefenverhältnisse dies zulassen. Dieses wird schon dadurch deutlich, daß trotz unterschiedlicher Formfaktoren D und U erst bei maximaler Wassertiefe von

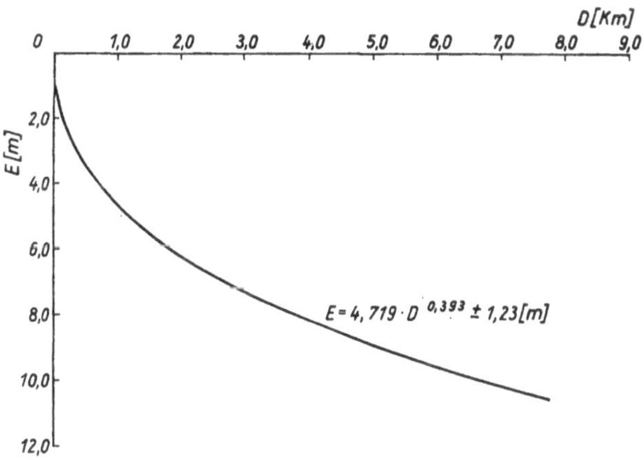

Abb. 2: Beziehungen zwischen D (mittlere effektive Achsenlänge) und E (Epilimnion) – Mecklenburg und VR Polen (Patalas, 1968) –

mehr als 7,3 m, die zur Charakterisierung eines Epilimnions erforderlichen Temperaturgradienten in der Wassersäule feststellbar waren.

Ein direkter Zusammenhang zwischen T_{max} und E, wie er erwartet werden konnte, ist offensichtlich aber nicht gegeben, dafür bieten verschlüsselte Formen die Möglichkeit korrelativer Zusammenhänge. Augenscheinlich besteht in Abhängigkeit von der maximalen Tiefe ein bestimmtes prozentuales Verhältnis zwischen der Tiefenausdehnung des Epilimnions zur absoluten Maximaltiefe. Dieses Verhältnis äußert sich derart, daß mit zunehmender Maximaltiefe der prozentuale Anteil der epilimnischen Tiefenausdehnung zurückgeht.

In die statistischen Berechnungen dieses Zusammenhanges gingen die ungeschichteten Seen mit dem Prozentualwert 100 ein, d. h. die gesamte thermisch homogene Wassersäule wurde als Epilimnion angesprochen.

Die Verschlüsselung, ausgedrückt durch den Prozentualwert

$$\frac{T_{\text{Epilimnion}}}{T_{\text{maximal}}} \cdot 100\ (\%) = Eq\ (\%)\,,$$

in Beziehung zur Maximaltiefe gesetzt, läßt sich nach Abb. 3 durch

$$Eq\,(\%) = \frac{92{,}3}{T_{\max}\,0{,}34} \pm 26{,}6\%$$

veranschaulichen.

Trotz der nicht zu vernachlässigenden großen Streuung bieten sich auch hier Wege an, natürliche morphometrische Gegebenheiten zur Regelung des Eutrophierungsproblems in Seen und Talsperren sinnvoll zu nutzen.

Die Einflußnahme morphometrischer und hydrographischer Faktoren auf die thermische Stratifikation stehender Gewässer, augenfällig nachgewiesen, ist

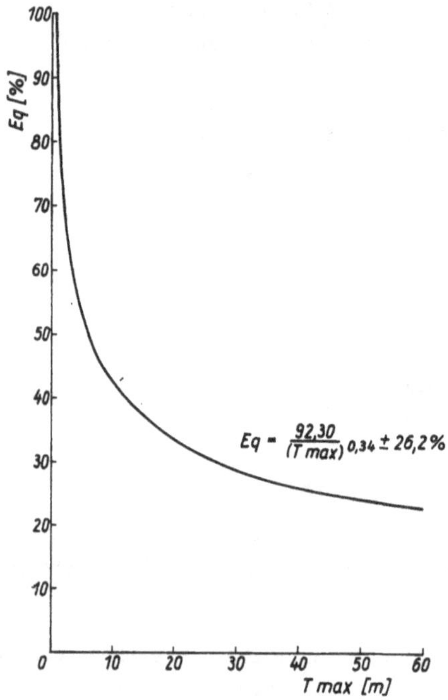

Abb. 3: Zusammenhang zwischen der maximalen Tiefe und der zu erwartenden Tiefenlage des Epilimnions

für die Prognose optimaler Nutzung bei entsprechendem Nährstoffstandard ein Kriterium, welches sehr beachtenswert erscheint.

Die Intensität des Nährstoffimportes in ein stehendes Gewässer ist durch viele Belastungsfaktoren bedingt, die einerseits direkt lokalisierbar sind (= Abwassereinleitungen ect.), andererseits diffus verteilt ihren Einfluß geltend machen.

Für die Modellierung dieser Prozesse sind die quantitativen Beziehungen der natürlichen Regionalfaktoren, Abschwemmungsquoten aus Acker-, Wald- und Wiesenflächen sowie der spezifische Einfluß z. B. der Einwohner und des Viehs in industriell wenig erschlossenen, dafür aber landwirtschaftlich intensiv genutzten Einzugsgebieten zum Nährstoffstandard der Gewässer von wesentlichem Nutzen.

Bei der funktionellen Berechnung des Zusammenhanges werden die *abhängigen* Faktoren Gesamtphosphat und Gesamtstickstoff den *unabhängigen* Regionalfaktoren gegenübergestellt. Unabhängige Faktoren sind für die folgenden Berechnungen:

Einzugsgebietsgröße (km^2)	$= F_N$
Ackeranteil (km^2)	$= A$
Einzugsgebietsgröße (km^2)	= F
Grünlandanteil (km^2)	$= Gr$
Forstanteil (km^2)	$= F$
Bachkilometer (km)	$= Km$
Belastungsgleichwert	$= BGW$

Der Begriff „Belastungsgleichwert" ist auf Einwohner bezogen, wobei nach VOLLENWEIDER je Einwohner mit einem Nährstoffanfall von 2,18 g P/d und 10,8 g N/d zu rechnen ist. Unter Bezugnahme ebenfalls auf VOLLENWEIDER und die dort angegebenen spezifischen Phosphor- und Stickstoffausscheidungen einer Großvieheinheit entspricht eine solche ($1\ GVE$) = 11 Einwohner. In der Summation beträgt nun der Begriff „Belastungsgleichwert", der auf ein für jede Gewässermeßstation bezogenes Einzugsgebiet berechnet werden kann, der Summe der Einwohner.

$$BGW = E + \sum 11 \cdot GVE\ .$$

Die zwischen den unabhängigen und abhängigen Faktoren geführten Ausgleichsrechnungen führten zu folgendem Ergebnis:

$$PO_4\ (mg/l) = 0{,}411\ F_N - 0{,}643\ A - 0{,}233\ Gr - 0{,}587\ F - 0{,}058\ Km + 0{,}0003\ BGW + 0{,}321$$

mit einem multiplen Korrelationskoeffizienten $r = 0{,}62$.
und

$$N_2\ (mg/l) = -\ 0{,}018\ F_N - 0{,}303\ A - 1{,}072\ Gr - 0{,}408\ F - 0{,}072\ Km + 0{,}0006\ BGW + 4{,}728$$

mit einem multiplen Korrelationskoeffizienten $r = 0{,}37$.

Nach diesen Formeln läßt sich für mecklenburgische Verhältnisse sehr grob abschätzen, mit welchen Nährstoffkonzentrationen an einzelnen Untersuchungsstationen im Fließgewässer in Abhängigkeit von den regionalen Faktoren zu rechnen ist, wobei durch den ungünstigen Korrelationskoeffizienten für den Gesamtstickstoffgehalt die spezifische Aussage nur ersten orientierenden Charakter tragen kann. Das dimensionslose Restglied enthält hierbei summarisch solche bedingenden Einflußgrößen, die bisher noch nicht erfaßt wurden. Für weitergehende Berechnungen sind solche Faktoren wie Niederschlag — Abfluß, Lage der Belastungsquellen usw. näher einzubeziehen.

Prinzipiell ist jedoch erkennbar, daß die verschiedenen Einzugsgebietsfaktoren einen unterschiedlichen Einfluß auf den Grad der die Eutrophierung bedingenden externen Nährstoffbelastungen ausüben und für optimierte Planungsaufgaben zu beachten sind. Diese externe Nährstoffbelastung ist aber nur die eine Seite. Viel zu wenig wurde bisher beachtet, daß vielfach ein ungünstiges Verhältnis zwischen der Größe des Einzugsgebietes und dem Volumen eines Sees oder einer Talsperre besteht (UHLMANN und ALBRECHT). Ganz gleich aus welchen Quellen die Nährstoffe stammen, sie werden alle mehr oder weniger in dem Speichervolumen akkumuliert. Da hierbei die Größe des Speichervolumens und der Durchflußquotient, unabhängig von den sich in dem Volumen abspielenden Prozessen der Eutrophierungsmechanismen, die ausschlaggebenden Faktoren sind, ermöglicht der Umgebungs- oder Arealfaktor, der das Verhältnis des Einzugsgebietes zur Seefläche bestimmt, relativ wenig aussagen.

Ein Volumenquotient (Ventz, 1970) bietet hierfür bessere Möglichkeiten. Er beinhaltet das Verhältnis zwischen dem Beckenvolumen und der Größe des Einzugsgebietes nach

$$Vq = \frac{\text{Seevolumen (m}^3\text{)}}{\text{Einzugsgebiet (km}^2\text{)}}$$

und drückt hierbei aus, auf wieviel m^3 Stauvolumen der Nährstoffimport aus 1 km^2 Einzugsgebiet verteilt wird.

Die meisten mecklenburgischen Seen weisen einen derart ungünstigen Volumenquotienten auf, daß schon unter Beachtung nur dieses Gesichtspunktes der Prozeß der Eutrophierung ,,rasant" sein muß, wenn nach Uhlmann (1968) der Belastungsgrenzwert für Seen mit 0,02 mg $P-PO_4/m^3 \cdot d$ festgestellt wird.

Der Volumenquotient allein reicht aber auch noch nicht aus, um diese Beziehungen richtig zu erfassen. Vielmehr müssen die Belastungsgleichwerte integrierter Bestandteil des Volumenquotienten sein, da besonders der Phosphoreintrag aus Abwasserquellen den natürlichen Ertrag wesentlich übersteigt. Somit muß der Volumenquotient, bezogen auf die unterschiedlichen Phosphor- und Stickstoffabgaben der Einwohner, nach P und N korrigiert werden. Da der Volumenquotient die Einzugsgebietsfläche als Basis hat, ist die Korrektur hiernach durchzuführen. Möglichkeiten sieht Bucksteeg, der für Westdeutschland Zahlen nennt, nach denen die Nährstoffbelastung durch einen Einwohner für Phosphor etwa 2,5 ha landwirtschaftlicher Nutzfläche und für Stickstoff ca. 0,1 ha landwirtschaftlicher Nutzfläche entspricht.

Dadurch können die nach P bzw. N korrigierten Volumenquotienten wie folgt errechnet werden:

$$Vq\,(P) = \frac{\text{Seevolumen (m}^3\text{)}}{F_N + \sum E \cdot 0{,}025 \text{ (km}^2\text{)}}$$

bzw.

$$Vq\,(N) = \frac{\text{Seevolumen (m}^3\text{)}}{F_N + \sum E \cdot 0{,}001 \text{(km}^3\text{)}}$$

wodurch sich entsprechend der mittleren Bevölkerungsdichte der Faktor Einzugsgebietsgröße unter besonderer Berücksichtigung der Phosphorkorrektur wesentlich vergrößert, der Volumenquotient sich dementsprechend verkleinert.

Die ersten Versuche, die Beziehungen der nach P bzw. N korrigierten Volumenquotienten zu den in den Seen zur Frühjahrsvollzirkulation gefundenen Orthophosphat- bzw. Nitratwerten, werden in den Abb. 4 und 5 veranschaulicht.

Aus der Abb. 4. scheint sehr deutlich zu werden, daß eine Veränderung des Vq (P) von $\infty \rightarrow 20 \cdot 10^4$ zwar eine nachweisbare, jedoch noch in „verträglichen“ Grenzen sich bewegende Orthophosphatzunahme nach sich zieht. Der Bereich von Vq (P) $20 \cdot 10^4$ bis $10 \cdot 10^4$ läßt eine Umstimmung der Faktoren-

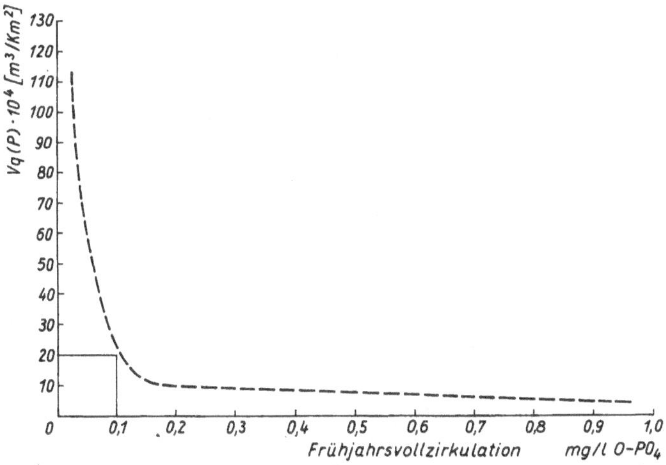

Abb. 4: Beziehungen zwischen dem Orthophosphatgehalt und dem korrigierten Volumenquotienten

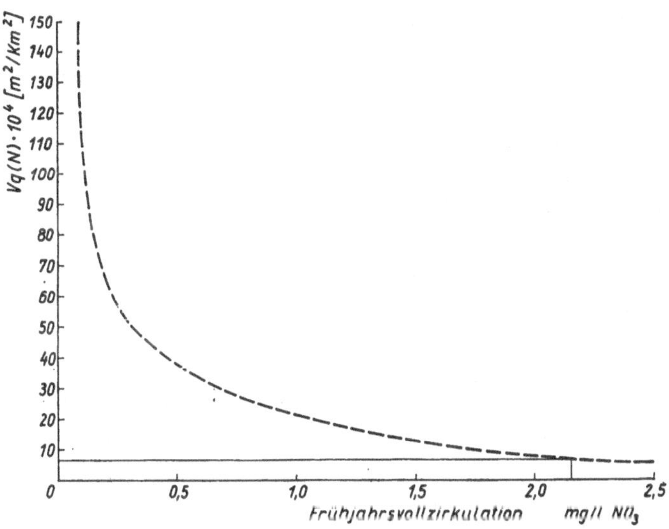

Abb. 5: Beziehungen zwischen dem Nitratgehalt und dem korrigierten Volumenquotienten

intensitäten offensichtlich werden, indem einer geringeren Verkleinerung des Vq (P) eine progressive Zunahme des Orthosphophatgehaltes gegenübersteht, wodurch sich unter Umständen der Grenzbereich zwischen oligotrophierenden bzw polytrophierenden Regionaleinflüssen herausarbeiten läßt.

Etwas andere Faktorenbeziehungen bestehen zwischen dem nach N korrigierten Volumenquotienten und dem Nitratgehalt der Seen zur Frühjahrsvollzirkulation. Ist der Vq (N) größer als $80 \cdot 10^4$, so nimmt der Nitratgehalt nur unwesentlich zu. Erst bei Unterschreitung dieses Quotienten ist mit einer wesentlichen Zunahme zu rechnen.

Kritisch, und den Prozeß der Eutrophierung nachhaltig fördernd, scheint die Unterschreitung des Vq (P) von $20 \cdot 10^4$ und des Vq (N) von $7 \cdots 10 \cdot 10^4$ zu werden, nämlich dann, wenn der Orthophosphatgehalt in Abhängigkeit von Vq (P) 0,1 mg/l zur Frühjahrsvollzirkulation überschreitet, der Nitratgehalt entsprechend dem als ideal anzusehenden atomaren Verhältnis von 1:16 höher als 2,7 mg/l liegt.

Obwohl sich die Bioproduktion dem Nährstoffgehalt nicht linear verhält (Uhlmann und Ablrecht), stellen die im Sediment akkumulierten Nährstoffverbindungen eine latente Gefahrenquelle für jeden See und jede Talsperre dar.

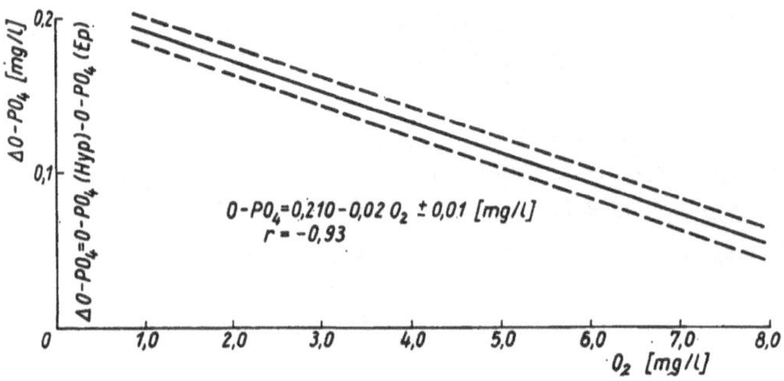

Abb. 6: Beziehungen zwischen Sauerstoff- und Orthophosphatgehalt im Hypolimnion

Seit Einsele spielt die interne Phosphordüngung aus dem Sediment eine nicht zu vernachlässigende Größe für den Eutrophierungsprozeß, sobald durch anaerobe Verhältnisse am Sediment — Wasser — Kontakt eine Phosphorlösung aus dem Sediment hervorgerufen wird.

Der Nachweis der hypolimnischen Zunahme des Orthophosphatgehaltes bei Abnahme des Sauerstoffgehaltes ist funktionell zu begründen. Die hypolimnische Zunahme $\Delta O - PO_4$ (mg/l) wird auf ausgeglichene Orthophosphatverhältnisse in der ganzen Wassersäule zur Frühjahrsvollzirkulation bezogen. Als $\Delta O - PO_4$ zwischen Hypolimnion und Epilimnion bezeichnet, besteht die mathematische Beziehung (Abb. 6) zu dem als unabhängigen Faktor herrschenden Sauerstoffgehalt nach

$$\Delta O - PO_4 = 0{,}210 - 0{,}02\, O_2 \pm 0{,}01 \text{ (mg/}l\text{)}$$

bei einem Korrelationskoeffizienten $r = -0{,}93$. Der Zusammenhang erscheint also recht eindeutig.

Schlußfolgerungen zur optimalen Bewirtschaftung stehender Gewässer hieraus sind, daß einerseits die externe Belastung den Möglichkeiten und Erfordernissen entsprechend reduziert wird, um durch allochthon und autochthon bedingte Zehrungsvorgänge den hypolimnischen Sauerstoffvorrat nicht übernormal zu beanspruchen. Andererseits sollte das Epilimnion gegenüber dem

Hypolimnion sehr flach und volumenklein gehalten werden, damit neben einer Verringerung des produktiven Beckenvolumens der intrabiocoenotische epilimnische Nährstoffkreislauf gehemmt wird.

Der Verfasser dankt Herrn *Ing. D. Riechert* für die Durchführung der mathematisch-statistischen Berechnungen. Herrn *Dipl.-Ing. M. Assmus, Dipl.-Chem. W. Dolgner und Dipl.-Biol. H. Hamann* gebührt Dank für die Beschaffung der hydrographischen Daten und eines Teils des Untersuchungsmaterials.

Literatur

Breitig, G.: Studie über die Methodik der Auswertung der Untersuchungsbefunde zur Ermittlung des Trophiegrades der Gewässer. Inst. f. Wasserwirtschaft, Berlin (unveröffentlicht), 1966

Bucksteeg, W.: Welche praktische Bedeutung haben die Verfahren zur Abwendung der Gewässereutrophierung. Veröffentl. Haus d. Techn., Essen, **88** (1966), 14

Einsele, W.: Über die Beziehungen des Eisenkreislaufes zum Phosphor-Kreislauf in eutrophen Seen. Arch. Hydrobiol. **29** (1936), 661

Elster, H. J. und W. Einsele: Beiträge zur Hydrologie des Bodensees (Obersee). Int. Rev. ges. Hydrobiol. **35** (1937), 522

Januszlewicz, T.: Die Prozesse der selbsttägigen Reinigung von stehenden Binnengewässern und der Schutz der Seen vor Verunreinigungen (polnisch). Materialien für die wissenschaftlich—technische Konferenz **2** (1967), 47

Keller, R.: Gewässer und Wasserhaushalt des Festlandes. Teubner Verlagsgesellschaft, Leipzig, 1962

Klapper, H.: Die wachstumsbegrenzenden Nährstoffe in Seen auf dem Gebiet der Deutschen Demokratischen Republik. Fortschr. d. Wasserchemie H. 8 (1968), 66

Liepolt, R.: Die Gewässergüte österreichischer Seen. Österreichische Wasserwirtschaft **17** (1965a) H. 1/2, 5

—: Erfahrungen über die Auswirkungen von Phosphatanreicherungen in österreichischen Seen und über die Bekämpfung der Wasserblüte. Münchener Beiträge **12** (1965 b), 103

Ohle, W.: Die hypolimnische Kohlendioxid-Akkumulation als produktionsbiologischer Indikator Arch. Hydrobiol. **46** (1952), 153

—: Der Vorgang rasanter Seenalterung in Holstein. Naturwiss. **40** (1959), 153

—: Die Eutrophierung der Seen und die radikale Umstellung ihres Stoffhaushaltes. Limnologiesymposium 1964, Heslinki, 1965 a

—: Nährstoffanreicherung der Gewässer durch Düngemittel und Meliorationen. Münchener Beiträge **12** (1965b), 54

Patalas, K.: Die Klassifizierung der Primärproduktion der Seen in der Umgebung von WEGORZEWO (polnisch). Roczniki Nauk Rolniczych **77** (1960), H. 1, 299

—: Landschaft und Klima als Faktoren der Massenproduktion von Algen. Fortschr. d. Wasserchemie 8 (1968), 21

Stumm, W.: Diskussionsbeitrag zum Vortrag G. A. Rohlich Advanc. Water Poll. Research (London) **2** (1964), 216

Thienemann, A.: Coregonus albula lucinensis, eine Tiefenform der Kleinen Maräne aus einem norddeutschen See. Z. Morph. Oekol. Tiere **27** (1933), 654

Thomas, E. A.: Die Phosphat-Hypertrophie der Gewässer. Chemisch Weekblad **63** (1967) H. 26, 305

Thomas, E. A.: Eutrophierung und Wasserqualität in einigen Schweizer Seen. Fortschr. d. Wasserchemie H. 8 (1968), 10

Uhlmann, D.: Wissenschaftliche Bedeutung und gegenwärtiger Zustand der Feldberger Seen. Naturschutzarbeit in Mecklenburg 4. Jg. (1961) H. 2/3, 52

—: Der Einfluß der Verweilzeit des Wassers auf die Massenentwicklung von Planktonalgen. Fortschr. d. Wasserchemie H. 8 (1968), 32

UHLMANN, D. und E. ALBRECHT: Biogeochemische Faktoren der Eutrophierung von Trinkwassertalsperren. Limnologica **6** (1968), H. 2 225
VENTZ, D.: Zur Limnologie des Medeweger Sees (Mecklenburg). Limnologica **6** (1968), H. 135
—: Regionallimnologie zwischen Warnow und Uecker Wiss. Zeitschr. Univ. Rostock (im Druck), 1970
VOLLENWEIDER, R. A.: Die wissenschaftlichen Grundlagen der Seen- und Fließgewässereutrophierung, unter besonderer Berücksichtigung des Phosphors und des Stickstoffs als Eutrophierungsfaktoren. OECD-Bericht DAS/CSI/ 68.27 (Paris), 1968
WETZEL, A.: Bemerkungen über die Biologie von Trinkwassertalsperren Desinfektion und Gesundheitswesen **50** (1958), H. 7 97

Anschrift des Verfassers:

Dipl.-Biol. Dieter VENTZ, 23 Stralsund, Prohner Str. 57, DDR

L. Procházková

Hydrobiological Laboratory Czechoslovak Academy of Sciences, Prague

Some abiotic factors in relation to the nitrogen and phosphorus concentration of river reservoir water

Zusammenfassung: Im zehnjährigen Untersuchungszeitraum der Slapy-Talsperre erhöhte sich lediglich der Nitrat-Stickstoff durch Düngung im Einzugsgebiet. Eine Bilanz der Zufuhr von Stickstoff und Phosphor durch Düngung und Niederschläge wurde aufgestellt. Das Stickstoff: Phosphor-Verhältnis beträgt in den Düngemitteln etwa 2. Durch die stärkere Rückhaltung des Phosphors im Boden ist es am Zufluß des Staubeckens bis auf 26 verschoben. Im Staubecken erfolgt eine weitere Rückhaltung des Phosphors und das Verhältnis steigt bis auf 30···50 an.

Summary: In a ten yearly investigation period of Slappy impounding reservoir only the nitrate nitrogen increased by fertilization in the drainage area. A balance of nitrogen and phosphorus input by fertilization and precipitations has been laid down. The proportion of nitrogen to phosphorus amounts to nearly 2 in fertilizers. By retention of phosphorus in soil the proportion is changed at the inflood until 26. In the impounding reservoir a farther retention of phosphorus takes place and the proportion increases to 30···50.

Резюме: В десятилетнем исследовательском периоде водохранилища „Слапы" повышался только нитратный азот из-за удобрения в водосборе. Представлен баланс подачи азота и фосфора удобрением и атмосферными осадками. Азотно-фосфорное соотношение в удобрениях приблизительно 2. Вследствие более сильного сдеживания фосфора в почве на притоке к водоёму это соотношение изменяется до числа 26. В водоёме происходит ещё дальнейшее сдерживание фосфора и соотношение повышается до 30—50.

The rate of eutrophication of Slapy reservoir on Vltava river was followed for a 10 years period, namely 1959···1968. This reservoir is situated southward from Prague (about 40 km). Its area is 1310 ha, volume 270 mill m^3, maximal depth 53 m, mean renewal time 38 days. The Vltava river water entring the Slapy reservoir is to some extent contamined by paper-mill and „brownish" effluents from peat bogs near Lipno reservoir on the upper part of the river. About one half of the drainage area is cultivated farmland.

The changes of the mean annual and summer values of individual nitrogen forms during 10 years are given on Fig. 1. The steadily increasing NO_3-N concentrations, influencing also the rise of total nitrogen, as they represent roughly 70% of it, correlate with the increasing amount of nitrogen applied as fertilizers in the individual years to the drainage area. The difference between total-N and NO_3-N remains nearly unchanged in spite of the fact that for fertilization of fields besides nitrates other nitrogen compounds were also used (i. e. $(NH_4)_2SO_4$ $(NH_4)_3PO_4$, NH_3, CaNCN, urea). The higher value of NH_4-N in 1963 was influenced by anaerobic condition below the ice-cover in the reservoir caused by the decrease of water flow below 10 m^3/sec.

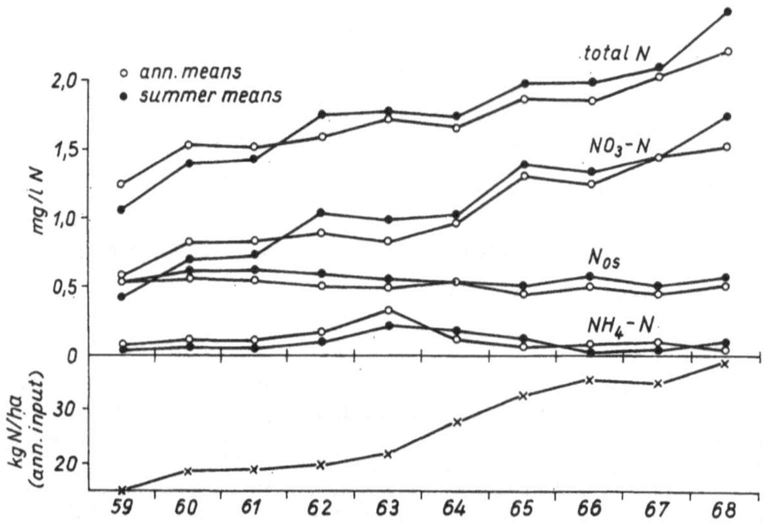

Fig. 1: Annual and summer means of nitrogen compounds in Slapy reservoir and the amounts of total N applied yearly to the drainage area in fertilizers

The highly significant correlation between the annual mean of NO_3-N in mg/l and the total annual input of nitrogen in kg/ha of farmland in south Bohemian district, which roughly corresponds to the drainage area of the Vltava river, is characterized by the correlation coefficient $r = 0.965$, for regression lines and the respective equations see Fig. 2. If the regression line, given by the equation $y = 0.12 + 0.036$ x, is extrapolated to to zero fertilization the value

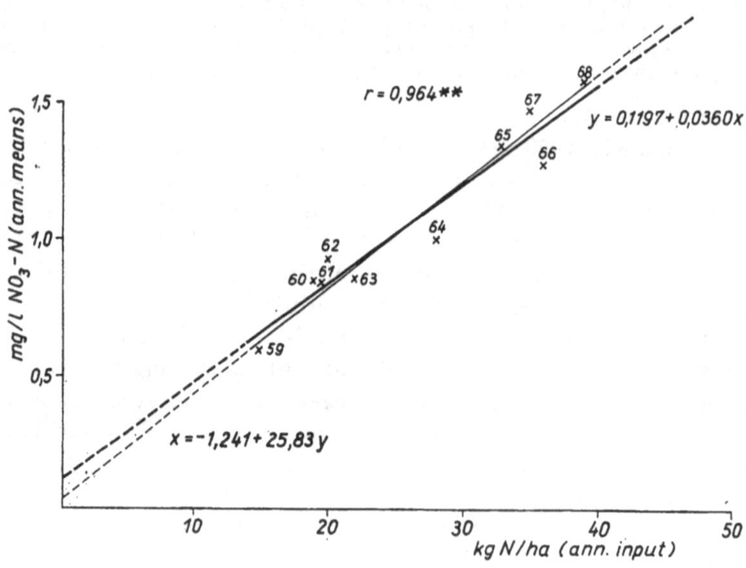

Fig. 2: Correlation between the annual mean NO_3-N concentration and the annual total N input in fertilizers to the drainage area

of 0.12 mg/l NO_3-N is obtained, which should characterize the NO_3-N concentration given by other sources than fertilization. It is very close to the NO_3-N concentration of Lipno reservoir located on the upper stretch of Vltava river, where the summer mean values of NO_3-N increased during the period 1964···1968 from 0.12···0.28 mg/l (Brandl) and where the influence of fertilization is relatively low, as about 60% of the drainage area is forested an only about half of the rest is cultivated.

If the above mentioned correlation is expressed in percentage increases (as the basis the values for 1960 were chosen), then the 45° slope of the respective regression line indicates the almost identical percentage increase of both variables.

Contrarily the annual and summer mean values of inorganic and total phosphorus did not indicate any correlation with the increase of phosphorus fertilization (Fig. 3.).

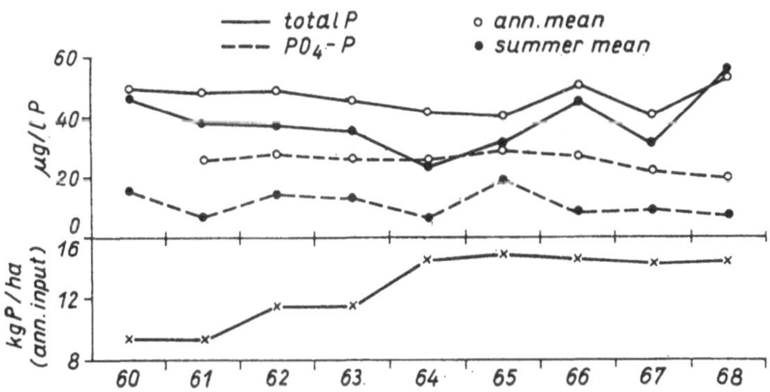

Fig. 3: Annual and summer means of inorganic total phosphorus in Slapy reservoir and the amounts of P supplied yearly in fertilizers

The difference between the percental shares of nitrogen and phosphorus found in the Slapy reservoir water from the total amounts of them supplied yearly to the drainage area, both in fertilizers and atmospheric precipitations, is demonstrated in Table 1. For nitrogen the mean value of this share was 25%, for phosphorus less than 2%, indicating a much greater retention of phosphorus compounds in the soil.

This share varied according to the intensity of the rate of flow in individual years, being minimal in years with minimal rate of flow. No increasing tendency of this share has been recorded during the nine years studied.

The amounts of both bioelement supplied by the rainwater (16% for nitrogen and 2% for phosphorus) are only approximative as the concentration in rainwater for the whole drainage area and the nine-years period studied were not available. For the calculation of the nitrogen amount from atmospheric precipitation the total N concentration 0.3 mg/l was chosen, which corresponds rather to the lower range for Europe region (Mc Kee, Hutchinson, our analyes at Slapy reservoir and Prague 0.2···0.4 mg/l N). The respective value for total phosphorus was 0.020 mg/l P (Chalupa, Voigt, Popovský).

Table 1

The evaluation of the percentage of total nitrogen and phosphorus found in Slapy reservoir from the total amount of N and P supplied to the drainage area in form of fertilizers and atmospheric precipitations

year	mean discharge m^3/sec	atm. precipit. mm/year	I_p %	$N_f + N_p$ mg/l	N_p %	N_a mg/l	N %	$P_f + P_p$ mg/l	P_p %	P_a mg/l	P %
59	74	609	30	4.92	(21)	1.28	26	2.26	(2.9)	0.039	1.7
60	101	780	32	4.86	(20)	1.58	32	2.02	(3.1)	0.039	1.9
61	74	692	26	6.44	(18)	1.54	24	2.74	(2.8	0.050	1.8
62	77	625	34	6.29	(16)	1.61	26	3.19	(2.1)	0.051	1.6
63	50	567	22	9.28	(15)	1.75	19	4.91	(1.9)	0.042	0.9
64	57	730	19	11.69	(14)	1.69	14	5.42	(1.9)	0.042	0.8
65	142	825	42	5.42	(13)	1.98	35	2.26	(2.0)	0.041	1.8
66	116	870	33	7.23	(13)	1.89	26	2.69	(2.3)	0.051	1.9
67	103	700	37	7.84	(11)	2.10	27	2.93	(1.9)	0.041	1.4
mean	88	710	30	7.08	(16)	1.71	25	3.15	(2.3)	0.044	1.5

I_p total year inflow to Slapy reservoir as the percentage of total atmospheric precipitation per year and drainage area
N_f nitrogen in fertilizers if dissolved in year discharge
N_p nitrogen in precipitations if dissolved in year discharge (approximative values only)
N_a actual mean nitrogen concentration in Slapy reservoir
P_f phosphorus in fertilizers if dissolved in year discharge
p_p phosphorus in amtosperic precipitations if dissolved in year discharge
P_a actual mean total phosphorus concentration in reservoir.

As the amounts of phosphorus supplied to the drainage area in detergents were not considered in these calculations, the real percentage value of total P found in reservoir water would be rather lower.

Due to the higher retention of phosphorus in the drainage area the ratio N/P is gradually increased. The next factor contributing to this trend is the retention of P in the reservoir itself. On Fig. 4 the highly significant direct correlation between the percentral total phosphorus retention and the actual concentration of total P in the inflow is demonstrated. These regression lines are culculated for mean summer and winter values, but its correlation is highly significant for individual values too. From this relation it may be derived that at a concentration of about 30 $\mu g/l$ P no phosphorus would be retained. Such low concentrations have sometimes been determined in inflowing water being conected with negligible or zero retention. The regression line cannot be extended out of the range of the values, especially at high retentions, as the 100% line is probably approached asymptotically. The highest retention found for individual values was 83%, at 120 $\mu g/l$ P in the inflowing water.

A similar, but less significant correlation was found for organic nitrogen in water and nannoseston (below 40 μ). In this case not only retention but even increase (negetative retention) of organic nitrogen was observed at low inflowing concentrations (Fig. 5.). On the basis of data available we cannot decide, if it is a real retention-elution phenomenon, delay effect of the reservoir or mutual transformation of various nitrogen compounds.

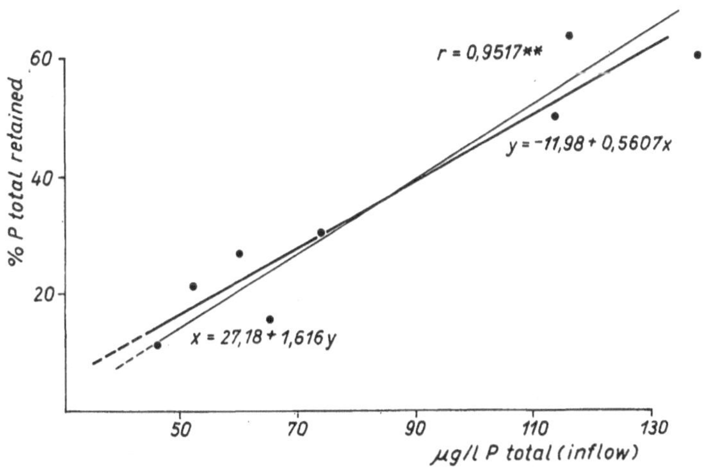

Fig. 4: Correlation between the percentage of total P retained in Slapy reservoir and the inflowing total P concentration

This relation is of substantially lower importance as compared with phosphorus retention, as it concerns only a part of total nitrogen, about 30%, while the total N passes the reservoir without any significant change.

The relationships indicated are valid for the Slapy reservoir, for their generalisation the study of different reservoirs with different retention times is required. So far we know only that reservoirs with a very short retention time 2···3 days (Strašková et al.) have a negligible effect on the water quality. For more details see Procházková et al., 197 x.

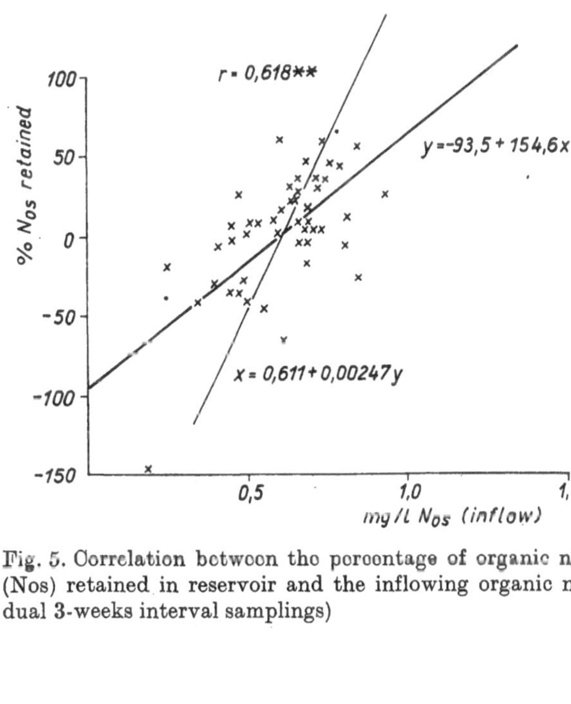

Fig. 5. Correlation between the percentage of organic nitrogen in water and nannoseston (Nos) retained in reservoir and the inflowing organic nitrogen concentration (for individual 3-weeks interval samplings)

Aknowledgement

I should like to tank to Dr. J. POPOWSKÝ for the analytical data on phosphorus.

References

BRANDL, Z.: Horizontal distribution of some chemical and physical characteristics in Lipno reservoir. Hycrobiological Studies 2, (In press)

CHALUPA, J.: Eutrofisace nádrží srážkovým fosforem. (Eutrophication of reservoirs by atmospheric phosphorus) Sbornik VŠCHT, Od. technol. paliv a vody (Sci. Pap. Inst. chem. Technol., Prague, Technol. of fuel and water) 4,1:295—308, 1960

HUTCHINSON, G. E.: A treatise on limnology Vol. I., 1015 pp., New York, (1957)

Mc KEE, H. S.: Nitrogen metaboilsm in plants. Clarendon Press, Oxford, England 1968, 728 pp.

POPOWSKÝ, J.: Sloučeniny fosforu, arsenu a germania ve srážkowvé vodě. (The compounds of phosphorus, arsen and germanium in precipitation water). Vodní hospodarstvi (1968), 24./ (In Czech)

PROCHÁZKOVÁ L., V. STRASKRABOVÁ, J. POPOVSKÝ: Changes of some chemical constituents and bacterial numbers in Slapy reservoir during eight years. Hydrobiological Studies 2, (In press)

STRAŠKRABOVÁ, V., L. PROCHÁZKOWÀ, J. POPOVSKÝ: The infulence of two regulation reservoirs on the chemical and bacteriological properties of river water Hydrobiol. Studies 2, (In press)

VOIGT, G. T. Alteration of the composition of rainwater by trees. Amer. Midl. Natur. 63:321 (from Mackenthun, K. M., Ingram, W., 1967: Biological associated problems in freshwater environments. U. S. Dept. of the Interior Federal WPCA, Washington, Dovernment Printing Office 287 pp, 1960

Anschrift der Verfasserin:

Dr. L. PROCHÁZKOVÁ, Praha 5, Vltavskà 17, ČSSR

G. Müller

Universität Heidelberg, Laboratorium für Sedimentforschung

Die Veränderung des Chemismus von Interstitiallösungen limnischer Sedimente im frühen Stadium der Diagenese

Neben der Zersetzung von organischen Substanzen wird der Ionengehalt des Porenwassers in Sedimenten von Seen wesentlich von der Auflösung mineralischer Substanzen, entsprechend den jeweiligen geologischen Gegebenheiten, bestimmt. Eine Beeinflussung durch das überstehende Wasser erfolgt praktisch nicht. Somit lassen sich durch Untersuchung des Porenwassers in einem Sedimentbohrkern Rückschlüsse auf frühere Seeverhältnisse ziehen.

Anschrift des Verfassers:

Prof. Dr. G. Müller, 69 Heidelberg, Berliner Straße 19. Laboratorium für Sedimentforschung, BRD

R. Klöcking

Institut für Medizinische Mikrobiologie und Epidemiologie der Medizinischen Akademie Erfurt, Abt. Biochemie

Stabile Naturstoffe in Gewässern

Zusammenfassung: Stoffe vom Huminsäuretyp stellen ein relativ stabiles, am Stoffkreislauf der Gewässer jedoch unmittelbar beteiligtes System dar, das sowohl für die Wasserchemie als auch für die Medizin von großer Bedeutung ist. Daher ist die Erforschung dieser Naturstoffgruppe nach wie vor eine dringliche Aufgabe.

Summary: Substances of humic acid type represent a relatively stable system which directly participates in the matter circulation of water. This is very important for water chemistry and medicine. For that reason, the investigation of these natural matter group is still urgent.

Резюме: Вещества типа гуминовой кислоты представляют собой относительно устойчивую, однако непосредственно участвующую в круговороте веществ вод систему, которая имеет как и для гидрохимии так и для медицины большое значение. Поэтому исследование этой группы природных веществ является по-прежнему неотложной задачей.

Die Umsatzgeschwindigkeit der Wasserinhaltsstoffe wird von physikalischen, chemischen und biologischen Faktoren bestimmt. Unter stabilen Naturstoffen sind solche zu verstehen, die unter gegebenen Bedingungen eine relativ geringe Umsatzgeschwindigkeit haben. Ihrer Bedeutung für den Stoffhaushalt der Gewässer und der Menge ihres Vorkommens entsprechend, nehmen Stoffe vom Huminsäuretyp unter den stabilen Naturstoffen den ersten Platz ein. Sie sollen daher im Mittelpunkt unserer Betrachtungen stehen.

Stoffe vom Huminsäuretyp sind höhermolekulare anionische Polyelektrolyte mit aromatischem Grundgerüst und chelatbildenden Eigenschaften gegenüber Schwermetallen. Beim chemischen Abbau der Huminsäuren erhält man zahlreiche Spaltprodukte, insbesondere Phenolkörper, Aminosäuren und Kohlenhydrate. Da Huminsäuren verschiedener Herkunft sowohl in der Art der Abbauprodukte als auch in der spezifischen Beeinflussung biochemischer Reaktionen auffällige Übereinstimmungen zeigen, erscheint die Annahme eines einheitlichen Strukturprinzips gerechtfertigt.

Die klassische Definition der Huminsäuren als der durch Mineralsäuren fällbare Anteil eines alkalischen Bodenextraktes ist in den letzten Jahren mehr und mehr durch eine chemische Charakterisierung verdängt worden. Cheshire und Mitarb. definieren die Huminsäuren als einen Komplex aus einem aromatischen Kern, an dem Polysaccharide, Proteine, relativ einfache Phenole und Metalle angeheftet sind.

Der aromatische Charakter der Huminsäurestruktur steht heute außer Zweifel. Untersuchungen über die Humifizierung von ^{14}C-markierter Glucose von MUTATKER & WAGNER ergaben, daß etwa 66% des in Huminsäuren enthaltenen Kohlenstoffs in aromatischer Bindung vorliegen.

Zahlreiche Arbeiten über den chemischen Abbau der Huminstoffe geben Aufschluß über einzelne Huminsäurebausteine, während Anhaltspunkte über die Verknüpfung derselben fast völlig fehlen. BURGES und Mitarb. haben als Produkte der reduktiven Spaltung von Huminsäuren mit Natriumamalgam 12 Phenolkörper nachgewiesen, die alle dem C_6-, C_6C_1- und dem C_6C_3-Typ angehören. Ähnliche Ergebnisse erhielten GREENE & STEELINK und JAKAB und Mitarb. beim Abbau von Huminsäuren mit 5 N Natronlauge bei 170 °C. Unter den identifizierten Spaltprodukten befanden sich einige, die auch beim Abbau von Lignin nachgewiesen wurden, z. B. Brenzcatechin, p-Hydroxybenzoesäure, Vanillin, Vanillinsäure und Syringaaldehyd. Diese Tatsache stützt die Theorie von der Beteiligung von Ligninspaltprodukten am Aufbau des Huminsäuremoleküls. Andere Produkte des alkalischen Abbaus, wie Resorcin und Phloroglucin, weisen auf Beziehungen zwischen einfachen niedermolekularen Pflanzenphenolen und der Huminsäuregenese hin.

Abb. 1 zeigt die mittels alkalischer Druckhydrolyse (5 N NaOH, 170 °C) aus Moorwasserhuminsäuren freigesetzten Polyphenole und Phenolcarbonsäuren. Sie gehören teils dem Resorcin- und teils dem Brenzcatechintyp an, einige lassen sich keiner der beiden Gruppen zuordnen. Kaffeesäure und Syringasäure wurden mit der genannten Methode erstmalig als Abbauprodukte von Huminsäuren nachgewiesen (KLÖCKING 1967).

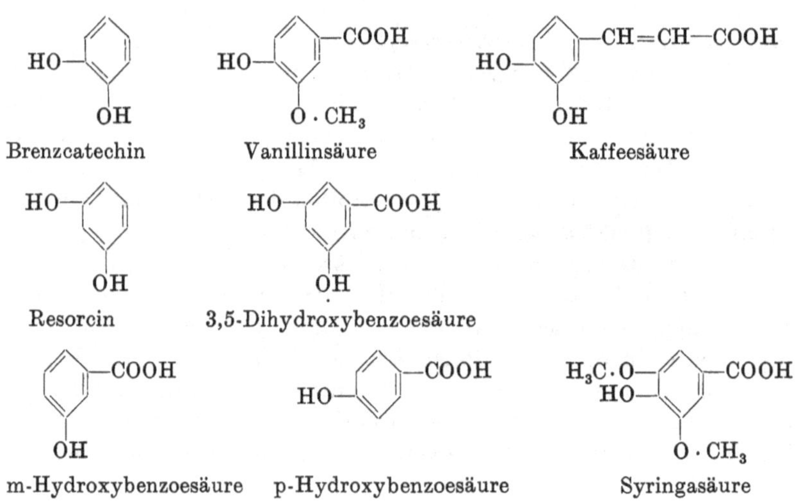

Abb. 1: Phenolische Spaltprodukte von Moorwasserhuminsäuren nach dreistündiger Hydrolyse mit 5 N NaOH bei 170 °C

Die gaschromatographische Analyse von Huminsäure-Pyrolyseprodukten in Verbindung mit der Massenspektrometrie (WERSHAW & BOHNER) spricht für das Vorhandensein sowohl von Aromaten als auch von Kohlehydratanteilen in

Huminsäuren. Z. Zt. läßt sich jedoch nicht entscheiden, ob es sich bei den von verschiedenen Autoren gefundenen Kohlenhydraten um einen integrierenden Bestandteil der Huminstoffe handelt.

Das gleiche gilt auch für den Stickstoffgehalt der Huminsäuren. Hier zeigt sich besonders deutlich, in welchem Maße Fortschritte der Strukturforschung von methodischen Verbesserungen abhängig sind. Lange Zeit galt als sicher, daß das Fehlen einer positiven Biuretreaktion sowie das Unvermögen einiger proteolytischer Enzyme, Huminsäuren abzubauen, gleichbedeutend mit der Abwesenheit von Peptiden im Huminsäuremolekül ist. Durch Huminsäurespaltung mit Pronase konnten LADD & BRISBANE nachweisen, daß mindestens ein Teil der mit 6 N Salzsäure hydrolysierbaren Aminosäuren in Form von Peptiden vorliegt. Wie LADD und Mitarb. (1968) weiter zeigen konnten, ist die Stabilität von Huminsäuren gegenüber zahlreichen proteolytischen Enzymen darauf zurückzuführen, daß diese — vermutlich ihr phenolischer Anteil — reversible und kompetitive Proteaseinhibitoren sind.

Zwischen dem Molekulargewicht der Huminstoffe und ihrem Gehalt an organisch gebundenem Stickstoff besteht ein auffälliger Zusammenhang. Ergebnisse von mehreren Arbeitsgruppen (LADD & BUTLER, MOROZOWA, PIPER & POSNER) zeigen, daß niedermolekulare Fraktionen einen geringeren Gehalt an organischem Stickstoff besitzen als Fraktionen mit höherem Molekulargewicht. Diese Tatsache weist auf eine mögliche Beteiligung des Stickstoffs an der Verknüpfung der Huminsäurebausteine hin.

Die bisher üblichen Methoden zur Charakterisierung von Huminstoffen wurden im letzten Jahrzehnt durch Elektronenspinresonanzmessung, Gaschromatographie, Massenspektrometrie, Gelfiltration und Röntgen-Kleinwinkelstreuung wesentlich erweitert. STEELINK und TOLLIN haben durch Messungen der Elektronenspinresonanz stabile freie Radikale in Huminsäuren nachgewiesen. Beim Kochen der Huminsäuren mit 6 N Salzsäure oder 4 N Natriumhydroxid bleiben die Signale erhalten und verschwinden nach Zugabe reduzierender Substanzen. Nach ATHERTON et al. lassen sich die Signale auf das Vorhandensein von Semichinon-Ion-Radikalen zurückführen. Durch Reaktion von Huminsäuren mit bestimmten Metallionen wird der Radikalgehalt herabgesetzt (KLEIST & MÜCKE). Die durch die Metalle hervorgerufene Verkleinerung des *ESR*-Signals entspricht der Stabilität der Huminsäure-Metallverbindung und nimmt in der Reihenfolge Cu → Fe → Ag → Pb ab.

Der Humifizierungsprozeß durchläuft eine Reihe radikalischer Zwischenstufen. Nach SCHEFFER & ZIECHMANN sind für das Initialstadium der Humifizierung aromatische Verbindungen oder Fragmente erforderlich, da nur diese langlebige, d. h. für die Humifizierung effektive Radikale bilden. Bei der Radikalpolymerisation werden durch das Wachstum der Teilchen zusätzliche Mesomeriemöglichkeiten geschaffen. Dadurch nimmt die Stabilität der Radikale zu, und es entsteht ein System, das trotz beträchtlicher Reaktivität einzelner Anteile hinreichende Stabilität besitzt.

Zwischen den wasser- und säurelöslichen Fulvosäuren und den mit Mineralsäuren fällbaren Huminsäuren wurden bisher keine prinzipiellen Unterschiede gefunden. Gelfiltrationsstudien zeigten, daß die Molekulargewichtsverteilung

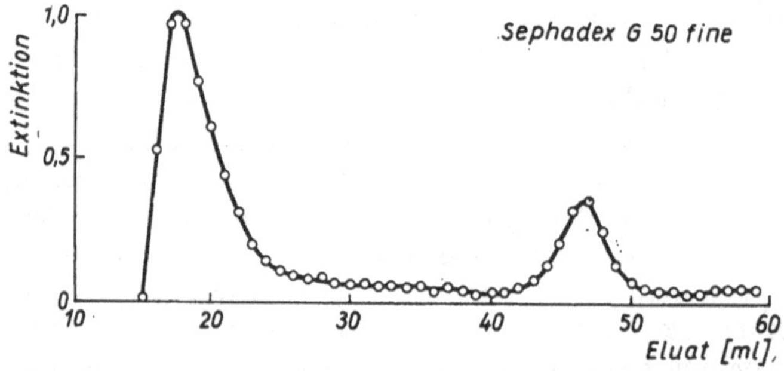

Abb. 2: Fraktionierung von Moorwasserhuminsäuren (MW-HS) an Sephadex G-50 fine. Aufgetragen wurde 0,1 ml $\triangleq$ 2 mg MW-HS auf eine Chromatographiesäule 30 × 1,5 cm. Elutionsmittel: 0,125 M Natriumphosphatpuffer pH 7,4; $V_0 = 17$ ml. Extinktionsmessung in den Eluatfraktionen bei 420 nm.

der Huminsäuren gegenüber den Fulvosäuren im Bereich höherer Werte liegt. Gjessing fand bei Huminstoffen aus natürlichen Wässern Norwegens eine höhermolekulare Fraktion mit einem Molekulargewichtsbereich zwischen 100000 und 200000 und eine zweite Fraktion mit einem Molekulargewichtsbereich unter 10000. Eigene Untersuchungen an Moorwasserhuminsäuren sind ebenfalls im Sinne einer diskontinuierlichen Molekulargewichtsverteilung zu deuten (Abb. 2). Das Maximum der ersten Fraktion lag hier bei 8000 und der Molekulargewichtsbereich zwischen 3000 und > 20000. Der Molekulargewichtsbereich der zweiten Fraktion konnte nicht exakt ermittelt werden, da bei der Gelfiltration mit der Überlagerung von Adsorptionseffekten gerechnet werden muß. Hierauf macht auch Lindqvist aufmerksam. Er sieht als die Hauptbedingung für die Fraktionierung der Huminstoffe durch Gelfiltration die Vermeidung eines Ionenstärkegradienten an. Diesen Bedingungen wurde bei der vorliegenden Trennung entsprochen.

Im Stoffkreislauf der Gewässer spielen Stoffe vom Huminsäuretyp eine bedeutende Rolle. Nach Wershaw und Mitarb. werden Humin- und Fulvosäuren in den Gewässern als Puffer, Ionenaustauscher, oberflächenaktive Agentien, Sorbentien und Chelatbildner wirksam. Außerdem sind sie Effektoren verschiedener biochemischer Reaktionen in Wasserorganismen.

Mit der Wirkung der Huminsäuren als Puffer und Ionenaustauscher hat sich besonders Ohle (1955, 1964) beschäftigt. Er stellte fest, daß die relative Anreicherung von Magnesium und Alkalien in huminsäurereichen Gewässern auf der Reaktion von Huminsäuren (*HS*) und Calciumhydrogencarbonat nach folgender Gleichung beruht:

$$HS + Ca\,(HCO_3)_2 \rightleftharpoons \text{Ca-humat} + 2\,CO_2 + 2\,H_2O.$$

Unter Bildung von schwerlöslichem Calciumhumat wird Kohlendioxid freigesetzt. Magnesium wird nicht gebunden und ist daher besser löslich als Calcium. Die Befunde von Ohle stehen in Übersteinstimmung mit der von Schnitzer & Skinner aufgestellten Stabilitätsreihe von Metallfulvosäurekomplexen, die bei pH 5,0 wie folgt aussieht:

$$Cu^{2+} > Pb^{2+} > Fe^{2+} > Ni^{2+} > Mn^{2+} = Co^{2+} > Ca^{2+} > Zn^{2+} > Mg^{2+}.$$

Auf Grund ihrer Fähigkeit, mit bestimmten Metallionen Chelatverbindungen zu bilden, sind Stoffe vom Huminsäuretyp am Transport und an der Speicherung von Metallionen im Wasser und Boden beteiligt. Zwischen der Humin- bzw. Fulvosäurekonzentration und dem Eisengehalt von Oberflächenwässern besteht in vielen daraufhin untersuchten Gewässern eine direkte Proportionalität (OHLE 1940, OBENAUS, SHAPIRO). Ergebnissen von TITOWA zufolge ist die Bindungskapzität der Fulvosäuren für Eisen(III)-ionen etwa doppelt so groß wie die der Huminsäuren. An Huminsäuren gebundenes Eisen wird auch in Gegenwart von Phosphat von der Pflanze gut verwertet (DJAKONOWA). Wie LEVESQUE & SCHNITZER gezeigt haben, reagieren Aluminium- und Eisenfulvate mit Orthophosphorsäure unter Bildung der entsprechenden Metallphosphatkomplexe. Die Pflanze vermag sowohl den Metall- als auch den Phosphatanteil der Komplexe zu nutzen.

Die Bindung von Metallionen an Huminsäuren ist jedoch auch einer der Gründe, weshalb Huminstoffe im Trinkwasser nicht erwünscht sind. Sie sind Schlepper für Eisen, Blei und andere Metalle und können aus metallischen Gebrauchsgegenständen, wie z. B. aus verzinnten Konservendosen oder aus Bleirohren (WIRTH, HECHT und GLOXHUBER), Metallionen herauslösen. Tierexperimentelle Untersuchungen (KLÖCKING 1967) ergaben eine Herabsetzung der DL_{50} gleichbedeutend mit einer Zunahme der Toxizität von Metallionen durch Bindung an Huminsäuren (Abb. 3). Die Untersuchung der bisher ungeklärten Resorptionsverhältnisse der Metallhumate ist daher von besonderer Dringlichkeit.

WERSHAW und Mitarb. gaben eindrucksvolle Beispiele für die sorptiven und löslichkeitssteigernden Eigenschaften der Huminsäuren und konnten das scheinbar anomale Verhalten von Pestiziden in natürlichen Wässern auf die Wechsel-

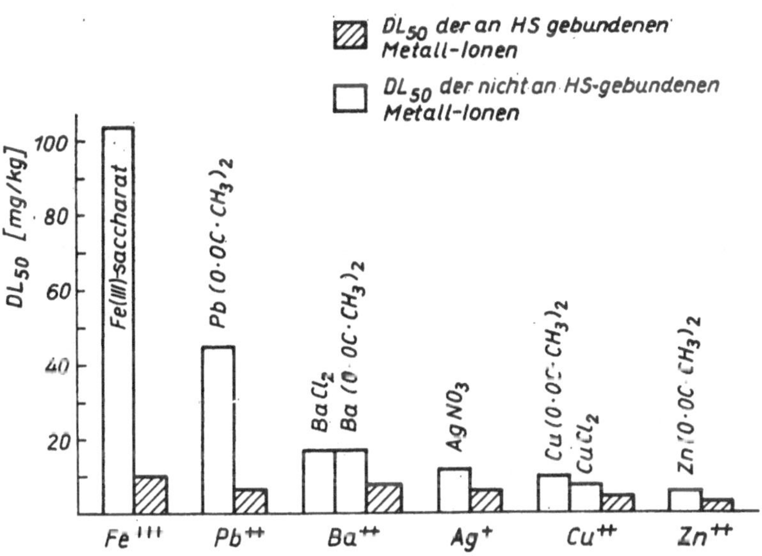

Abb. 3: DL_{50} von freien und huminsäuregebundenen Metallionen.
Versuchstiere: Mäuse, Stamm Agnes Bluhm
Applikation: intravenös

wirkungen zwischen Huminsäuren und Pestiziden zurückführen. Ihre Untersuchungen gingen auf Beobachtungen von UPCHURCH & MASON zurück, welche feststellten, daß die Phytotoxizität von Herbiziden durch die Gegenwart organischer Stoffe im Boden auf weniger als ein Hundertstel reduziert wird. WERSHAW u. Mitarb. wiesen experimentell nach, daß lösliche Pestizide, wie 2,4,5-Trichlorphenoxyessigsäure (2,4,5-T) von wasserunlöslichen Huminsäuren adsorbiert und dadurch aus dem Stoffgleichgewicht entfernt werden. Umgekehrt wird die Löslichkeit schwerlöslicher Pestizide, wie 2,2-Bis-(4-chlorphenyl)-1,1,1-trichloräthan (DDT), durch Natriumhumat infolge Erniedrigung der Oberflächenspannung des Wassers auf das zwanzig- bis hundertfache erhöht.

Vielfältig, jedoch in ihrem kausalen Zusammenhang noch wenig erschlossen, ist die Beeinflussung biochemischer Reaktionen durch Huminstoffe. Wie eingangs erwähnt, haben LADD und Mitarb. eine reversible und kompetitive Hemmung von Pronase durch Huminstoffe nachgewiesen. 2···20 μg Huminsäure/m*l* bewirkten eine 50%ige Hemmung der Enzymaktivität. Möglicherweise findet die seit altersher bekannte Erscheinung des guten Erhaltungszustandes von Moorleichen in der Hemmung des Eiweißabbaues durch Huminsäuren ihre Erklärung. Durch Bildung von „Humoproteinkomplexen" werden die Proteine in einer Bindung festgelegt, die den sonst raschen biologischen Abbau dieser Stoffe verhindert. Die Bindung von Huminsäuren an Proteine ist durch Untersuchungen von ŁOGINOW (1962) und KLÖCKING und Mitarb. (1965a, 1965b und 1967) belegt.

In Konzentrationen von 20 μg/m*l*···2 mg/m*l* bewirken Huminsäuren eine intensive Desaminierung von Aminosäuren (ŁOGINOW 1967). Im Sinne einer oxydativen Desaminierung von Aminosäuren lassen sich auch Befunde von BORNHAK deuten, welcher einen hohen Sauerstoffverbrauch bei der Reaktion von NH_4^+ oder Alanin mit Fulvosäuren fand. Die Stimulierung des Aminosäureabbaues durch Huminsäuren ist durch die in Huminstoffen vorhandenen chinoiden Gruppen zu erklären, worauf auch FLAIG hinweist.

Verschiedene Autoren beschäftigen sich mit dem Einfluß von Huminstoffen auf die Gärung von Hefezellen (DZIERBZICKI, BADURA, KLÖCKING & RASCHE). Durch manometrische Messungen in der Warburgapparatur konnten eine Erhöhung der Glykolyserate durch Ammoniumhumat und in geringerem Maße durch Natriumhumat nachgewiesen werden (Abb. 4.) Der Angriffspunkt der Huminsäuren beim Reaktionsablauf der Glykolyse ist noch nicht bekannt.

Im Sinne einer Erhöhung der Enzymaktivität werden weiterhin beeinflußt: Alkalische Phosphatase (E.C. 3.1.3.1.) (SCHEFFER und Mitarb.) und β-Fructofuranosidase (E.C. 3.2.1.26) (VAUGHAN und Mitarb.). Eine Hemmung von Enzymreaktionen durch Huminstoffe wurde bei der sauren Phosphatase (E.C. 3.1.3.2) (SCHEFFER und Mitarb.), Succinatdehydrogenase (E.E. 1.3.99.1) (WITTWER) und Hyaluronatlyase (E.C. 4.2.99.1) (FORREST und Mitarb., MATHIES & LUTZ, TAUGNER) beobachtet.

In Konzentrationen, wie sie z. B. in Moorwässern vorliegen, entfalten Huminsäuren biologische Wirkungen, die therapeutisch genutzt werden. Bekannt ist die antiphlogistische Wirkung von Huminstoffen; sie konnte durch tierexperimentelle Untersuchungen von TAUGNER und von KLÖCKING und Mitarb. 1968 tierexperimentell nachgewiesen werden. Dadurch wurden Anhaltspunkte für eine wissenschaftlich begründete Anwendung von Moor und Moorwasser in der Medizin gegeben. Weitere Untersuchungen auf diesem Gebiet würden die Chance für eine rationellere und effektivere Moorbehandlung bieten und die hohen Kosten, die Moorbäder heute noch verursachen, allmählich abbauen. Für die

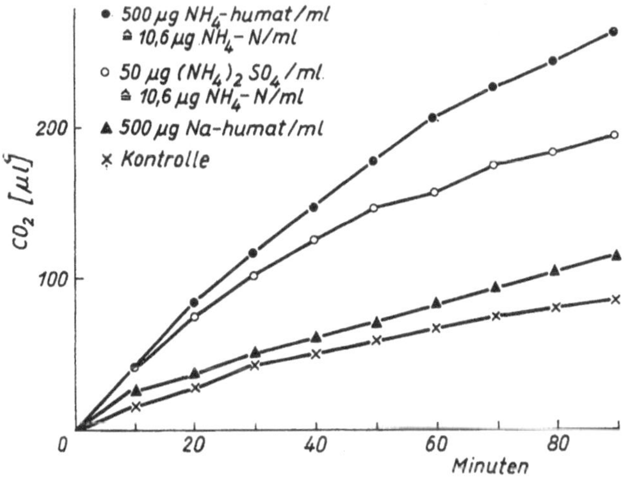

Abb. 4: Einfluß von Natrium- und Ammoniumhumat auf die aerobe Glykolyse von Hefezellen.
Versuchsmedium: Phosphatpuffer pH 4,5

antiphlogistische Wirkung der Huminstoffe ist wahrscheinlich ihr Phenolkörperanteil verantwortlich zu machen. Dihydroxybenzoesäuren, welche beim Abbau von Huminstoffen durch alkalische Druckhydrolyse erhalten werden, besitzen entzündungshemmende Eigenschaften (LIGHTOWLER & RYLANCE, WHITEHOUSE & DEAN). MATHUR & PAUL haben als Produkte des biologischen Abbaus von Huminsäuren durch Penicillium frequentans Salicylalkohol und Salicylaldehyd nachgewiesen. Salicylsäurederivate sind wirksame Antiphlogistika.

Literatur

ATHERTON, N. M., P. A. CRANWELL, A. J. FLOYD & R. D. HAWORTH: Humic acid — I. ESR Spectra of Humic acids. Tetrahedron (London) **23** (1967), 1653

BADURA, L. The mechanism of stimulation of alcoholic fermentation and multiplication of yeasts by Na humate. Acta Soc. Botan. Polon. **34** (1965), 287

BORNHAK, H.: Einbau ^{15}N-markierter Substanzen in Huminstoffe. Inaug.-Diss., Math.-Naturwiss. Fak., Karl-Marx-Univ. Leipzig, 1969

BURGES, N. A., H. M. HURST & B. WALKDEN: The phenolic constituents of humic acid and their relation to the lignin of the plant cover. (Geochim. cosmochim. Acta (London) **28** (1964), 1547

CHESHIRE, M. V., P. A. CRANWELL, C. P. FALSHAW, A.J. FLOYD & R. D. HAWORTH: Humic acid — II. Structure of Humic acids. Tetrahedron (London) **23**, (1967), 1669

DJAKONOWA, K. W.: Eisen-Humus-Komplexe und ihre Rolle in der Pflanzenernährung. Bodenkunde (UdSSR) Nr. 7 (1962), 19

DZIERZBICKI, A.,: Bull. int. Acad. polon. Sci. Lettres, Cl. Sci. math. natur. (1909) 651; zit. nach BADURA, L., 1965

FLAIG, W.: Zur Kenntnis stoffwechselaktiver Substanzen im Torf. Landbauforsch. Völkenrode **17** (1967), 17

FORREST, J., B. G. OVERELL, V. PETROW & O. STEPHENSON: Inhibition of hyaluronidase by gentisic acid and its oxidation products. J. Pharmacy Pharmacol. **4** (1952), 231

GJESSING, E. T.: Use of „Sephadex" Gel for the Estimation of Molecular Weight of Humic Substances in Natural Water. Nature (London) **208** (1965), 1091

GREENE, G. & C. STEELINK: Structure of soil humic acid II. Some copper oxide oxidation products. J. org. Chemistry **27** (1962), 170

JAKAB, T., P. DUBACH, N. C. MEHTA & H. DEUEL: Abbau von Huminstoffen II. Abbau mit Alkali. Z. Pflanzenernähr., Düng. Bodenkunde **102** (1963), 8

KLEIST, H. & D. MÜCKE: Stabile freie Radikale in Huminsäuren. Experientia (Basel) **22** (1966), 136

KLÖCKING, R.: Untersuchungen über Stoffe vom Huminsäuretyp und ihre Metallverbindungen. Habilitationsschrift, Med. Fak. Univ. Rostock, 1967

KLÖCKING, R., H. FRIEMEL & D. MÜCKE: Zur Biochemie der Huminsäuren III. Die Bindung von Huminsäuren an Serumproteine in vitro (Papierelektrophoretische Untersuchungen). Acta biol. med. german. **15** (1965a), 9

KLÖCKING, R., H. FRIEMEL & D. MÜCKE: Zur Biochemie der Huminsäuren IV. Die Bindung von Huminsäuren an Serumproteine in vitro (ein- und zweidimensionale agarelektrophoretische Untersuchungen). Acta biol. med. german. **15** (1965b) 14

KLÖCKING, R., H. FRIEMEL & D. MÜCKE: Zur Biochemie der Huminsäuren V. Die Bindung der Huminsäuren an Serumproteine in vivo (Qualitative und halbquantitative elektrophoretische Untersuchungen). Acta biol. med. german. **18** (1967), 9

KLÖCKING, R., R. HOFMANN & D. MÜCKE: Tierexperimentelle Untersuchungen zur entzündungshemmenden Wirkung von Humaten. Arzneimittel-Forsch. **18** (1968), 941

KLÖCKING, R. & R. RASCHE: Der Einfluß von Huminsäuren und ihren Metallchelatverbindungen auf Atmung und aerobe Glykolyse von Hefezellen. 4. Jahrestagung der Biochem. Gesellschaft der DDR, Rostock, 1967

LADD, N. & P. G. BRISBANE: Release of amino acids from soil humic acids by proteolytic enzymes. Austral. J. Soil Res. **5** (1967), 161

LADD, J. N., P. G. BRISBANE & J. H. A. BUTLER: The susceptibility of nitrogenous components of humic acids to enzyme attack — inhibition of pronase activity. 9th Congr. Soil Sci. Trans. **3** (1968), 319

LADD, J. N. & J. H. A. BUTLER: Comparison of some properties of soil humic acids and synthetic phenolic polymers incorporating amino derivatives. Austral. J. Soil Res. **4** (1966), 41

LEVESQUE, M. & M. SCHNITZER: Organo-metallic interactions in soils VI. Preparation and properties of fulvic acid-metal phosphates. Soil Sci. **103** (1967), 183

LIGHTOWLER, J. E. & H. J. RYLANCE: Substituted Dihydroxybenzoic acids as possible anti-inflammatory agents. J. Pharmacy Pharmacol. **15** (1963), 633

LINDQVIST, I: Adsorption Effects in Gel Filtration of Humic Acid. Acta chem. scand. **21** (1967), 2564

ŁOGINOW, W.: Untersuchungen über die Humoproteinkomplexe. Studies about Humus (Prag) 1962, 135

ŁOGINOW, W.: Influence of humic acids on the deamination of amino acids. Pamiet. Pulawski **29** (1967), 3

MATHIES, H. & D. LUTZ: Zur Hyaluronidase-hemmenden Wirksamkeit von Salicylsäure und Huminsäuren bei Applikation durch Bäder. Arzeimittel-Forsch. **10** (1960), 689

MATHUR, S. P. & E. A. PAUL: Partial characterization of soil humic acids through biodegradation. Canad. J. Microbiol. **13** (1967), 581

MOROSOWA, R. M.: Zur Frage des Gehaltes und der Formen des Stickstoffs in der organischen Substanz der karelischen Böden. Ber. Karel. Akad. Wiss. Nr. 1 (1959), 116

MUTATKER, V. K. & G. H. WAGNER: Humification of Carbon-14 Labeled Glucose in Soils of Sanborn Field. Soil Sci. Soc. America Proc. **31** (1967), 66

OBENAUS, R.: Huminsäuren natürlicher Gewässer. Quantitative Bestimmung und Charakterisierung durch ihre oxydimetrischen Eigenschaften. 2. Mitt.: Quantitative Bestimmung der Huminsäuren. Schweiz. Z. Hydrol. **26** (1964), 74

OHLE, W.: Vergleichend-chemische Erforschung der südschwedischen Braunwasserseen. Forsch. u. Fortschr. **16** (1940), 54

OHLE, W.: Ionenaustausch der Gewässersedimente. Mem. Ist. Ital. Idrobiol., Suppl. 8 (1955), 221

OHLE,W.: Kolloidkomplexe als Kationen- und Anionenaustauscher in Binnengewässern. Vom Wasser **30** (1964), 50

PIPER, T. J. & A. M. POSNER: Amino acids found in humic acid. Soil Sci. **106** (1968), 188

SCHEFFER, F., W. ZIECHMANN & W. ROCHUS: Die Beeinflussung von Phosphatase-Aktivitäten durch Huminstoffe. Naturwissenschaften **49** (1962), 157

SCHEFFER, F. & W. ZIECHMANN: Huminstoffe als Radikale. Z. Pflanzenernähr., Düng. Bodenkunde **116** (1967), 106

SCHNITZER, M. & S. I. M. SKINNER: Organo-metallic interactions in soils VII. Stability constant of Pb^{++}-, Ni^{++}-, Mn^{++}-, Co^{++}, Ca^{++}-, and Mg^{++}- fulvic acid complexes. Soil Sci. **103** (1967), 247

SHAPIRO, J.: Effect of Yellow Organic Acids in Iron and Other Metals in Water. J. Amer. Water Works Assoc. **56** (1967), 1062

STEELINK, C. & TOLLIN: Stable free Radicals in Soil humic acid. Biochim. biophysica Acta (Amsterdam) **59** (1962), 25

TAUGNER, G.: Tierexperimentelle Untersuchungen über ein Natriumhuminat-Salicylsäure-Bad. Arzneimittel-Forsch. **13** (1963), 329

TITOWA, N. A.: Eisen-Humus-Komplexe einiger Böden. Bodenkunde (UdSSR) Nr. 12 (1962), 38

UPCHURCH, R. P. & D. D. MASON: The influence of soil organic matter on the phytotoxity of herbicides. Weeds **10** (1962), 9

VAUGHAN, D., I. R. MACDONALD & J. S. D. BACON: In vitro effect of humic acid on plant tissue under aseptic conditions. Biochem J. **96** (1965), 39 P

WERSHAW, R. L. & G. E. BOHNER, Jr.: Pyrolysis of humic and fulvic acids. Geochim. cosmochim. Acta (London) **33** (1969), 757

WERSHAW, R. L., P. J. BURCAR & M. C. GOLDBERG: Interaction of Pesticides with Natural Organic Material. Environmental Sci. Technol. **3** (1969), 271

WHITEHOUSE, M. W. & P. D. G. DEAN: Biochemical properties of anti-inflammatory drugs V, Uncuploing of oxidative phosphorylation by some gamma-resorcyl and other dihydroxybenzol compounds. Biochem. Pharmacol. **14** (1965), 557

WIRTH, W., G. HECHT & Chr. GLOXHUBER: Toxikologie-Fibel, Stuttgart, 1967

WITTWER, E.: Der Einfluß von Huminsäuren auf die Aktivität einiger Fermente. Inaug.-Diss. Med. Fak. Rostock, 1963

Anschrift der Verfasserin:

Doz. Dr. habil. R. KLÖCKING, Institut für Medizinische Mikrobiologie und Epidemiologie der Medizinischen Akademie Erfurt, 50 Erfurt, Nordhäuser Str. 74, DDR

J. Witthauer

Institut für Allgemeine Hygiene der Medizinischen Akademie Erfurt

Zur Frage der Stickstoffbindung in Huminsäuren

Zusammenfassung: Die Frage der Bindungsart des Stickstoffs in Huminsäuren wird diskutiert. Gefolgert wird, daß

– die ionische Bindung als Ammoniumion eindeutig nachgewiesen worden ist, sofern die Huminsäure als Ammoniumsalz vorliegt,
– in den letzten Jahren ein Nachweis der Peptidbindung erfolgte; dieses schließt jedoch ein Gemisch von Huminsäuren und Protein nicht aus,
– für die Bindung des Stickstoffs am aromatischen Kern bzw. als Brücke zwischen aromatischen Kernen nur Schlußfolgerungen aus Modellsubstanzen gezogen wurden, jedoch noch keine aus Huminsäuren isolierte oder identifizierte Substanz vorliegt,
– vereinzelt papierchromatographische Hinweise für stickstoffhaltige Heterocyclen existieren.

Summary: The question of the kind of bonds of nitrogen in humic acid is discussed. Conclusions:

– the ionic bond as ammonium could be detected, when humic acid was present as ammonium salt,
– in the last years peptide bonds could be detected took place; this does not exclude a mixture of humic acid and protein,
– for nitrogen bonding on the aromatic nucleus or as bridge between aromatic nuclei conclusions could be drawn only from model matters; but no matter could be isolated or identified from humic acid,
– there exist single paper chromatographical references concerning nitrogen-containing heterocycles.

Резюме: Дискутируется вопрос типа связи азота в гуминовых кислотах. Заключается, что

— ионная связь как аммоний ясно доказано, если гуминовая кислота существует как соль аммония,
— в последних годах доказано пептидная связь, что однако не исключает смеси гуминовых кислот и протеина,
— для связи азота у ароматического ядра или же в качестве мостика между ароматическими ядрами заключения сделались только из модельных веществ, однако ещё не существует изолированного или отождествлённого из гуминовых кислот вещества,
— единично существуют бумажно-хроматографические указания на азотосодержащие гетероциклы.

Die Frage nach der Herkunft, der Bindung und der weiteren Umwandlung des Stickstoffs in Huminsäuren ist so alt wie die Huminstoffchemie selbst, und ihre Klärung – insbesondere die Frage der Bindungsart des Stickstoffs – ist in allen Bereichen, in denen eine Untersuchung der Huminstoffe erfolgt, von zentraler Bedeutung. In der Agrikulturchemie dient die Kenntnis der Stickstoffbindung und der stickstoffhaltigen Bestandteile in Huminstoffen der Bestimmung verwertbaren Stickstoffs im Boden und Problemen der Stickstoffdüngung und des Stickstoffkreislaufes. In der Trinkwasserhygiene bildet sie die Grundlage zur Unterscheidung von Huminsäuren und Urochromen.

Die Schwierigkeiten bei der Untersuchung der Bindungsarten des Stickstoffs ergeben sich einmal aus der großen Zahl der unterschiedlichen Isolierungs- und Reinigungsmöglichkeiten für Huminstoffe, die für einen Vergleich der Ergebnisse verschiedener Arbeitsgruppen hinderlich sind, zum anderen aus der nur beschränkten Anwendbarkeit der üblichen analytischen Methoden, da es sich bei den Huminstoffen um makromolekulare Substanzen mit heterogenen Bausteinen in heterogener Bindung handelt. So ist es wenig verwunderlich, daß nur in ganz bescheidenen Ansätzen Ergebnisse aus Untersuchungen des Gesamt-

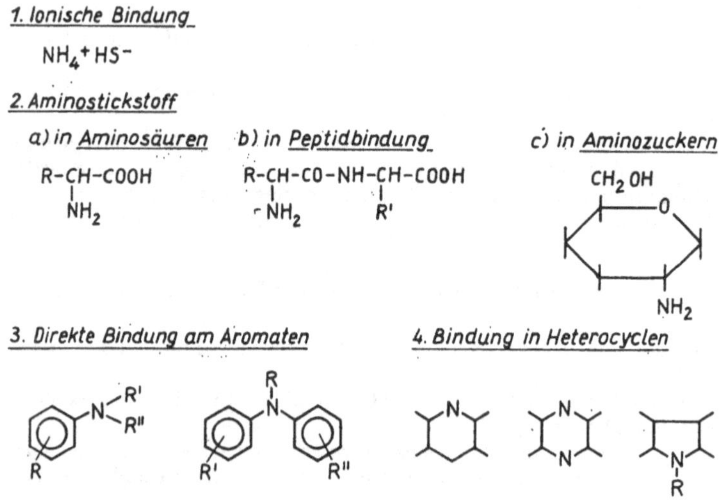

Abb. 1: Möglichkeiten der Stickstoffbindung in Huminsäuren

moleküls bekannt sind, während die meisten Aussagen über die Bindung des Stickstoffs in Huminsäuren erst durch Untersuchung der Produkte des chemischen und enzymatischen Abbaus bzw. durch Synthese von Modellsubstanzen gemacht werden können.

Heute werden hauptsächlich vier Arten der Stickstoffbindung diskutiert (Abb. 1).

1. Ionische Bindung als Ammoniumion,
2. Bindung als Aminostickstoff
   a) in Aminosäuren,
   b) als Peptidbindung und
   c) in Aminozuckern,
3. Direkte Bindung des Stickstoffs am aromatischen Kern bzw. als Brückenbindung zwischen aromatischen Kernen und
4. Stickstoff in heterocyclischer Bindung.

Diese Bindungsarten werden im folgenden an Huminsäuren erläutert, lassen sich jedoch mit gewissen Einschränkungen auch auf andere Huminstoffe übertragen. In einer Huminsäure müssen nicht alle Bindungstypen gleichzeitig vorhanden sein, z. B. fehlt die ionische Ammoniumbindung, wenn die Huminsäure in der freien Form bzw. nicht als Ammoniumsalz vorliegt.

1. Die ionische Bindung in Huminsäuren kann durch Ionenaustauscher bestimmt werden. Die Bestimmung der austauschbaren Ammoniumionen wurde mit dem Kationenaustauscher CM-Sephadex C 25 durchgeführt und die Ammoniummenge durch Stickstoffbestimmung vor und nach dem Ionenaustausch bestimmt. Sie ergab sich bei den untersuchten Moorwasserhuminsäuren zu 6,0···7,5 mg% NH_4^+. Die Differenz erklärt sich aus dem unterschiedlichen Gehalt an Carboxylgruppen, der z. T. auch durch die unterschiedliche Molekulargewichtsverteilung in den Huminsäuren hervorgerufen wird.

Die Bedeutung des Ammoniumstickstoffs liegt in der Tatsache begründet, daß er bei Oxydations-, Abbau- bzw. Synthesereaktionen chemischer oder mikrobieller Art in das Huminsäuremolekül irreversibel eingebaut werden kann (Ganz, Thiele und Kettner). Dabei wurde z. B. festgestellt, daß beim einstündigen Sieden des Natriumhumates mit Ammoniumhydroxid bei pH 8,5 eine Zunahme des organisch gebundenen Stickstoffs von 0,95 auf 1,82% erfolgte (Witthauer).

2. Durch Hydrolyse meist mit 6 N HCl in der Siedehitze wurde u. a. von Bremner (1955), Bremner und Mitarb., Okuda und Hori (1954, 1955), Pavel u. Mitarb. Syrin und Mitarb., Vodenicharov und Istatkov eine große Zahl von Aminosäuren identifiziert und in den letzten Jahren auch quantitativ bestimmt (u. a. Aurich und Mitarb., 1963, 1967, Klöcking, Lowe, Scharpenseel und Krausse, Sowden und Schnitzer, Yamashita und Akiya). Abb. 2 zeigt ein Beispiel einer quantitativen Aminosäurebestimmung, die von Klöcking an Moorwasserhuminsäuren aus einem Küstenhochmoortorf durchgeführt worden ist. Die Ergebnisse lassen keine Bevorzugung bestimmter Aminosäuren beim Einbau in das Huminsäuremolekül erkennen. Der Einbau erfolgt wahrscheinlich auf Grund des zur Verfügung stehenden Proteinmaterials. Die Bindung dieser hydrolysablen Aminosäuren ist noch nicht eindeutig geklärt. Während Atherton und Mitarb., Burges und Mitarb. und Stevenson und Mendez die vorhandenen Aminosäuren nur als Verunreinigung ansehen bzw. Murphy und Moore eine esterartige Bindung annehmen, setzt sich heute die Ansicht durch, daß die Aminosäuren in peptidartiger Bindung vorhanden sind. Ein Beweis dafür wurde auf IR-spektroskopischer Basis von Ishiwatari gegeben, der die Bande bei 1540 cm^{-1} der Amidbande II in Proteinen zuordnete, die nach Hydrolyse verschwunden ist. Ein weiterer Beweis wurde von Ladd und Brisbane angeführt, die feststellten, daß das proteolytische Enzym Pronase aus allen untersuchten Huminsäuren α-Aminosäuren in Freiheit setzt.

Der Nachweis von Peptidbindungen kann noch nicht das Argument entkräften, daß auch ein Gemisch von Huminsäuren und Proteinen vorliegen kann. Loginow hat z. B. Huminsäuren und Proteine gemischt und konnte nach Hydrolyse keine vollständige Entfernung der Proteine als Hydrolyseprodukte erreichen. Bis heute existiert keine quantitative Trennmethode zwischen Huminsäuren und Proteinen.

Ungefähr 50% des organisch gebundenen Stickstoffs finden sich in den mit 6 N HCl freigesetzten Aminosäuren, wobei dieser Wert je nach Huminsäureart in weiten Grenzen schwanken kann. In Tab. 1 sind einige elementaranalytische Daten über den Stickstoffgehalt natürlicher Huminsäuren verschiedener Provenienz vor und nach der Hydrolyse aus Arbeiten von BREMNER (1965), FLAIG und Mitarb. (1955, 1959) und ISHIWATARI zusammengestellt. Während der hydroly-

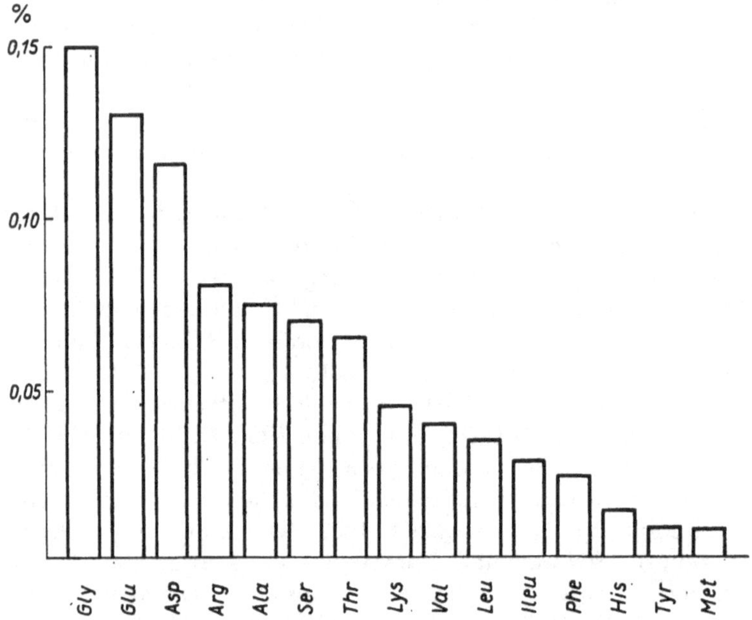

Abb. 2: Quantitative Aminosäurebestimmung in Moorwasserhuminsäuren (Ordinate: Aminosäuregehalt in Prozent der Huminsäureeinwaage)

Tabelle 1:
Stickstoffgehalt in Huminsäuren vor und nach der Hydrolyse mit 6 N HCl

Herkunft der Huminsäure	Stickstoffgehalt vor Hydrolyse in % HS.	nach Hydrolyse im Rückstand in % HS.	nach Hydrolyse im Rückstand in % Rückstand	Bemerkungen
Hildesheimer Schwarzerde	3,90	$1{,}30_{ber.}$	2,00	*a*) NaOH-Extr. (0,3%) *b*) 24 h, 115°C
Fen Soil (Burwell)	2,68	$1{,}31_{ber.}$	–	*a*) NaOH-Extr. (0,5 N) *b*) 18 h, 105°C
Fen Soil (Burwell)	1,75	$1{,}10_{ber.}$	–	*a*) $Na_4P_2O_7$-Extr. (0,1 M) *b*) 18 h, 105°C
Strohrotte				
nach 260 d	3,44	$0{,}51_{ber.}$	0,95	*a*) Heißwasserextr.
nach 340 d	2,94	$0{,}51_{ber.}$	0,96	*b*) 16 h, Rückfluß
Boden vom Harunasee (Jap.)	5,08	$1{,}10_{ber.}$	1,70	*a*) NaOH-Extr. (0,1N) *b*) 7 h, Rückfluß

a) Extraktionsbedingungen; b) Hydrolysebedingungen

sable Stickstoff von Huminsäuren recht genau untersucht wurde, ist über die Bindungsart des hydrolysebeständigen Reststickstoffs weitaus weniger bekannt. Zwei hauptsächliche Theorien werden für seine Bindung angegeben. Einmal ist eine Bindung des Stickstoffs direkt am aromatischen Kern und eine Bindung des Stickstoffs als Brücke zwischen mehreren aromatischen Kernen und zum anderen eine Bindung des Stickstoffs in Heterocyclen denkbar.

3. Für die zuerst angeführte Bindungsart finden sich folgende Hinweise:

a) N-Arylaminosäuren werden mit 6 N HCl nicht gespalten.

b) Bei der Herstellung von Huminsäuremodellsubstanzen in Gegenwart von Peptiden stellten sowohl HAIDER und Mitarb. als auch LADD und BUTLER fest, daß hauptsächlich nur die peptidartig gebundene Aminosäure nach Hydrolyse aus dem Makromolekül in Freiheit gesetzt wird, während die N-terminale Aminosäure fest in das Huminsäuremodellmolekül eingebaut wird.

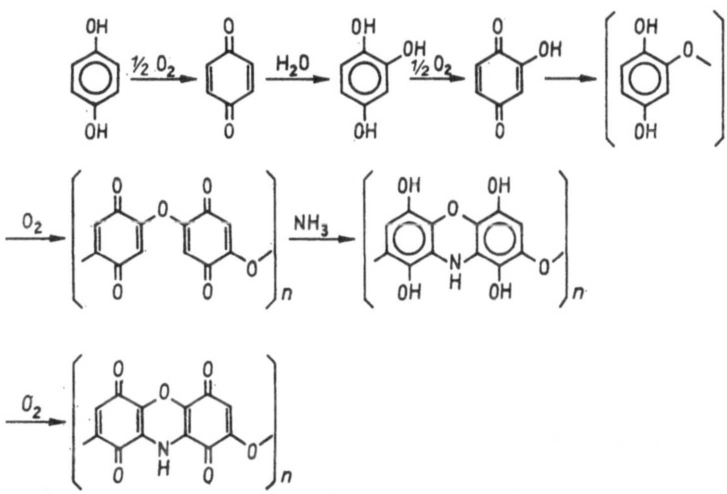

Abb. 3: Möglichkeit des Reaktionsablaufs bei der Synthese von Huminsäuremodellsubstanzen mit Stickstoffheterocyclenbindung

c) Bei der Verrottung bzw. bei dem Metabolismus im tierischen Organismus von ligninhaltigen Substanzen in Gegenwart von stickstoffhaltigen Produkten geht eine Abnahme des Methoxylgehalts mit einer Zunahme des Stickstoffgehaltes einher (FLAIG und Mitarb., 1959, LENZ und SCHÜRCH). Dies wird mit einer Demethylierung der das Ligninmolekül aufbauenden Phenoläther, Oxydation des entstandenen Dihydroxybenzols und anschließendem Einbau der vorhandenen stickstoffhaltigen Substanz erklärt.
Bis heute konnten jedoch keine Aromaten mit Stickstoff in direkter Bindung in der Seitenkette natürlicher Huminsäuren nachgewiesen werden.

4. Die zweite Theorie nimmt die Bildung von Stickstoffheterocyclen an. Die Oxydation von Hydrochinon in ammoniakalischem Medium (pH 10) führt zu einer makromolekularen Substanz, für die FLAIG eine heterocyclische Bindung annimmt (Abb. 3). Außerdem wurden Versuche unternommen, die Heterocyclen auch in Huminsäuren nachzuweisen. So konnten papierchromatographische Hinweise auf Indole und Pyrrole bzw. ihre Derivate gewonnen werden, nachdem

man den säurehydrolysebeständigen ninhydrinnegativen Rückstand der natürlichen Huminsäure einer Alkalischmelze unterworfen hatte (FLAIG und BREYHAN, 1956, FLAIG und Mitarb. 1959, SCHARPENSEEL).

Literatur

ATHERTON, N. M., P. A. CRANWELL. A. J. FLOYD und R. D. HAWORTH: Humic acid — I. ESR — spectra of humic acids Tetrahedron (London) **23** (1967), 1653

AURICH, H., R. HOFMANN. R. KLÖCKING und D. MÜCKE: Stoffe vom Huminsäuretyp in Röstkaffee—Extrakten— II. Aminosäuregehalt von Kaffee-Huminsäuren Z. Lebensmittel-Unters. u. Forsch. **135** (1967), 59

AURICH, H., D. MÜCKE und R. OBENAUS: Zur Biochemie der Huminsäuren — II. Die Aminosäuren der wasserunlöslichen und wasserlöslichen Huminsäuren aus Cephalasporium gordoni. Acta biol. med. german. **11** (1963), 311

BREMNER, J. M.: Studies on soil humic acids I — The chemical nature of humic nitrogen J. agric. Sci. **46** (1955), 247

BREMNER, J. M.: Nitrogen distribution and amino-acid composition of fractions of a humic acid from a chernozem soil („Hildesheimer Schwarzerde"). Z. Pflanzenernähr., Düng., Bodenkunde **71** (1955), 63

BREMNER, J. M., W. FLAIG und E. KÜSTER: Zur Kenntnis der Huminsäuren — IX Der Gehalt an Aminosäuren in Streptomyceten — Huminsäuren. Z. Pflanzenernähr., Düng., Bodenkunde **71** (1955), 58

BURGES, N. A., H. M. HURST und B. WALKDEN: The phenolic constituents of humic acid and their relation to the lignin of the plant cover. Geochim. cosmochim. Acta (London) **28** (1964), 1547

FLAIG, W.: Zur Kenntnis der Huminsäuren — I. Zur chemischen Konstitution d. Huminsäuren Z. Pflanzenernähr., Düng., Bodenkunde **51** (1950), 193

FLAIG, W. und Th. BREYHAN: Über das Vorkommen von Indolverbindungen in Schwarzerde Huminsäuren Z. Pflanzenernähr., Düng., Bodenkunde **75** (1956), 132

FLAIG, W., F. SCHEFFER und B. KLAMROTH: Zur Kenntnis der Huminsäuren — VIII. Zur Charakterisierung der Huminsäuren des Bodens Z. Pflanzenernähr.,Düng., Bodenkunde **71** (1955), 33

FLAIG, W., U. SCHOBINGER und H. DEUEL: Umwandlung von Lignin in Huminsäuren bei der Verrottung von Weizenstroh. Chem. Ber. **92** (1959), 1973

GANZ, E.: Contribution a l'etude de la structure des acides humiques naturels. Ann. Chimie **19** (1944) 202

HAIDER, K., L. R. FREDERICK und W. FLAIG: Reactions between amino acid compounds and phenols during oxidation Plant and Soil (The Hague) **22** (1965), 49

ISHIWATARI, R.: Infrared absorption band at 1540 cm^{-1} of humic acid from a recent lake sediment. Geochem. J. (Nagoya) **1**, (1967), 61

KLÖCKING, R.: Untersuchungen über Stoffe vom Huminsäuretyp und ihre Metallverbindungen. Habil.-Schrift, Med.-Fak. Univ. Rostock (1967)

LADD, J. N. und P. G. BRISBANE: Release of amino acids from soil Humic acids by proteolytic enzymes. Austral. J. Soil Res. **5** (1967), 161

LADD, J. N. und J. H. A. BUTLER: Comparison of some properties of soil humic acids and synthetic phenolic polymers incorporating amino derivatives Austral. J. Soil Res. **4** (1966), 41

LENZ, F. J. und A. SCHÜRCH: Über das Verhalten von Lignin im Verdauungstrakt des Kaninchens Z. Tierphysiol. Tierernähr., Futtermittelkunde **22** (1967), 236

LOGINOW, W.: Hydrolysis of humic acids and of their complexes with proteins. Roczniki Nauk rolinczych Ser. A **89** (1964), 411

LOWE, L. E.: Distribution and properties of organic fractions in selected Alberta soils. Canad. J. Soil Sci. **49** (1969), 129

MURPHY, D. und A. W. MOORE: A possible structural basis of natural humic acid. Sci. Proc. Roy. Dublin Soc., Ser. A, (1960), 191

OKUDA, A. und S. HORI: II. 1. Chromatographic investigation of amino acids in humic acid and alkaline alcohol lignin. Trans. 5.th Int. Congr. Soil Sci. **2** (1954), 255

OKUDA, A. H. und S. HORI: Identification of amino acids in humic acid. Soil Plant Food (Tokyo) **1** (1955), 39

PAVEL, L., J. KOLOUŠEK und V. ŠMATLAK: Studies on the soil humusproblem — II. Amino-acid composition of the hydrolysates of humic acids in different soil types. Sbornik českoslov. Akad. Zemědèlske Ser. A. **27** (1954), 207

SCHARPENSEEL, H. W.: Papierchromatographische Untersuchungen an Humussubstanzen sowie Huminsäureaufschlüssen und Modellsubstanzen. Z. Pflanzenernähr., Düng., Bodenkunde **88** (1960), 97

SCHARPENSEEL, H. W. und R. KRAUSSE: Aminosäureuntersuchungen an verschiedenen organischen Sedimenten, besonders Grau- und Braunhuminsäurefraktionen verschiedener Bodentypen (einschließlich C^{14} markierter Huminsäuren). Z. Pflanzenernähr., Düng., Bodenkunde **96** (1962), 11

SOWDEN, F. J. und M. SCHNITZER: Nitrogen distribution in illuvial organic matter. Canad. J. Soil Sci. **47** (1967), 111

STEVENSON, F. J. und J. MENDEZ: Reductive cleavage products of soil humic acids. Soil Sci. **103** (1967), 383

SYRIN, N. G., M. F. OWTSCHINNIKOWA und D. S. ORLOW: Aminosäuren in Humin- und Fulvosäuren einiger Bodentypen Agrochimiya (1964), 4, 108

THIELE, H. und H. KETTNER: Über Huminsäuren. Kolloid Z. **130** (1953), 131

VODENICHAROW, J. und S. ISTATKOV: Properties and amino composition of the humic acids of certain bulgarian soils. Rastenievudni Nauki (Sofia) (Plant Growing) **1** (1964), 8, 81

WITTHAUER, J.: unveröffentlicht

YAMASHITA, T. und T. AKIYA: Studies on nitrogenous compostition of the humus in tabacco plant cultivated soils. Soil Sci Plant Nutr. (Tokyo) **12** (1966) 115

Anschrift des Verfassers:

Diplomchemiker J. WITTHAUER, 50 Erfurt, Dresdener Straße 2, DDR

H.-P. SCHAU

Bezirkshygieneinstitut, Erfurt

Der Einfluß von Humaten auf Keimung und Thermoresistenz von Bacillensporen

Das vegetative Wachstum von *Bacillus cerens* wurde von Natrium-, Ammonium- und Eisenhumat nicht gehemmt. Beim Ammoniumhumat trat lediglich eine geringe Verzögerung ein. Stark bakterizid wirkte dagegen Silberhumat, jedoch wird die Wirkung dem Silber zugeschrieben. Auch die Sporenkeimung und die Bildung hitzeresistenter Sporen werden durch die genannten Humate nicht oder nicht wesentlich gehemmt.

Anschrift des Verfassers:

H. P. SCHAU, 50 Erfurt, Nordhäuserstr. 74, Bezirkshygieneinstitut, DDR

I. NOELLER und R. KLÖCKING

Institut für Allgemeine Hygiene der Medizinischen Akademie Erfurt

Testung der antimikrobiellen Wirkung von Humaten

Zusammenfassung: Der bakteriostatische Effekt von Silber und Kupfer auf *Escherichia coli, Bacillus subtilis* und *Staphylococcus aureus* wird durch die Verbindung dieser Stoffe mit Huminsäuren deutlich gemindert.

Summary: The bacteriostatic effect of silver and copper on *Escherichia coli, Bacillus subtilis* and *Staphylococcus aureus* is clearly diminished by the compounding of these matters with humic acid.

Резюме: Бактериостатический эффект серебра и меди на *Escherichia coli, Bacillus subtilis* и *Staphylococcus aureus* ясно уменьшается из-за образующихся соединений этих веществ с гуминовыми кислотами.

Zwischen den Stoffen vom Huminsäuretyp und zahlreichen Mikroorganismen bestehen vielfältige Wechselwirkungen. Huminsäuren (HS) oder HS-ähnliche Substanzen wurden als Stoffwechselprodukte verschiedener Bakterien (HARDISSON und POCHON; HARDISSON und ROBERT-GERO), Aktinomyceten (FLAIG und Mitarb.; SCHEFFER und Mitarb.) und Pilze (LAATSCH und Mitarb.; MÜCKE und Mitarb.; MARTIN und Mitarb.) nachgewiesen. Einige Mikroorganismen sind in der Lage, HS (HURST und Mitarb.; MISHUSTIN und NIKITIN; VOLKOVA) oder Fulvosäuren (MATHUR) zu niedermolekularen Verbindungen abzubauen. Dabei ist auffällig, daß 1 %ige Fulvosäurelösungen bereits zu einer totalen Hemmung von *Poria subacida* 17780 führen, während niedrigere Konzentrationen vom gleichen Pilzstamm abgebaut werden (MATHUR). Einen antibakteriellen Effekt von Torf gegenüber *Escherichia coli* hat ALFODY nachgewiesen. HS-freier Torf war ohne Wirkung auf *Escherichia coli*. PIKOVSKAYA beobachtete am Kaninchen einen chemotherapeutischen Effekt von Fulvosäuren (8…23 mg/kg) gegenüber *Staphylococcus aureus*. Weitaus zahlreicher sind Befunde über einen stimulierenden Effekt von Huminstoffen bei Mikroorganismen (BADURA; BURK und Mitarb.; KLÖCKING und RASCHE; KUDRINA; MYŚKÓW; TOHVER). Unter ihnen verdienen jene besondere Aufmerksamkeit, bei denen eine Wirkung von Huminstoffen auf physiologische Effekte von Metallionen beobachtet wurde. BADURA untersuchte die Wirkung von Natriumhumat in Gegenwart von Kupfer (II)-Ionen auf Hefezellen und spricht von einem antitoxischen Effekt. KLÖCKING und RASCHE haben in Kurzzeitversuchen eine Steigerung der aeroben Glykolyse und eine Abschwachung der toxischen Wirkung von Kupfer(II)-Ionen mit der manometrischen Technik nach Warburg bei *Saccharomyces cerevisiae* festgestellt.

Aufgabe der vorliegenden Arbeit war es, den Einfluß von Ammonium- und Kupferhumat auf das Wachstum von *Bacillus subtilis, Staphylococcus aureus* und *Escherichia coli* mit einer Beobachtungszeit von 24···48 h zu prüfen und mit der Wirkung eines anorganischen Kufpersalzes zu vergleichen.

Methodik

Die aus einem Küstenhochmoor als Ammoniumsalze isolierten wasserlöslichen Huminsäuren wurden durch Zugabe von Kupfernitrat in Kupferhumat überführt. Durch Lösen des Humates in 0,05 M Natriumphosphatpuffer pH 7,4 und anschließende Gelfiltration über Sephadex G-25 wurde eine im physiologischen pH-Bereich lösliche Fraktion gewonnen. Aus 15,8 g Ammoniumhumat wurden 4,5 g Kupferhumat hergestellt. Der nach der Methode von SCHARRER und SCHAUMLÖFFEL bestimmte Metallgehalt betrug 12,2 mg Cu^{2+}/100 mg Kupferhumat. Der Ammomiumgehalt der Humate wurde nach Destillation durch Titrieren mit 0,01 N Schwefelsäure bestimmt. Er betrug 6,4 mg NH^{4+}/100 mg Ammoniumhumat. Die Testsubstanzen wurden in verschiedenen Konzentrationen einer Nährbouillon (*NB*) zugesetzt und jeweils 5 m*l* dieses Nährmediums mit 0,05 m*l* einer ca. $6 \cdot 10^7$ Keimen/m*l* enthaltenden physiologischen Kochsalzlösung beimpft. Die Bebrütung erfolgte bei 37 °C. Das Wachstum der Bakterien wurde nach 24 und 48 h visuell kontrolliert und eine Trübung des Nährmediums als positiv gewertet. In Parallelversuchen wurde der *NB* Kupfer als Kupfer(II)-Chlorid zugegeben. Der Einfluß von Ammoniumionen auf das Bakterienwachstum wurde mit Ammoniumhydrogenphosphat untersucht.

Ergebnisse

Die Testung von Ammoniumhumat an *Bacillus subtilis* und *Staphylococcus aureus* ergab vollständige Hemmung des Bakterienwachstums bei einer Konzentration von 10 mg HS/*ml* Nährmedium. Ein antimikrobieller Effekt der in Ammoniumhumat enthaltenen Ammonium-Ionen konnte durch Testung von Ammoniumdihydrogenphosphat mit gleichem Ammoniumgehalt ausgeschlossen werden. Bei der gleichen HS-Konzentration wurde für *Escherichia coli* keine antibakterielle Wirkung gefunden.

Die bei der Testung von Kupferhumat und Kupfer(II)-chlorid erhaltenen Ergebnisse sind aus Tab. 1 ersichtlich.

Tabelle 1
Einfluß von Huminsäuren auf den antibakteriellen Effekt von Cu^{2+}-Ionen gegenüber Escherichia coli, Bacillus subtilis und Staphylococcus aureus.

	Cu(II)-humat		$CuCl_2$
	g Cu (II)-humat/ ml *NB*	g Cu/m*l* *NB*	g Cu/m*l* *NB*
Escherichia coli	1:133	1:1092	1:8130
Bacillus subtilis	1:1000	1:8196	1:32260
Staphylococcus aureus	1:1000	1:8196	1:32260

Die untersuchten Bakterienstämme besitzen eine unterschiedliche Kupferempfindlichkeit. Unabhängig davon wird der antimikrobielle Effekt des Kupfer-(II) durch Huminsäuren herabgesetzt. Die relative Toxizität des Kupfer(II) als Kupfer(II)-humat im Vergleich zu Kupfer(II)-Chlorid beträgt bei Escherichia coli 13,5%, bei *Bacillus subtilis* und *Staphylococcus aureus* 25,4%. Die Ergebnisse berechtigen dazu, von einer entgiftenden Wirkung des Ammoniumhumates gegenüber Kupfer(II)-Ionen zu sprechen. Dieser Effekt stimmt überein mit den an Hefezellen erhobenen Befunden. Im Gegensatz dazu wird im tierischen Organismus die Toxizität von Kupfer(II)-Ionen und anderen Metallionen durch Bindung an Huminsäuren erhöht (Klöcking).

Die Herabsetzung der antimikrobiellen Wirkung von Metallionen durch Huminsäuren zeigt eine Möglichkeit, durch Stoffe vom Huminsäuretyp biologische Vorgänge zu beeinflussen.

Literatur

Alfody, Z.: The disinfecting effect of peat Nepegészsegügy **30** (1949), 452

Badura, L.: The mechanism of stimulation of alcoholic fermentation and multiplication of yeasts by Na-humate. Acta Soc. Botan. Polon. **34** (1965), 287

Burk, D., H. Lineweaver und C. K. Horner: The physiological nature of humic acid stimulation of Azotobacter growth. Soil Sci. **33** (1932), 455

Flaig, W., E. Küster, G. Segler-Holzweissig und H. Beutelspacher: Über die Bildung von huminsäureähnlichen Stoffen aus Streptomyceten-Kulturen. Z. Pflanzenernähr., Düng. Bodenkunde **57** (1952), 42

Hardisson, C. und J. Pochon: Synthesis of para-humic substances by Azotobacter chroococcum. I. Conditions for culture and extraction of the substance. Ann. Inst. Pasteur **111** (1966), 66

Hardisson, C. und M. Robert-Gero: Synthesis of para-humic substances by Azotobacter chroococcum. II. Comparative chemical study with soil humic extracts. Ann. Inst. Pasteur **111** (1966), 486

Hurst, H. M., A. Burges und P. Latter: The biochemistry of humic acid decomposition by fungi. Phytochemistry **1** (1962), 227

Klöcking, R.: Untersuchungen über Stoffe vom Huminsäuretyp und ihre Metallverbindungen. Habil.-Schrift, Med. Fak. Rostock 1967

Klöcking, R. und R. Rasche: Der Einfluß von Huminsäuren und ihren Metallchelatverbindungen auf Atmung und aerobe Glykolyse von Hefezellen Vortrag. IV. Jahrestagung der Biochemischen Gesellschaft der DDR, Rostock, 1967

Kudrina, J. S.: Einfluß der Huminsäuren auf einige Gruppen von Mikroorganismen des Bodens. Arbeiten aus dem Dokutschajew-Inst. f. Bodenkunde **38** (1951)

Laatsch, W., L. Hoops und O. Bieneck: Über Huminsäuren des Pilzes Spicaria elegans Z. Pflanzenernähr., Düng. Bodenkunde **58** (1952), 258

Martin, J. P., S. J. Richards und K. Haider: Properties and decomposition and binding action in soil of „humic acid" synthesized by Epicoccum nigrum. Soil Sci. Soc. Amer. Proc. **31** (1967), 657

Mathur, S. P.: Microbial use of podzol Bh fulvic acids. Canad. J. Microbiol. **15** (1969), 677

Mishustin, E. N. und D. J. Nikitin: Susceptibility of humic acids to soil microflora Mikrobiologiya **30** (1961), 841

Mücke, D., R. Obenaus und L. Kipke: Isolierung der Huminsäure von Cephalosporium gordoni. Acta biol. med. german. **3** (1959), 221

Myśków, W.: Influence of humic acids on the development of Torulopsis utilis. Pamiet. Pulawski **24** (1967), 299

PIKOVSKAYA, R. I.: Secretion of antimicrobial substances of a humuslike nature from soil. Izv. Akad. Nauk SSSR, Ser. Biol. **30** (1965), 131. Zit. nach: Chem. Abstracts **62** (1965), 11025 cld

SCHARRER, K. und E. SCHAUMLÖFFEL: Z. Pflanzenernährung, Düng. Bodenkunde **87** (1959), 1

SCHEFFER, F., O. v. PLOTHO und E. WELTE: Untersuchungen über die Bildung von Humusstoffen durch Actinomycete. Landw. Forsch., **1** (1949), 81

TOHVER, V.: Stimulation of vital function of certain bacteria by humic acids. Eesti NSV Teaduste Akad. Toimetised. Biol. Ser. **14** (1965), 247

VOLKOVA, L. P.: The decomposition of humic acid by microorganisms. Izvest. Akad. Nauk SSSR. Ser. Biol. **26** (1961), 101. Zit. nach: Chem. Abstracts **56** (1962), 1833 d

Anschrift der Verfasser:

Doz. Dr. rer. nat. habil. R. KLÖCKING und J. NOELLER, Institut für Allgemeine Hygiene der Medizinischen Akademie Erfurt, 50 Erfurt, Gustav-Freytag-Str. 2, DDR

E. Heinisch

Biologische Zentralanstalt Berlin in Kleinmachnow der Deutschen Akademie der Landwirtschaftswissenschaften zu Berlin

Zur Kontamination von Gewässern mit Bioziden

Zusammenfassung: In einer gedrängten Literaturübersicht wird über die prinzipiellen Möglichkeiten zur Kontamination von Gewässern mit Bioziden berichtet. Hierbei spielen die additiven Applikationen von Herbiziden, Insektiziden, Algiziden und Molluskiziden, die den Gewässern gezielt aus ökonomischen oder hygienischen Gründen verabfolgt werden, eine größere Rolle als die eigentlich kontaminierenden Biozide, die hauptsächlich bei den persistenten Chlorkohlenwasserstoffinsektiziden zu suchen sind. Die letztere Körperklasse verliert in zunehmendem Maße an Bedeutung und dürfte in den nächsten fünf Jahren auf dem Markt nur mehr in unbedeutenden Restmengen vorhanden sein. Durch eigene Untersuchungen wird das unter ungünstigen Voraussetzungen besonders gute Penetrationsvermögen von DDT und Lindan, aber auch von einigen Herbiziden in tiefere Bodenschichten belegt, das besonders im Hinblick auf potentielle Grundwasserkontamination von Interesse sein dürfte.

Summary: In a review there is given a report about principle possibilities of the contamination of water by biocides. Here the additive applications of herbicides, insecticides, algaeides and molluscicides, selectively used in waters for economical or hygienic reasons, are of greater importance than the real contaminating biocides, which are mainly to be found among the persistent chlorohydrocarbon insecticides. The last substances are increasingly losing and importance and in the next five years only insignificant leavings will be still available on the market. By own investigations the especially good penetration ability of DDT and Lindan and also of some herbicides under unfavourable conditions into deeper layers of soil is shown. This should be important especially with regard to potential groundwater contamination.

Резюме: В виде сжатого литературного обзора сообщается о принципиальных возможностях контаминации вод с биоцидами. При этом аддитивные аппликации гербицидов, инсектицидов, альгицидов, моллюскицидов, прибавляемые водам из экономических или гигиенических причин, играют бо́льшую роль, чем собственно контаминирующие биоциды, встречающиеся главным образом у устойчивых инсектицидов из хлорпроизводных углеводородов. Последние теряют в возрастающей мере в значении и наверное в следующих пяти годах существуют на рынке только в незначительных остатках. При самых неблагоприятных условиях особенно хорошая способность пенетрации ДДТ и Линдана, но и некоторых гербицидов в более глубоких почвенных слоях, представляющая интерес особенно ввиду потенциальной контаминации грунтовых вод, подтверждается исследованиями автора.

Einleitung

Die Konzentration des Anbaues und der Tierhaltung, also die Einführung industriemäßiger Methoden in der Landwirtschaft, hat einen kontinuierlichen Anstieg chemischer Hilfsmittel zur Folge. Gleichzeitig wird auch eine lokale Konzentration zahlreicher Neben- und Abfallprodukte deutlich. Diese Erscheinungen führen dazu, daß die Landwirtschaft in den letzten Jahren neben der Industrie und der Energiegewinung einer der Hauptverschmutzer der Oberflächengewässer und vielleicht auch des Grundwassers wurde. Dies gilt in hervorragendem Maße für eine Reihe von Neben- und Abfallprodukten wie Gülle, Stallmist, Silosickersaft, Auswaschungen von Mineraldüngern u. a. m., die sowohl die Zusammensetzung des Grundwassers beeinflussen als auch die Hauptmenge der für die Eutrophierung der Seen und Talsperren verantwortlichen Nährstoffe Stickstoff und Phosphor liefern (HEDLICH).

In der vorliegenden Arbeit soll vor allem eine Gruppe von Agrochemikalien behandelt werden, die zwar mengenmäßig nicht die Rolle spielt wie z. B. die Mineraldünger, dafür aber vor allem aus hygienisch-toxikologischen Gründen sowie in bezug auf eine mögliche Beeinflussung bestimmter Ökosysteme von Bedeutung ist, nämlich die Pflanzenschutz- und Schädlingsbekämpfungsmittel, die hier als Biozide bezeichnet werden. Die Kontamination der Gewässer mit Bioziden und die sich hieraus ergebenden Folgeprobleme sind in den vergangenen zehn Jahren Gegenstand zahlreicher Publikationen gewesen, nachdem zunächst Pflanzenschutzmittelrückstände in pflanzlichem Erntegut, in tierischen Geweben und im Boden mehr im Vordergrund des einschlägigen Schrifttums standen. Die letzten besonders alarmierenden Arbeiten über den ubiquitären Charakter der chlorierten Kohlenwasserstoffe und deren Folgewirkungen, auch auf die tierischen und pflanzlichen Organismen des Wassers, haben gewiß sehr wesentlich dazu beigetragen, daß diese chemische Körperklasse in ihrer Bedeutung stark abnimmt, daß ihr Einsatz in zahlreichen Anwendungsbereichen des chemischen Pflanzenschutzes, der Schädlingsbekämpfung, der Veterinär- und Humanhygiene u. a. m. ausläuft und zum Teil sogar verboten wird und daß sich sogar einige Länder wie z. B. die VR Ungarn und Schweden zu einem mehr oder weniger generellen Einsatzverbot für das DDT, den wichtigsten Vertreter dieser Körperklasse, entschlossen haben.

Zu diesen Publikationen gehören z. B. die Analysenergebnisse über den Gehalt an DDT von Heringen und Dorschen in der Ostsee.

Hierbei wurde festgestellt, daß diese Fische ca. zehnmal höher kontaminiert waren, als entsprechende Exemplare aus der Nordsee. Die DDT-Gehalte variieren von 4···37 ppm und lagen im Durchschnitt bei 18 ppm DDT. Diese Erscheinungen, die in der Schwedischen Tagespresse (Dagens Nyheter vom 1. 3. 1969) Aufsehen erregten, blieben gewiß nicht ohne Einfluß auf die Verbotsentscheidung in Schweden.

Zuvor wurde in zahlreichen Untersuchungen über die Erscheinung berichtet, daß auch Gewässer – und deren Bewohner – mit Chlorkohlenwasserstoffen kontaminiert waren, die viele Tausende von Kilometern von den Einsatzgebieten dieser Insektizide entfernt lagen. So fanden GEORGE und FREAR bei einer Untersuchung von vierzehn adulten Leptonychotes weddelli aus der Antarktis im Fett von vier Tieren 0,04···14 ppm DDT. Von drei untersuchten Fisch-Spezies (Trematomus bernacchii, Trematomus hansoni und Rhigophila dearborni), von denen jeweils ein bis zehn Exemplare in 500 m Tiefe in der Ross-See gefangen wurden, enthielt eines 0,44 ppm DDT. Große Beachtung fanden die Arbeiten über zahlreiche Spezies von Vögeln, die sich hauptsächlich von Fischen ernähren und bei denen Rückgänge in der Produktivität beobachtet werden mußten. In einer der letzten Arbeiten zu diesem Thema entdeckten WURSTER und WINGATE in den Eiern und Kücken des Sturmvogels Pterodroma cahow auf den Bermudas im Durchschnitt 6,44 ppm DDT. Die Fortpflanzungsrate dieses Vogels nahm in den letzten zehn Jahren kontinuierlich um ca. 2% je Jahr ab.

Daß das Zooplankton gegenüber Chlorkohlenwasserstoffinsektiziden sehr empfindlich ist, war zu erwarten. Nahezu spektakulär sind aber die Beobachtungen von WURSTER, wonach bereits geringste Konzentrationen des Meerwassers an DDT in ppb-Bereichen in der Lage sind, die Photosynthese bei verschiedenen Algen sowie bei Küsten- und Meeresplankton zu reduzieren. Die Bedeutung dieser Erscheinung liegt vor allem darin, daß ein wesentlicher Teil der Photosynthese der belebten Welt über Phytoplankton erfolgt und die Nährstoffkette der Biospäre auf diese Weise prinzipiell gestört werden kann. Der Autor schließt nicht aus, daß diese Erscheinungen geeignet sind, das Auftreten von Algenepidemien innerhalb definierter Wasserbereiche zu erklären. So wichtig die zuletzt zitierten Arbeiten auch sind, erscheint es doch nicht unbedingt erforderlich, dieses Thema fortzusetzen, da die mengenmäßige Bedeutung der Chlorkohlenwasserstoffinsektizide stark im Abnehmen begriffen ist. So sank die Produktion an DDT-Wirkstoff in den Vereinigten Staaten von 1962, als mit 188 Mio lbs. die Maximalproduktion verzeichnet wurde, auf 103 Mio lbs. im Jahre 1967. Noch deutlicher wird die abnehmende Tendenz in dem DDT-Verbrauch in den Vereinigten Staaten gespiegelt. Während im Erntejahr 1958/59 noch ca. 79 Mio lbs. verbraucht wurden (Maximum), lag der Verbrauch 1966/67 bei ca. 40 Mio lbs. und dürfte 1968/69 nochmals halbiert worden sein (FREAR).

Im folgenden sollen daher die gegenwärtig wichtigsten Quellen von Kontaminationen der Gewässer mit Bioziden analysiert werden. Pflanzenschutz- und Schädlingsbekämpfungsmittel können gezielt oder unbeabsichtigt auf folgenden Wegen in Gewässer gelangen.

A) Beabsichtigte Applikation bei der
- Bekämpfung unerwünschten Pflanzenwachstums, hauptsächlich mit Herbiziden
- Bekämpfung von Hygieneschädlingen und Seuchenüberträgern mit Insektiziden
- Beseitigung von Nebenfischen mit einigen Spezialpräparaten (hauptsächlich Insektizide)
- Bekämpfung phytopathogener Mykosen und Bakteriosen an landwirtschaftlichen und
- gärtnerischen Hydrokulturen (Reis, Gurken)
- Bekämpfung der Zwischenwirte von Drehwürmern, also von Süßwasserschnecken mit Molluskiziden

B) Unbeabsichtigte Mitbehandlung oder fahrlässige Verschmutzung durch
- Abdriften (hauptsächlich bei aviochemischen Behandlungen)
- Einwaschungen von Wirkstoffen aus dem Boden in das Grundwasser
- Einwaschungen von Wirkstoffen aus topischen Behandlungen in Oberflächengewässer
- Niederschlag mit dem Regen nach Kodestillation mit dem Bodenwasser
- Beseitigung von Restlösungen und Waschwasser von Pflanzenschutzmaschinen durch Einbringung in Oberflächengewässer

Verhalten biozider Wirkstoffe im Wasser nach gezielten Applikationen

Herbizide Chlorphenoxyalkansäuren (auch Wuchsstoffherbizide genannt) werden gern zur Behandlung von Uferböschungen herangezogen, wobei vor allem die 2.4.5-Trichlorphenoxyessigsäure (2.4.5-T) eine besondere Rolle spielt. Während diese Verbindung im Wasser – bis auf allerdings hartnäckige Restspuren – relativ schnell abgebaut wird, wird sie vom Sediment für längere Zeiten adsorbiert und war dort nach Versuchen von FRANK und COMES noch nach 160 Tagen nachweisbar. Dieses Verhalten unterscheidet sich prinzipiell von dem im Erdboden nach topischen Behandlungen, wo der Wirkstoff schnell abgebaut wird.

Was bedeutet nun dieser „Abbau" der Chlorphenoxyalkansäuren im Wasser? Das Herbizid gelangt auf den zu bekämpfenden Pflanzenbestand im Wasser Hierbei werden die Wirkstoffe zu einem relevanten Teil von den Pflanzen aufgenommen, was ja auch der Sinn der Aktion ist. Die von den Pflanzen abtropfende oder abgelöste Menge gelangt in das Wasser, wo sie zunächst physikalisch verdünnt wird und sodann, je nach der Menge des zufließenden Wassers, einer weiteren Verdünnung unterliegt. Ein Teil dieser Wirkstoffmenge wird vom Phytoplankton aufgenommen, wobei dieses zumeist abstirbt und entweder suspendiert bleibt oder sich als Sediment niederschlägt. Ein weiterer Teil kann an suspendierten Ton- und Humusteilchen adsorbiert werden, was z. B. dann in beachtlichem Maße erfolgt, wenn das Wasser mit dem Boot oder der Applikationsvorrichtung aufgewühlt wird. Einige Herbizide können auch mit im Wasser befindlichen Stoffen Verbindungen eingehen, wie z. B. das Aminotriazol, das in Gegenwart von Eisen unlösliche Chelate bildet. Über einige besonders interessante Reaktionen von Bioziden mit Huminsäuren, die entweder als Alkalisalze oder als freie Säuren im Wasser vorhanden sein können, berichten WERSHAW und Mitarb. Danach können freie Huminsäuren z. B. mit 2.4.5-T starke Adsorbate eingehen, die in der Lage sind, die an sich nicht gar so sehr persistente Verbindung zu konservieren. Ähnliches gilt nach SULLIVAN und FELBECK auch für die Triazin-Herbizide.

Der in Lösung verbleibende Teil unterliegt nunmehr einem chemischen und mikrobiellen Ab- und Umbau, über dessen Mechanismen in den meisten Fällen nur wenig oder gar nichts bekannt ist.

Die hartnäckigen Restmengen könnten durch Desorption von den Ton- und Humusteilchen – entsprechend der Konzentrationsveränderung durch Verdünnung und Abbau – nachgeliefert werden, ein Vorgang, der z. B. im Boden durchaus beobachtet wurde.

Ähnlich wie im Boden verfügen die herbiziden Harnstoffderivate auch im Wasser über eine hohe Persistenz. Nach den Beobachtungen von FRANK waren von den Harnstoffherbiziden Monouron und Neburon 128 Wochen nach der Applikation noch 15 bzw. 39% der ursprünglich eingesetzten Verbindung nachweisbar. Ein großer Teil der Wirkstoffe geht gleichfalls in das Sediment über. Die zuletzt genannte Erscheinung ist besonders deutlich bei den Bispyrridiliumverbindungen Diquat und Paraquat zu beobachten, die sich in größeren Mengen und bei erstaunlich hoher Persistenz in dem Sediment anreichern. Dieses Verhalten ist bereits bei topischen Pflanzenbehandlungen beobachtet worden und kann verschiedene Deutungen erfahren, wie z. B. Coulomb'sche Wechselwirkungen der Bispyridiliumbasen zu negativ geladenen Bodenkolloiden (Humaten) oder VAN DER WAALS'sche Wechselwirkungen bzw. Elektronendelokationskräfte zwischen den planar adsorbierten Ionen der Wirkstoffe mit der Silikatoberfläche. Zur Bekämpfung von Insekten bzw. von ihren im Wasser lebenden Zwischenformen wurden früher gern Chlorkohlenwasserstoffe (DDT, DDE) eingesetzt. Vor allem in den süd- und osteuropäischen Staaten sowie in Asien und Südamerika wurden zur Malariabekämpfung Tausende Hektar Sumpf- und Tümpelgelände auf diese Weise behandelt. Heute werden in zunehmendem Maße kurzlebige Organophosphorverbindungen wie Dichlorvos, Trichlorphon, Dibrom, Bromophos u. ä. eingesetzt, die keine relevante Dauerbelastung der Gewässer bedeuten.

Außerordentlich problematisch und viel diskutiert ist die sogenannte Regelung des Fischbestandes mit Insektiziden, auch „Fischunkrautbekämpfung" genannt. Im US-amerikanischen und sowjetischen Schrifttum finden sich zahlreiche Hinweise über den Einsatz verschiedener Polychlorterpenpräparate (Toxaphen, Stroban). Bedauerlicherweise sind diese Verbindungen in diesen großen Verdünnungen im Wasser analytisch kaum nachweisbar, so daß ein Studium der Rückstandsdynamik im Wasser und der Kontamination der Wasserorganismen z. Zt. fast unmöglich erscheint. In diesen Einsatzbereichen wird man auf die teureren Verbindungen Endosulfan (Thiodan) oder noch besser Rotenon (ein Naturprodukt von geringer Warmblütertoxizität) ausweichen müssen.

Bereits in den fünfziger Jahren wurden in Japan beträchtliche Kontaminationen der Gewässer und von Fischen mit Quecksilberverbindungen festgestellt. KURLAND und Mitarb. berichten, daß in den Jahren 1953···1960 111 Personen in der Minimata-Bucht z. T. tödliche Vergiftungen erlitten nach dem Genuß von mit Quecksilber kontaminierten Fischen und Krustentieren. Nach WAKATSUKI gelangen die quecksilberorganischen Verbindungen nach Behandlungen von Reis gegen eine phytopathogene Mykose, den Reisbrand, in die Gewässer. Nachdem man in Reihenuntersuchungen feststellte, daß z. B. die Haare der Japaner zehn- bis hundertmal so viel Quecksilber enthielten wie die von Europäern (im Durchschnitt 6,3 ppm, Maximum 30 ppm), wurden die Behandlungen auf kurzlebige organische Verbindungen umgestellt.

In Schweden wurden in den letzten Jahren Fische aus Flüssen und Seen von küstennahen Gewässern (z. B. aus dem Öresund) gefangen, die so hohe Quecksilbergehalte aufwiesen, daß sie nicht handelsfähig waren. Die Toleranz für Quecksilber in Schweden für Fische liegt bei 1 mg/kg. Im Öresund wurden Flundern mit 0,5···0,9, Dorsche mit 0,24···2,7 und Aale mit 0,81···2,0 ppm Quecksilber gefangen.

Unbeabsichtigte Mitbehandlungen

In den Jahren 1968 und 1969 wurden von uns Untersuchungen über Abdriften nach aviochemischen Behandlungen angestellt. Einige besonders alamierende Ergebnisse sind in der Tab. 1 enthalten.

Die Zahlen der Tab. 1 zeigen deutlich, daß selbst in einer Entfernung von 100 m noch eklatante Rückstände, vor allem an DDT, zu verzeichnen sind. Diese Erscheinung ist besonders in den Nordbezirken ernst zu nehmen, wo Windge-

Tabelle 1

Rückstände von DDT und Lindan an Grünfutter, verursacht durch Abdriften nach Behandlungen von anrainenden Rapsfeldern im Flugzeugeinsatz mit „Bercema-Aero-Super", gaschromatographisch bestimmt

Ort	Windstärke (m/sec.)	Tage zwischen Behandlung und Ernte	Wirkstoff-Rückstände (ppm)	Entfernung der Grünfutterprobe von dem Rapsfeld (m)						
				1	5	10	15	30	50	100
Schlagsdorf	3	10	DDT	8,5	17,3	32,7	21,6		24,1	8,7
Kr. Gadebusch	3	10	Lindan	0,2	0,4	0,5	0,5		0,3	0,2
	2	0	DDT	44,8	41,25	31,3	29,35	35,5	11,7	4,8
			Lindan	3,4	3,15	2,1	1,8	1,1	0,9	0,2
Bülow	5	0	DDT	50,0		45,7	74,8	64,2	50,7	34,6
Kr. Gadebusch			Lindan	10,0		6,9	15,3	10,8	7,7	4,75
	2	1	DDT		44,8	56,4	71,6	89,1	88,8	39,3
			Lindan		5,8	4,1	5,2	5,3	5,1	2,3
Weitendorf	0…2	1	DDT	1,7		1,4		0,8	5,9	
Kr. Sternburg			Lindan	0,1		0,2		0,04	0,9	
Niendorf	3	4	DDT	44,6	42,5	30,2	27,9	35,1	15,0	3,8
Kr. Parchim			Lindan	1,9	1,3	1,35	1,1	1,2	0,6	0,2

schwindigkeiten von weniger als 3 m/sec. (gesetzliche Bedingung für den Flugzeugeinsatz) sehr selten sind. Da die Behandlungen erfahrungsgemäß auch unmittelbar an der Ostseeküste erfolgen, erscheint eine Kontrolle des Wassers und vor allem der Wasserorganismen dringend geboten.

Über Einwaschungen biozider Wirkstoffe aus dem Boden in das Grundwasser liegen gegenwärtig nur wenig experimentelle Untersuchungen vor. Beran und Guth stellten Modellversuche an, bei denen sie zu recht optimistischen Ergebnissen gelangten; lediglich das Lindan, das über eine begrenzte Wasserlöslichkeit verfügt (10 mg/l bei 25 °C), konnte einen Sandboden in wäßriger Lösung soweit passieren, daß es in Grundwassernähe gelangte. Drescher fand in Beobachtungszeiträumen von ein bis zwei Jahren im Sickerwasser einer Lysimeteranlage keine Rückstände der Herbizide Cycluron, Pyrazon und Buturon. Auch Leh, der 1968 Modellversuche mit den Herbiziden TCA, Dalapon, Amitrol, Monolinuron, Linuron, Pyrazon, Prometryn und Simazin anstellte, konnte keine Anhaltspunkte für eine Kontamination des Grundwassers feststellen.

Ungeachtet dieser Ergebnisse wird diesem Problem eine große Bedeutung zugemessen, vor allem zumal die Kontamination der Böden mit den persistenten Chlorkohlenwasserstoffinsektiziden hoch ist, und dieser Zustand wegen der großen Beständigkeit noch mehrere Jahre anhalten wird. In einigen Untersuchungen (Heinisch und Mitarb. 1968) wurden in 1035 Bodenproben aus landwirtschaftlich und gärtnerisch intensiv genutzten Böden nur 4,5% Proben gefunden, in denen kein DDT nachweisbar war. Lindan wurde dagegen in 83,7% der Proben nicht nachgewiesen. Von Interesse ist auch die Beobachtung, daß nach Behandlungen mit Aerosprühmitteln die Konzentration an DDT in der tieferen Bodenschicht (5…15 cm) höher war als an der Bodenoberfläche (0…5 cm). Bei weiteren Untersuchungen, in denen im Erfuter Intensivgemüsebau das Penetrationsvermögen der Insektizide DDT und Lindan geprüft wurde, die hier in wiederholten jährlichen Applikationen seit mehr als zehn Jahren in Mengen von 1···2 kg Wirkstoff/ha ausgebracht werden, mußten wir die vor allem für das DDT außerordentlich erstaunliche Feststellung treffen, daß in den meisten der untersuchten Bodenpartien die Mengen der gefundenen Wirkstoffe bis in Bodentiefen von 50 cm (und nur so tief wurden die Bodenproben gezogen) kaum abnahmen (Heinisch und Zabel 1970). Als Erklärung für diese Beobachtung wird die außerordentlich intensive Bodenbearbeitung und die genauso intensive Bewässerung angesehen.

Über eine außerordentlich hohe Persistenz im Boden verfügen auch die Triazinherbizide. In eigenen Versuchen, von denen in Tab. 2 ein Teilergebnis festgehalten ist, kann man auch sehen, daß der Wirkstoff (in diesem Falle Propazin) auch in Tiefen von 40···50 cm anzutreffen ist, und zwar in höheren Konzentrationen als in den hohen Schichten 0···20 cm. Die Erscheinung, daß der Wirkstoff aus den tieferen Schichten schneller verschwindet, deutet auch auf Auswaschung hin (Tab. 2).

Tabelle 2
Propazinrückstände aus verschiedenen Tiefen von im September. 1968 gezogenen Bodenproben zweier Felder, die im März 1965 bzw. 1966 mit 7 kg/ha Plantulin behandelt worden waren. Bodenart sL

	Behandlung 1965				
Bodentiefe cm	0···10	10···20	20···30	30···40	40···50
Rückstände ppm	0,05	0,02	u. N.	u. N.	u. N.
	Behandlung 1966				
Bodentiefe cm	0···10	10···20	20···30	30···40	40···50
Rückstände ppm	0,02	0,05	0,25	0,10	0,20

Über Einwaschungen biozider Wirkstoffe aus topischen Behandlungen in Oberflächengewässer, vor allem nach starken Niederschlägen bei schlecht adsorbierenden Böden, was auch von topographischen Bedingungen abhängt, wurde vor allem aus den Vereinigten Staaten und aus Kanada berichtet. Dieses Problem spielt in Mitteleuropa zunächst noch nicht diese Rolle, da so große Monokulturflächen mit gleichzeitiger Behandlung z. Zt. hier noch nicht bestehen. Daher werden stets nur relativ geringe Mengen an Wirkstoffen abgewaschen. Gleichfalls nur akademische Bedeutung hat die erstmals von Wheatley und Hardman in England gemachte Beobachtung der Kontamination von Regen mit chlorierten Kohlenwasserstoffen.

Kontamination nach Fahrlässigkeiten oder Unachtsamkeiten

Größte Beachtung ist der Beseitigung von Restlösungen und von Waschwasser von Pflanzenschutzmaschinen beizumessen. Während dieses Problem noch vor 10 Jahren allenfalls Gegenstand ärgerlicher Betrachtungen über Fahrlässigkeiten war, wird es z. B. für die Agrochemischen Zentren der DDR, in denen bereits in den Jahren bis 1975 mit einem Anfall von 20···40 m³ Waschwasser je Schicht gerechnet werden muß, höchst akut. Dieses Problem scheint nur lösbar, wenn die Pflanzenschutzmittel-erzeugenden Betriebe die Auflage erhalten, gleichzeitig mit der Anmeldung zur staatlichen Anerkennung eines Präparates ein Verfahren zur Dekontamination der verschmutzten Lösungen beizubringen.

Literatur

BERAN, F. und J. A. GUTH: Das Verhalten organischer insektizider Stoffe in verschiedenen Böden mit besonderer Berücksichtigung der Grundwasserkontamination. Pflanzenschutzberichte (Wien) **33** (1965), 65

DRESCHER, N.: Nachweis und Bestimmung von Pflanzenschutzmitteln im Wasser. Vom Wasser **34** (1967), 224

FRANK, P. A.: Persistence and distribution of Monouron and Neburon in an aquatic environment. Weeds **14** (1966), 219

FRANK, P. A. und R.D. COMES: Herbicidal residues in pond water and hydrosoil. Weeds **15** (1967), 210

FREAR, D. E. H.: Pesticide Handbook — Entoma State College Pennsylvania 1969

GEORGE, J. L. und D. E. H. FREAR: Pesticides in the antarctic. J. appl. Ecol. **3** (1967), 155

HEDLICH, R.: Über die Auswaschung von Pflanzennährstoffen aus Waldböden und ihren Einfluß auf die Wasserqualität von Talsperren. Wissenschaftl. Z. Karl-Marx-Universität Leipzig **15** (1966), 217, Math-nat. Reihe

HEINISCH, E., H. BEITZ und J. HARTISCH: Über die Kontamination landwirtschaftlich und gärtnerisch intensiv genutzter Böden in der DDR mit DDT und Lindan. Nachrichtenblatt Dtsch. Pflanzenschutzdienst N. F. Berlin **22** (1968), 61

HEINISCH, E. und P. ZABEL: Untersuchungen über Rückstände von Chlorkohlenwasserstoff-Insektiziden im Erfurter Feldgemüsebau. Nachrichtenblatt Dtsch. Pflanzenschutzdienst N. F. (Berlin) **24** (1970) (im Druck)

KURLAND, L., S. FARO und H. SIEDLER: Minimata, Disease. The Cutbreak of neurologie disorder in Minimata, Japan, and its Relationship to the ingestion of seafood contaminated by mercuric compounds. World neurology **1** (1960), 370

LEH, H. O.: Untersuchungen über die vertikale Wanderung von Herbiziden im Boden, unter besonderer Berücksichtigung der Möglichkeiten einer Grundwasserverunreinigung. Nachrichtenbl. Dtsch. Pflanzenschutzdienst (Braunschweig) **20** (1968), 99

SULLIVAN jr., J. D. und G. T. FELBECK jr.: A Study of the interaction of s-Triazine herbizides with humic acid from three different soils. Soil. Sci. **106** (1968), 42

WAKATSUKI, T.: The actual state of the pesticides poisoning in farmers in Japan. III. Congressus internationalis medicinae ruralis, 26.—30. 9. 1966 in Bratislava CSSR, Kongreßberichte Bd. 2, 79

WERSHAW, R. L., P. J. BURCAR und M. C. GOLDBERG: Interaction of pesticides with natural organic material. Environmental Science and Technology **3** (1969), 271

WHEATLEY, G. A. und J. A. HARDMAN: Indications of the presence of organochlorine insecticides in rainwater in central England. Nature **207** (1965) 486

WURSTER jr. Ch. und D. WINGATE: DDT Residues and Declining Reproduction. in the Bermuda Petrel. Science **159** (1968), 979

WURSTER jr. Ch.: DDT Reduces Photosyntheses by Marine Phytopankton. Science **159** (1968), 1474

Anschrift des Verfassers:

Prof. Dr. habil. E. HEINISCH, Deutsche Akademie der Landwirtschaftswissenschaften zu Berlin, Biologische Zentralanstalt Berlin, Abt. chemische und toxikologische Forschung, 1532 Kleinmachnow, Stahnsdorfer Damm 81, DDR

M. TSCHEU-SCHLÜTER

Institut für Wasserwirtschaft, Berlin Abt. Wassergüterwirtschaft

Zur Bestimmung der akuten Toxizität von Herbiziden gegenüber Phytoplankton

Zusammenfassung: Über die Bestimmung der akuten Toxizität von drei ausgewählten Herbiziden (Sys 67 Omnidel-Kombi, Sys 67 ME und Sys 67 Prop) gegenüber der plaktischen Grünalge *Ankistrodesmus falcatus* (Corda) Ralfs wird berichtet. Die Wirkung der Herbizide ist in gestaffelten Konzentrationen an Reinkulturen der genannten Algenart geprüft worden. Zur Auswertung der Versuchsserien wurden Zählungen mit Thomakammern durchgeführt und eine statistische Bearbeitung der Mittelwerte der Zellzahlen angeschlossen, um signifikante Abweichungen von den Kontrollproben zu ermitteln.

Die drei geprüften Herbizide erwiesen sich als schwach bis kaum toxisch gegenüber einsömmerigen Spiegelkarpfen und der genannten Alge, so daß bei vorschriftsmäßigem Einsatz der Präparate nicht mit akuten Gewässerverunreinigungen zu rechnen ist.

Summary: It is reported about the determination of the acute toxicity of three selected herbicides (SYS 67 Omnidel-Kombi, SYS 67 ME and SYS 67 Prop) as against the green alga *Ankistrodesmus falcatus* (corda) Ralfs. The effect of the herbicides was tested in graduated concentrations on pure cultures of the alga species mentioned. For the evaluation of the test series counts by means of Thoma chambers were carried out and a statistical treatment of average values of cell numbers was made subsequently to ascertain significant divergences from the control samples.

The three tested herbicides are weak of hardly toxic to one summer old carp and the mentioned alga, so that by application of the preparations according to the regulations an acute water pollution ist not to be expected.

Резюме: Сообщаются данные об острой токсичности трёх отобранных гербицидов (Зыз 67 Омнидель-Комби, Зыз 67 МЕ и Зыз 67 Проп) по отношению к зелёной водоросли.

Действие гербицидов испытывалось в виде ступенчатых концентраций на чистых культурах названного типа водорослей. Дла использования серий испытаний проводились счёты камерами типа Тома и присоединялась статистическая разработка средних данных чисел клеток, чтобы определять знаменательные отклонения от контрольных испытаний.

Три испытанных гербицида оказались слабо до почти не токсично против однолетних зеркальных карпов и назбанной водоросли, так что при предписанном применении препаратов непосредственное загрязнение вод не надо ожидать.

1. Einleitung

Der im Prognosezeitraum erwartete Ertragszuwachs in der Landwirtschaft der Deutschen Demokratischen Republik gründet sich zu etwa 50% auf den zunehmenden Einsatz chemischer Hilfsmittel (HEY).

Es wird dabei mit einer Verdopplung der chemisch behandelten Flächen und einem Anstieg der Pflanzenschutzmittelerzeugung auf das Dreifache gerechnet.

Dazu kommt, daß bestimmte Herbizide direkt gegen Wasserpflanzen, welche die Produktion in Binnengewässern ungünstig beeinflussen, die Verlandung fördern und den Abfluß hemmen, eingesetzt werden.

Zur Einschätzung der Toxizität von Herbiziden und Herbizidabwässern der Herbizidproduktion wurden vor allem Untersuchungen mit Süßwassernutzfischen und Phytoplankton durchgeführt.

Ziel der Untersuchungen ist es, akute Giftschäden durch Pflanzenschutzmittel in den Gewässern vermeiden zu helfen.

Im folgenden wird über einige Ergebnisse berichtet, die bei den planktologischen Untersuchungen erzielt wurden.

2. *Methodik*

2.1. Untersuchungsgang

Der Ansatz der Versuchsserien zur Bestimmung der akuten Toxizität von Herbiziden gegenüber Phytoplankton geht auf Screeningteste von PALMER und MALONEY und MALONEY und PALMER zurück.

Als Versuchsalge wurden Reinkulturen der einzelligen planktischen Grünalge *Ankistrodesmus falcatus* (Corda) Ralfs eingesetzt, die sich in früheren Untersuchungen als ausreichend empfindlich für derartige Teste erwiesen hatte (SCHLÜTER 1966) und sich außerdem gut zählen läßt.

Als Nährmedium diente die Nährlösung nach LEFÈVRE, JAKOB und NISBET, modifiziert (mg/l):
KNO_3 = 100, $K_2HPO_4 \times 3H_2O$ = 40, $MgSO_4 \times 7H_2O$ = 15, $Ca(NO_3)_2 \times 4H_2O$ = 100, Eisen(III)-citrat = 6, Zitronensäure = 6, Erdextrakt, verdünnt = 10 ml.

Für jede Testserie wurden zehn bis zwanzig 300-ml-Erlenmeyerkolben mit je 100 ml Testflüssigkeit benutzt. Diese setzte sich aus der Nährlösung, der zu prüfenden Substanz und 1 ml einer sich intensiv teilenden Algenkultur zusammen.

Die Wirkung der Testsubstanzen wird auf die jeweilige Kontrollprobe bezogen, welche nur Nährlösung und die Algen enthält.

Die Versuchsserien wurden im zwölfstündigen Hell-Dunkel-Wechsel bei einer Belichtungsintensität von 1000 Lux und Raumtemperatur gehalten.

Zehn bis vierzehn Tage nach Versuchsbeginn sind die Versuchsserien nach Erreichen einer bestimmten Zelldichte abgebrochen worden (s. auch FITZGERALD), fixiert wurde mit einem JFJK-Acetat-Gemisch nach UTERMÖHL.

2.2. Auswertung

Bereits makroskopisch ist an der Intensität der Grünfärbung der Testlösungen zu erkennen, ob eine im Vergleich zur Kontrolle starke, mäßige oder keine Vermehrung der Testalgen stattgefunden hat.

Zur weiteren Auswertung der Versuchsserien sind von jeder Testprobe fünf Thoma-Zählkammern gezählt und daraus die Mittelwerte der Zellzahlen ($\bar{x}$) gebildet worden. Diese wurden ins prozentuale Verhältnis zu den Kontrollen

(K) gesetzt[1]). Anschließend erfolgte eine statistische Bearbeitung der Mittelwerte[2]) (MUDRA, STORM, WEBER).

Zuerst erfolgte die Überprüfung der Verteilung der Mittelwerte für folgende drei repräsentative Zelldichten:
2900, 1470, 725 Zellen/mm³. Dazu wurden für jede Zelldichte eine Häufigkeitsverteilung der Mittelwerte aufgestellt und aus den Klassenhäufigkeiten die Summenhäufigkeitsprozente berechnet. Im Wahrscheinlichkeitsnetz konnte für die Mittelwerte aller drei Zelldichten eine Normalverteilung nachgewiesen werden. Auf dieser Grundlage sind für die Mittelwerte der Zellzahlen ($\bar{x}$) die Vertrauensgrenzen der wahren Mittelwerte festgestellt worden.
Die Berechnung kann nach den Formeln (1, 2) oder (3) erfolgen.

$$s_{\bar{x}} = \sqrt{\frac{\Sigma x^2 - \frac{(\Sigma x)^2}{n}}{n\,(n-1)}} \tag{1}$$

$s_{\bar{x}}$ = Fehler des Mittelwertes (MUDRA)
n = Zahl der Beobachtungen, im voriegenden Fall 5

Bei $n-1$ Freiheitsgraden (f) und einer Irrtumswahrscheinlichkeit $\alpha = 0{,}05$ beträgt der Tabellenwert für $t = 2{,}78$, bei einer Irrtumswahrscheinlichkeit $\alpha = 0{,}01$ beträgt $t = 4{,}60$.
Die Vertrauensgrenzen des wahren Mittelwertes ergeben sich dann nach den Beziehungen

$$\bar{x} \pm 2{,}78\, s_{\bar{x}} \quad \text{bzw.} \tag{2}$$

$$\bar{x} \pm 4{,}60\, s_{\bar{x}}$$

oder nach

$$\text{Gu} = \bar{x} - t\,(\text{f}, \alpha)\frac{s}{\sqrt{n}} \qquad \text{Go} = x + t\,(f\,\alpha)\frac{s}{\sqrt{n}} \tag{3}$$

Gu = untere Vertrauensgrenze
Go = obere Vertrauensgrenze
s = Stichprobenstreuung

Geprüft wurde, ob die Mittelwerte der Zellzahlen der Testkonzentrationen außerhalb oder innerhalb der Vertrauensgrenzen der dazugehörigen Kontrollproben liegen und von diesen signifikant oder nicht signifikant verschieden sind.

3. *Versuchsergebnisse*

Im folgenden soll über einige Versuchsergebnisse berichtet werden, die mit drei Herbiziden aus der Produktion des VEB Synthesewerk Schwarzheide[3]) erzielt wurden.

[1]) Für die Durchführung der mikrobiologischen Arbeiten und aller Berchnungen möchte ich meinen beiden Mitarbeiterinnen, Frau *Ch. Schumacher* und Frau *G. Weiss*, vielmals danken.
[2]) Für die diesbezüglichen Beratungen sei den Herren *Dipl.-Mathematiker Gnauck*, Institut für Wasserwirtschaft, Berlin und *Dr. Thiele*, Institut für Angewandte Mathematik und Mechanik der Deutschen Akademie der Wissenschaften zu Berlin, bestens gedankt.
[3]) Die Zustimmung zu der Veröffentlichung der vorliegenden Ergebnisse wurde freundlicherweise von dem genannten Werk erteilt.

Tabelle 1
Herbizide, die gegenüber der planktischen Grünalge Ankistrodesmus falcatus geprüft wurden

Handelsname	abgekürzter und international üblicher Name[4])	Chemische Bezeichnung der Verbindung	Chemische Formel	Wirkstoffgehalt in %
Sys 67 Omnidel-Kombi	Dalapon + MCPA	2,2-Dichlorpropionsäure + 2-Methyl-4-chlorphenoxy-essigsäure (Na-Salz)	$CH_3 \cdot CCl_2 \cdot COOH$ + 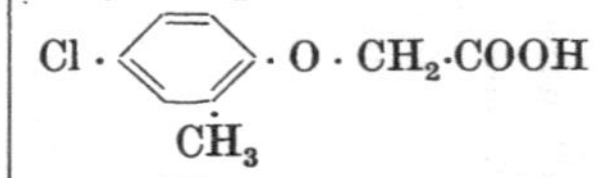	87,4 + 5,6
Sys 67 ME	MCPA	2-Methyl-4-chlorphenoxyessig-säure (Na-Salz)	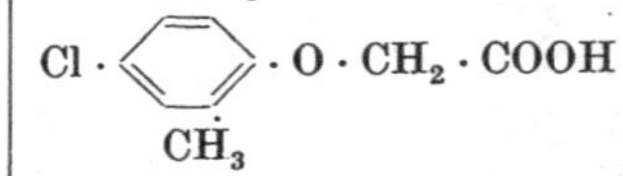	mindestens 95
Sys 67 PROP	2,4-DP Dichlorprop	2-(2,4-Dichlorphenoxy)-propion-säure (K-Salz)	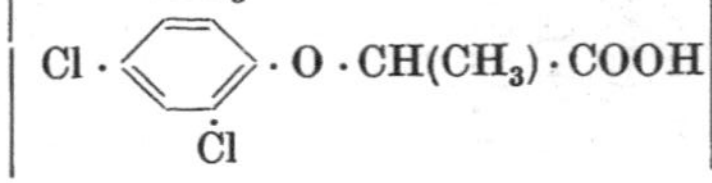	64

[4]) die letzteren sind unterstrichen

In Tab. 1 sind die geprüften Herbizide zusammengestellt worden.

Die Hauptkomponente von Sys 67 Omnidel-Kombi ist Dalapon, ein Herbizid das in der Land- und Forstwirtschaft vor allem zur Bekämpfung unerwünschter Gräser eingesetzt wird (KURTH), in Verbindung mit einem Wuchsstoffherbizid (im vorliegenden Fall mit MCPA), wird es zur chemischen Überwasserpflanzenbekämpfung und zur chemischen Böschungspflege benutzt (Fachbereichstandard: Chemische Entkrautung TGL 24351, Blatt 1 und 2, verbindlich ab 1. 7. 1970).

Die akute orale LD_{50} von Dalapon beträgt bei Ratten 6.950 bis 8.120 mg/kg (zitiert n. KURTH).

Die beiden folgenden Herbizide, MCPA und Dichlorprop, gehören zu den synthetischen Wuchsstoffherbiziden. Diese nehmen unter den Herbiziden eine vorherrschende Stellung ein.

Die synthetischen Wuchsstoffherbizide wirken selektiv gegen dikotyle Unkräuter und werden vor allem im Getreideanbau und auf Dauergrünland eingesetzt.

Die jährliche Produktion an Wuchsstoffherbiziden beträgt nach vorsichtiger Schätzung in der Deutschen Demokratischen Republik und in Westdeutschland 8.000 t (KURTH). Auf wasserwirtschaftlichem Gebiet werden MCPA und Dichlorprop, kombiniert mit Dalapon, zur chemischen Überwasserpflanzenbekämpfung und Böschungspflege angewandt, außerdem sind Schwimmblattpflanzen gegen Wuchststoffherbizide empfindlich (kurze Zusammenfassung bei SCHLÜTER 1970).

Bei Ratten beträgt die akute orale LD_{50} von MCPA 700 mg/kg und von Dichlorprop 800 mg/kg.

In Tab. 2 sind die Untersuchungsbefunde zusammengestellt worden, die mit den Herbiziden Sys 67 Omnidel-Kombi, Sys 67 ME und Sys 67 Prop gegenüber *Ankistrodesmus falcatus* erzielt wurden.

Genannt werden die geprüften Konzentrationen, die dazugehörigen Mittelwerte der Zellzahlen der Testalge ($\bar{x}$), die prozentuale Vermehrungsförderung (+) bzw. -hemmung (−) der Alge und der Fehler des Mittelwertes $s_{\bar{x}}$ ($= s/\sqrt{n}$).

Auf Abb. 1···3 wurden die Mittelwerte der Zellzahlen von *Ankistrodesmus falcatus*, in Abhängigkeit von den geprüften Herbizidkonzentrationen, graphisch dargestellt. Eingezeichnet sind ferner die Vertrauensgrenzen für eine Irrtumswahrscheinlichkeit $\alpha = 0{,}05$ und für die Kontrolle zusätzlich die Vertrauensgrenzen für eine Irrtumswahrscheinlichkeit $\alpha = 0{,}01$. Die Vertrauensgrenzen wurden nach den genannten Formeln berechnet. Die strichpunktierte Linie gibt die 50%ige Vermehrungshemmung der Testalge an.

Abb. 1 gibt die mit Sys 67 Omnidel-Kombi erzielten Ergebnisse wieder. Das Herbizid besitzt nur eine sehr geringe akute Toxizität und wurde in Konzentrationen zwischen 500 mg/l und 6 g/*l* gegenüber *Ankistrodesmus falcatus* geprüft.

Abb. 1 ist zu entnehmen, daß eine signifikante Förderung der Alge im Vergleich zu der Kontrollprobe bei Testkonzentrationen von 1,0 und 1,5 g/*l* Sys 67 Omnidel-Kombi zu verzeichnen ist, die Mittelwerte der entsprechenden Zellzahlen ($\bar{x}$) liegen oberhalb der oberen Vertrauensgrenze von K für $\alpha = 0{,}05$.

Die dazugehörigen prozentualen Vermehrungsförderungen von *Ankistrodesmus falcatus* betragen 33,7 bzw. 27,3% (s. Tab. 2).

Die erste signifikante Hemmung der Testalge weist Abb. 1 für eine Herbizidkonzentration von 3 g/l aus, der dazugehörige Mitttelwert der Zellzahl liegt tiefer als die untere Vertrauensgrenze von K für $\alpha = 0{,}05$. Die erste hoch signifikante Vermehrungshemmung von *Ankistrodesmus falcatus* riefen 3,5 g/l Sys 67 Omnidel-Kombi hervor, der entsprechende Mittelwert ($\bar{x}$) liegt unterhalb der unteren Vertrauensgrenze von K für $\alpha = 0{,}01$.

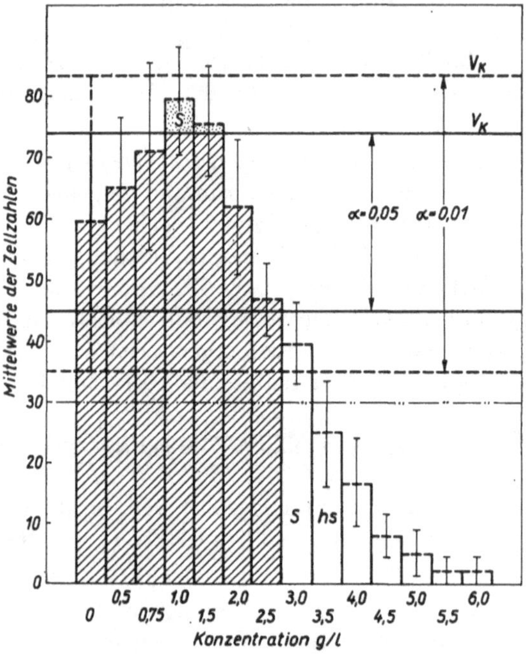

Abb. 1: Mittelwerte der Zellzahlen von *Ankistrodesmus falcatus*, in Abhängigkeit von den Testkonzentrationen von Sys 67 Omnidel-Kombi.

V_k = Vertrauensgrenzen der Kontrolle

schraffierte Säulen entsprechen der Kontrolle

s = signifikante Förderung bzw. signifikante Hemmung } der Zellvermehrung

hs = hoch signifikante Hemmung } der Zellvermehrung

(weitere Erläuterungen siehe Text)

Die prozentualen Vermehrungshemmungen von *Ankistrodesmus falcatus* betragen für die signifikante Hemmung 33,3% und für die hoch signifikante Hemmung 58,2%.

Die 50%ige Vermehrungshemmung der Testalge liegt zwischen 3,0 g/l und 3,5 g/l Sys 67 Omnidel-Kombi.

Auf Abb. 2 sind die Testergebnisse mit Sys 67 ME zusammengefaßt worden. Das Wuchsstoffherbizid ist ebenso wie das folgende schwach giftig, die geprüften Konzentrationen liegen zwischen 50 mg/l und 900 mg/l.

Tabelle 2

Untersuchungsbefunde mit Sys 67 Omnidel-Kombi, Sys 67 ME, Sys 67 Prop und Ankistrodesmus falcatus

Sys 67 Omnidel-Kombi				Sys 67 ME				Sys 67 Prop			
Konzentration g/l	$\bar{x}$	Vermehrungsfördernd (+) bzw. -hemmung (−) %	$s_{\bar{x}}$	Konzentration mg/l	$\bar{x}$	Vermehrungsfördernd (+) bzw. -hemmung (−) %	$s_{\bar{x}}$	Konzentration mm³/l	$\bar{x}$	Vermehrungshemmung (−) %	$s_{\bar{x}}$
0	59,4	—	5,24	0	46,6	—	3,28	0	52,4	—	4,45
0,5	65,2	+ 9,8	4,15	50	45,4	− 2,6	1,27	50	48,2	− 8,0	2,85
0,75	70,4	+18,5	5,49	80	47,8	+ 2,8	3,32	100	40,8	−22,1	1,32
1,0	79,4	*+33,7*	3,16	150	46,2	− 0,9	4,9	200	40,6	−22,5	3,2
1,5	75,6	*+27,3*	3,31	200	47,6	+ 2,1	0,68	300	38,6	*−26,3*	2,33
2,0	62,0	+ 4,4	3,92	250	43,8	− 6,0	2,65	400	36,8	*−29,8*	2,08
2,5	47,2	−20,5	2,01	300	40,4	−13,3	1,66	500	24,2	**−53,8**	0,49
3,0	39,6	*−33,3*	2,46	350	23,0	**−50,7**	0,45	600	21,2	−59,5	1,24
3,5	24,8	**−58,2**	3,15	400	22,8	−51,1	1,82	650	23,4	−55,3	1,33
4,0	16,6	−72,1	2,58	450	19,2	−58,8	1,46	700	14,4	−72,5	1,63
4,5	8,0	−86,5	1,34	500	50,0	−57,1	1,92	750	10,4	−80,1	1,57
5,0	5,2	−91,2	1,36	550	9,4	−79,8	1,43	800	9,8	−81,3	1,66
5,5	2,0	−96,6	0,95	600	9,6	−79,4	1,19	850	5,2	−90,1	0,97
6,0	2,0	−96,6	0,95	700	5,2	−88,9	0,97	900	5,8	−88,9	1,07
				800	3,6	−92,3	0,68	1000	2,8	−94,7	0,37
				900	1,8	−96,1	0,66				

kursive Zahlen = signifikante Abweichungen von K
halbfette Zahlen = erste hoch signifikante Abweichung von K

Abb. 2 verdeutlicht, daß sich die Mittelwerte der Zellzahlen bis zu Konzentrationen von 300 mg/l nicht signifikant von der Kontrolle unterscheiden. Jedoch ist bei 350 mg/l Sys 67 ME bereits eine hoch signifikante Abweichung von $\bar{x}$ von der Kontrolle zu verzeichnen, die prozentuale Vermehrungshemmung beträgt 50,7%.

Die 50%ige Vermehrungshemmung der Testalge liegt auf Grund der durchgeführten Untersuchungen bei 350 mg/l bis 400 mg/l Sys 67 ME.

Im Gegensatz zu den beiden vorhergehenden schwach gelb gefärbten, pulverförmigen, in Wasser leicht löslichen Herbiziden, ist Sys 67 Prop eine dunkelbraune, wäßrige Lösung des Kaliumsalzes.

Das Herbizid wurde in Konzentrationen zwischen 50 mm³/l und 1000 mm³/l gegenüber *Ankistrodesmus falcatus* geprüft (Abb. 3, Tab. 2).

Abb. 3 ist zu entnehmen, daß die erste signifikante Vermehrungshemmung der Testalge bei einer Konzentration von 300 mm³/l und die erste hoch signifikante Hemmung bei einer Konzentration von 500 mm³/l nachzuweisen ist, die entsprechenden prozentualen Wachstumshemmungen betragen 26,3% bzw. 53,8%.

Die 50%ige Vermerhungshemmung der Testalge liegt etwas unterhalb von 500 mm³/l Sys 67 Prop.

In Tab. 3 sind einige wesentliche Untersuchungsbefunde mit den drei genannten Herbiziden zusammengestellt worden. Spalte I enthält die mittlere letale Konzentration (LC_{50}) für einsömmrige Spiegelkarpfen (K_1) bei einer Versuchsdauer von 48 h, Spalte II die 50%ige Vermehrungshemmung von *Ankistrodesmus falcatus* und Spalte III die einzusetzende Aufwandmenge bei der chemischen Wasserpflanzenbekämpfung bei 50 cm Wassertiefe.

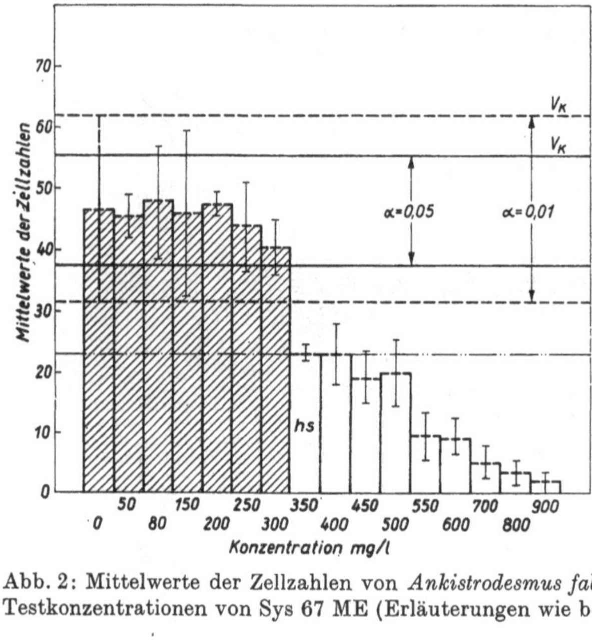

Abb. 2: Mittelwerte der Zellzahlen von *Ankistrodesmus falcatus*, in Abhängigkeit von den Testkonzentrationen von Sys 67 ME (Erläuterungen wie bei Abb. 1)

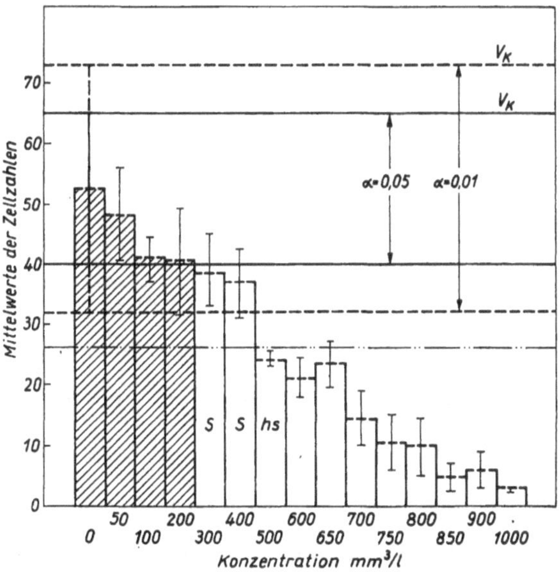

Abb. 3: Mittelwerte der Zellzahlen von *Ankistrodesmus falcatus*, in Abhängigkeit von den Testkonzentrationen von Sys 67 Prop (Erläuterungen wie bei Abb. 1 und 2)

Tabelle 3

Toxizitätswerte für einsömmrige Spiegelkarpfen (K_1) und Ankistrodesmus falcatus und Aufwandmengen bei der chemischen Wasserpflanzenbekämpfung

Herbizid	I $LC_{50}/48$ h K_1	II 50%ige Vermehrungshemmung von Ankistrodesmus falcat.	III Aufwandmenge bei 50 cm Wassertiefe
Sys 67 Omnidel-Kombi	4.760 mg/l	3.000···3.500 mg/l	9 mg/l
Sys 67 ME	220 mg/l	350···400 mg/l	1 mg/l
Sys 67 Prop	774 mm³/l	<500 mm³/l	1 mm³/l

Vergleicht man die Werte der mittleren letalen Konzentration für Karpfen mit der 50%igen Vermehrungshemmung der Testalge, so ist die Alge gegenüber Sys 67 Omnidel-Kombi und Sys 67 Prop empfindlicher, jedoch gegenüber Sys 67 ME unempfindlicher als der Karpfen.

Die Herbizidmengen, die bei der chemischen Überwasserpflanzenbekämpfung eingesetzt werden, betragen nur den fünfhundertsten bis siebenhundertvierundsiebzigsten Teil der LC_{50} für K_1, so daß eine akute Gewässerverunreinigung bei vorschriftsmäßigem Herbizideinsatz sehr unwahrscheinlich ist. In diesem Zusammenhang ist erwähnenswert, daß in den Fischsterbenstatistiken der Deutschen Demokratischen Republik seit 1961 die Sterben durch Pflanzenschutzmittel immer am niedrigsten lagen, und zwar betrugen sie 1,4···7,5% von allen erfaßten Fischsterben und erreichten 1968 mit 1,4 % den bisher niedrigsten Stand. Hauptursachen akuter Gewässerverunreinigungen durch Pflanzenschutzmittel sind unsachgemäßer oder fahrlässiger Umgang mit diesen Mitteln (Heinisch).

Literatur

Anonym: Fachbereichstandard „Oberflächengewässer, Chemische Entkrautung", Blatt 1 und 2, TGL 24 351, verbindlich ab 1. 7. 1970

FITZGERALD, G. P.: Bioassay for algicidal chemicals in swimming pools. Water and Sewage Works **109** (1962), 361

HEINISCH, E.: Über Kontaminationsmöglichkeiten von Gewässern durch Pflanzenschutz- und Schädlingsbekämpfungsmittel. — Fortschritte d. Wasserchemie, H. 11 (1969), 9

HEY, A.: Die Chemisierung der Landwirtschaft unter besonderer Berücksichtigung der Pflanzenschutzmittel Z. ges. Hygiene, **15** (1969), 316

KURTH, H.: Chemische Unkrautbekämpfung. 3. Aufl., Jena 1968

LEFÈVRE, M., H. JAKOB et M. NISBET: Auto- et Hétèroantagonismus chez les algues d'eau douce. Ann. Stat. Centr. d'Hydrobiol. Appl., **4** (1952), 5

MALONEY, Th. E. and F. M. PALMER: Toxicity of six chemical compounds to thirty cultures of algae. Water and Sewage Works, **103** (1965), 509

MUDRA, A.: Statistische Methoden für landwirtschaftliche Versuche. Berlin und Hamburg 1958

PALMER, C. M. and TH. E. MALONEY: Preliminary screening for potential algicides. Ohio J. Science, **55** (1955), 1

SCHLÜTER, M.: Untersuchungen über algizide Eigenschaften von Fungiziden und Herbiziden. Int. Revue ges. Hydrobiol., **51** (1966), 521

—: Zur Bestimmung der Fischtoxizität von Wasserinhaltsstoffen und über Schwellenwerte der Giftwirkung von Herbiziden. Z. f. Fischrei, **17**, N. F. (1969), 457

STORM, R.: Wahrscheinlichkeitsrechnung, mathematische Statistik und statistische Qualitätskontrolle. 3. Aufl., Leipzig 1969

UTERMÖHL, H.: Zur Vervollkommnung der quantitativen Phytoplankton-Methodik. Mitt. Internat. Verein. Limnol., No. 9, (1958), 1

WEBER, E.: Grundriß der biologischen Statistik. 4. Aufl., Jena 1961

An weiteren Unterlagen wurden benutzt:

Fischsterben in der Deutschen Demokratischen Republik während der Abflußjahre 1961—1968. — Dtsch. Fischerei-Ztg. **9** (1962) bis **16** (1969)

Anschrift der Verfasserin:

Dr. M. TSCHEU-SCHLÜTER, 1162 Berlin, Müggelseedamm 196, DDR

J. Rothschein

Forschungsinstitut für Wasserwirtschaft, Bratislava

Probleme der Bestimmung der höchstzulässigen Konzentration von Giftstoffen

Die Ziele der Ermittlung der höchstzulässigen Konzentration an Giftstoffen sind Grundlagen für die Erhaltung eines normalen biologischen Zustandes der Gewässer, ihrer Selbstreinigungskraft, ihres Erholungswertes und einwandfreier hygienischer Bedingungen.

Als Begrenzungen toxikologischer Experimente wurden u. a. genannt: Das Arbeiten mit nur wenigen Arten, deren Empfindlichkeit sehr verschieden sein kann, begrenzte Versuchsdauer und begrenztes Testvolumen.

Zur Verbesserung toxikologischer Ergebnisse wurde die Vereinheitlichung der Methoden, Anwendung statistischer Auswertungsmethoden und möglichst naturnahe Durchführung der Experimente genannt.

Anschrift des Verfassers:

Dr. J. Rothschein, Bratislava, Carloveska 9 Institut für Wasserwirtschaft, ČSSR

A. NEHRKORN und M. WOJCINSKI

Hygiene-Institut der Universität Münster/Westf.

Querschnittsuntersuchungen über die Empfindlichkeit von Mikroorganismen aus biologischen Kläranlagen gegenüber Abwassergiften

Zusammenfassung: Die Versuche wurden mit Bakterienmaterial von Tropfkörpern, welches auf Agarplatten kultiviert wurde, durchgeführt. Das Bakterienmaterial ist auf seine Empfindlichkeit gegenüber einigen häufigen Abwassergiften, darunter Schwermetallsalzen, geprüft worden. Als Toxizitätskriterien dienten die Schädlichkeitsgrenze, die 50%-ige Hemmung und die Letalitätsgrenze. Eindeutige Korrelationen zwischen der Abwasserart und den isolierten Bakterienstämmen ergaben sich nicht. Nach Grampräparaten erscheint es möglich, daß die Resistenz von Bakterienpopulationen gegenüber Abwassergiften umso größer ist, je mehr gramnegative Stäbchen vorhanden sind.

Summary: The tests were conducted with bacteria material of trickling filters which was cultivated on agar plates. The bacteria material was tested as to its sensitiveness to some frequent waste water poisons, among them salts of heavy metals. A criteria of toxicity were the noxiousness limit, the 50% inhibition and the lethality limit. Unequivocal correlations between waste water type and isolated colonies of bacteria did not result. As to GRAM-preparations it is possible that the resistance of bacteria colonies against waste water is the greater the more GRAM negative rods are present.

Резюме: Опыты были проведены с культивированными на агаровых пластинах бактериями из биофильтров. Бактерийный материал был проверен на свою чувствительность к некоторым частым ядам сточных вод, в том числе и к солям тяжёлых металлов. Критериями токсичности служили пределы вредности, 50%-ное торможение и предел летальности. Ясные корреляции между видом сточных вод и изолированными штаммами бактерий не были получены. По препаратам по Граму является возможным, что сопротивляемость бактериальных популяции к ядам сточных вод тем более высока, чем больше в них грам-отрицательных палочек.

Wie zahlreiche Angaben in der Literatur zeigen und eigene Erfahrungen bestätigen, führen abwassertoxikologische Untersuchungen unter Einbeziehung von Mikroorganismen oft zu erheblichen Differenzen in den Ergebnissen, für die in erster Linie zwei Ursachen verantwortlich sind. Neben Unterschieden der Methodik stellt besonders die Uneinheitlichkeit des biologischen Materials — Art, Herkunft und Vorgeschichte der verwendeten Mikroorganismen — eine häufig unterschätzte Fehlerquelle dar. Leider berücksichtigen auch manche neueren Vorschläge für abwassertoxikologische Untersuchungsverfahren diese Fehlerquelle nur ungenügend und täuschen damit eine Exaktheit der zu erwartenden Resultate vor, die wegen der Variabilität der biologischen Voraussetzungen nicht gegeben ist (z. B. DEUTSCHE EINHEITSVERFAHREN ZUR WASSER-, ABWASSER- UND SCHLAMMUNTERSUCHUNG, LZ, 3, 8···10; *A-Z*-Test nach KNÖPP).

Die hier beschriebenen Querschnittsuntersuchungen sollen dazu beitragen, einige Zusammenhänge zwischen Resistenz- und Adaptationslage von Mikroorganismen aus Tropfkörperanlagen und verschiedenen Faktoren der Abwasserökologie sichtbar zu machen.

Material und Methodik

Die untersuchten Bakterienstämme wurden aus sechs Tropfkörperanlagen isoliert, deren wichtigste Kennwerte in Tab. 1 zusammengefaßt sind. Vier Anlagen zeichnen sich durch große Anteile von Industrieabwässern aus, nur eine Anlage wird ausschließlich von häuslichen Abwässern beschickt. Drei Anlagen waren zur Zeit der Untersuchung stark überlastet.

Tabelle 1
Übersicht Kläranlagen

Bezeichnung	*A*	*B*	*F*	*G*	*H*	*L*
Gesamtbelastung (E+EGW)	100.000	300.000	12.000	4.500	22.000	8.000
Anteil Industrie	40%	75%	60%	–	70%	60%
Art der Industrie	Metall	Textil	Textil, Molkerei		Schlachterei, Metall, Molkerei	Textil, Kunststoff, Schlachterei
Belastung	voll	unter	über	über	voll	über

Von ca. 5 cm großen Tropfkörperbrocken wurde der Bakterienrasen mit 100 m*l* sterilem Leitungswasser abgespült, die Aufschwemmung homogenisiert und über Verdünnungsreihen bis $1:10^6$ auf Pepton-Agar-Platten (Casein-Pepton 0,1%) mittels Glasspatel ausgeimpft. Von geeigneten Platten wurden nach 24-stündiger Bebrütung bei 30 °C 30···50 Kolonien jeder Kläranlage isoliert und in Röhrchen mit 5 m*l* Peptonnährlösung (0,5% Pepton) übertragen, um für die anschließende Resistenzprüfung etwa gleiche Ausgangsbedingungen zu erreichen. Zur orientierenden Differenzierung der Keime wurde jeweils ein Grampräparat angefertigt.

Nach 24-stündiger Anreicherung in Peptonnährlösung bei 30 °C erfolgte die Ausimpfung auf die mit abgestuften Konzentrationen verschiedener Giftstoffe beschickten Pepton-Agar-Platten in Form eines Strichtestes, wie es in ähnlicher Weise auch bei der Empfindlichkeitsprüfung pathogener Bakterien gegen Antibiotica geschieht. Auf diese Weise konnten sechs bis acht Bakterienstämme auf eine Petrischale gebracht werden; insgesamt ergab sich ein vertretbarer Aufwand an Material und Arbeitszeit für die Prüfung relativ vieler Keime, der jedoch mit einer gewissen Beschränkung der Beurteilungsmöglichkeit erkauft werden mußte. Die Auswertung nach 24-stündiger Bebrütung der Testplatten bei 30 °C erfolgte in Anlehnung an den Antibiotica-Plattentest durch subjektive Einordnung in fünf Hemmungsbereiche:

0 = keine Hemmung (0%)
1 = schwache Hemmung (ca. 25%)
2 = mittlere Hemmung (ca. 50%)
3 = starke Hemmung (ca. 75%)
4 = totale Hemmung (100%)

Als Giftstoffe, die u. a. in Industrieabwässern von Bedeutung sein können, wurden folgende Substanzen verwendet:
Nickelsulfat, Zinksulfat, Kaliumcyanid, Phenol, Natriumlaurylsulfat.

Über weitere Untersuchungen unter Einbeziehung von Bakteriengesellschaften aus Schlammbelebungsanlagen und anderen Giftstoffen soll an anderer Stelle berichtet werden.

Ergebnisse und Diskussion

Bei der Darstellung und Beurteilung der Ergebnisse sind drei Bezugspunkte zu beachten:

- die verschiedenen Kläranlagen und ihre Betriebsdaten,
- die verschiedenen Giftstoffe,
- die bakteriologischen Verhältnisse.

Diese Faktoren hängen natürlich eng zusammen und können bei der Diskussion nicht scharf getrennt werden.

Zunächst werden die durchschnittlichen Hemmungswerte für alle Keime jeweils einer Kläranlage in Abhängigkeit von der Giftkonzentration in drei Beispielen dargestellt.
Abb. 1 zeigt den Einfluß von Zinksulfat.

Drei Gruppen von Kläranlagen sind erkennbar. Die Bakterienflora der Anlagen A, F und G zeigen einen fortschreitenden Anstieg der Hemmungswerte zwischen 8 und 8000 mg $ZnSO_4$. Dabei reagieren natürlich nicht alle Keime gleichartig, sondern es lassen sich resistente und empfindliche Stämme unterscheiden. Die einzelnen Kurven geben das durchschnittliche Bild aller geprüften Stämme einer Anlage.

Bei den Anlagen H und L ist insgesamt nur ein geringer Anstieg der Hemmungswerte zu beobachten. Auch bei 8000 mg tritt keine vollständige Hemmung auf, die Bakterienflora ist also insgesamt als sehr resistent zu bezeichnen.

Aus dem Rahmen fällt die Kläranlage B, wo ebenfalls eine deutlich resistente Flora zu finden ist, die aber in einem sehr engen Bereich zwischen 1000 und 2000 mg/*l* das Wachstum einstellt.

Ein Vergleich mit Tab. 1 zeigt, daß eine eindeutige Korrelation mit der Abwasserbeschaffenheit, z. B. dem Anteil der Industrieabwässer oder der Art der Gewerbebetriebe, nicht zu bestehen scheint. Eine mögliche Ursache für die Sonderstellung der Anlage B ist später zu diskutieren, vielleicht besteht hier ein Zusammenhang mit dem sehr großen Anteil von Textilabwässern. Eine Darstellung der Zinksulfatkonzentrationen, die eine 50%ige Wachstumshemmung bewirken (Hemmungswert 2), gibt Abb. 2. Diese Werte schwanken sehr stark zwischen etwa 200 und über 4000 mg/*l*. Die drei bezeichneten Gruppen sind wieder deutlich erkennbar, Anlagen A, F und G, Anlagen H und L, sowie Anlage B.

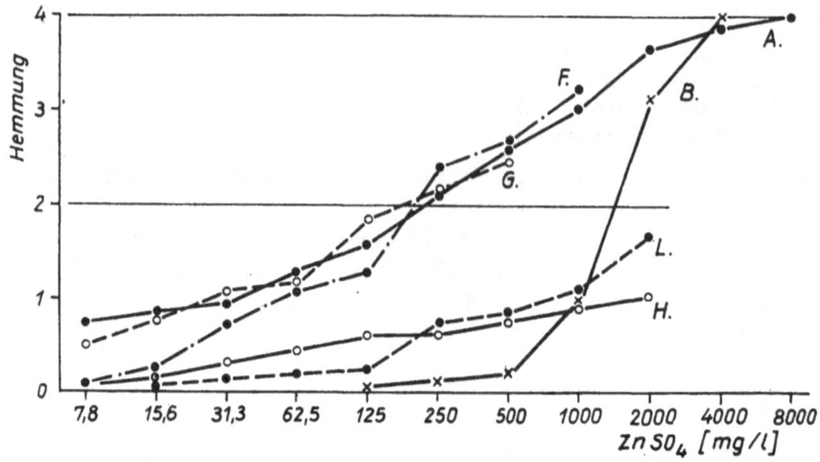

Abb. 1: Wachstumshemmung von Bakterien aus sechs Tropfkörperanlagen in Gegenwart von Zinksulfat (Mittelwerte von 30···50 Stämmen)

Bemerkenswert ist, daß die Anlage G, der keine gewerblichen Abwässer zugeführt werden, den niedrigsten Hemmungswert zeigt.

Gegenüber Kaliumcyanid ist eine deutliche Gruppenbildung nicht erkennbar. Auffallend ist wiederum der besonders niedrige durchschnittliche Hemmungswert bei der Kläranlage G.

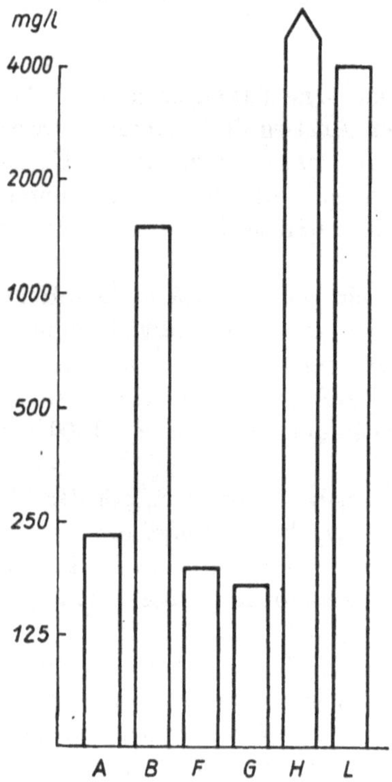

Abb. 2: Zinksulfatkonzentrationen, die eine Wachstumshemmung von 50% bewirken (Mittelwerte von jeweils 30···50 Stämmen aus sechs Kläranlagen)

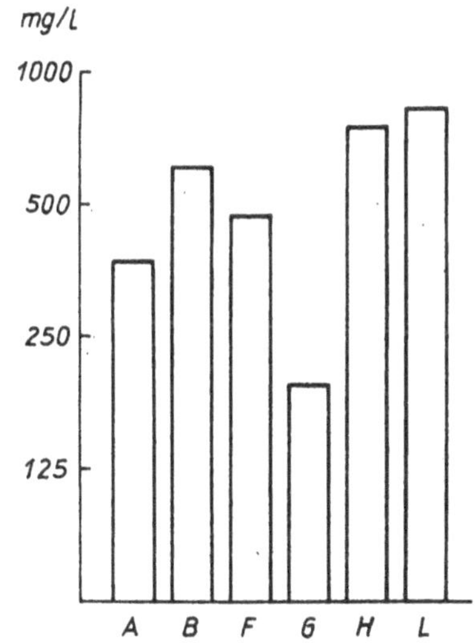

Abb. 3: Kaliumcyanidkonzentrationen, die eine Wachstumshemmung von 50% bewirken

Im übrigen ist auch die Schwankungsbreite hier wesentlich geringer (Abb. 3).

Als Beispiel eines Giftstoffes der organischen Chemie sei noch auf die Wirkung von Phenol gegenüber der Bakterienflora der untersuchten Anlagen hingewiesen. Hervorzuheben ist hier wieder das abweichende Bild bei der Kläranlage B. Insgesamt schwankt die Phenolkonzentration, die zu einer 50%igen Wachstumshemmung führt, wieder in einem sehr weiten Bereich zwischen unter 100 und über 1000 mg/l (Abb. 4 und Abb. 5).

Die anderen Untersuchungen führten zu ähnlichen Bildern, wobei sich die Anlage B häufig aus dem Rahmen der anderen Kläranlagen abhob. Sie zeigte in allen Fällen eine ausgeprägt resistente Bakterienflora, wobei als Ausnahme auf die Wirkung von Natriumlaurylsulfat hinzuweisen ist: Im Gegensatz zu den

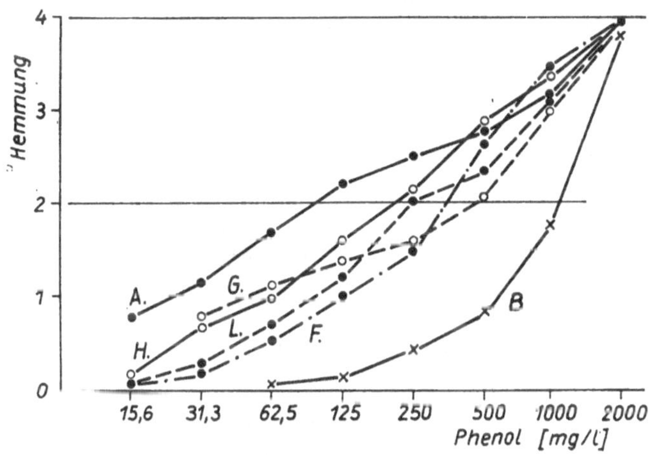

Abb. 4: Wachstumshemmung von Bakterien aus sechs Tropfkörperanlagen in Gegenwart von Phenol

verhältnismäßig großen Toleranzgrenzen der anderen Anlagen (durchschnittliche Wachstumshemmung von 50% zwischen 300 und 4000 mg/*l*) wurde die Keimflora der Anlage B schon von 125 mg/*l* in gleicher Weise gehemmt. Da der Anlage überwiegend Abwässer der Textilindustrie zugeführt werden, die u. a. auch erhebliche Mengen von Tensiden als Fabrikationshilfsmittel enthielten, wäre eher eine umgekehrte Reaktion im Sinn von Adaptation zu erwarten gewesen.

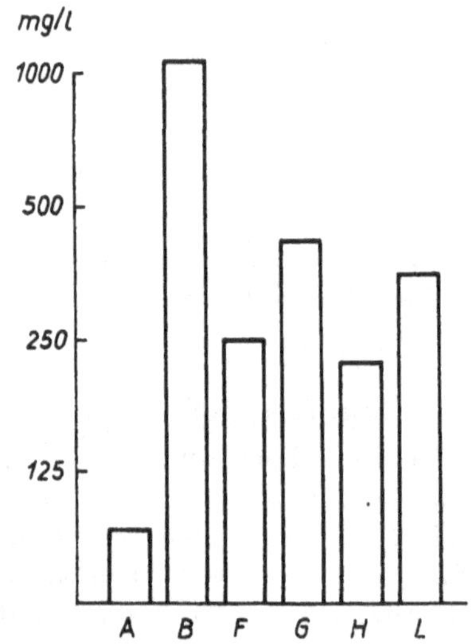

Abb. 5: Phenolkonzentrationen, die eine Wachstumshemmung von 50% bewirken

An zweiter Stelle sind die Toleranzen zu diskutieren, welche gegenüber den verschiedenen Giftstoffen zu ermitteln waren. Hierzu kommen mehrere Interpretationsmöglichkeiten in Frage, die je nach Bewertung zu stark voneinander abweichenden Grenzwerten führen können. Einige wichtige Grenzwertbegriffe und die dazugehörigen Mittelwerte aus allen untersuchten Kläranlagen und Bakterienstämmen sind in Tab. 2 zusammengefaßt.

Tabelle 2
Toleranzgrenzen (Zusammenfassung) in mg/l

	Nickelsulfat	Zinksulfat	Kaliumcyanid	Phenol	Natriumlaurylsulfat
Schädlichkeitsgrenze	7…60	7…250	6	7…60	7…30
Letalitätsgrenze	500	2000…8000	1000…3200	2000	8000
mittlere Hemmungsgrenze	50	60	25	55	60
50% Wachstumshemmung	110…320	180…4000	200…700	100…1100	125…4000

Die angeführten Grenzwertbegriffe sind in folgender Weise definiert:

Schädlichkeitsgrenze: maximale Konzentration eines Stoffes, die bei keinem Bakterienstamm eine Schädigung bewirkt.

Letalitätsgrenze: minimale Konzentration, die völlige Hemmung aller Keime bewirkt.

Mittlere Hemmungsgrenze: Konzentration, die bei 50% aller Keime eine Schädigung bewirkt.

50% Wachstumshemmung: Konzentration, die im Mittel aller untersuchten Keime eine Wachstumshemmung von 50% bewirkt (Hemmungswert 2) (Vgl. Säulendiagramme Abb. 2, 3 und 5).

Ohne auf Einzelheiten einzugehen, soll hier vor allem die praktische Bedeutung dieser verschiedenen Begriffe erörtert werden. Während Schädlichkeits- und Letalitätsgrenze den Toleranzbereich nach oben und unten abgrenzen, bieten die beiden anderen Werte zwei Möglichkeiten, zu praxisnahen Aussagen über die Wirkung von Giftstoffen auf die Bakterienflora von biologischen Kläranlagen zu kommen. Die mittlere Heummungsgrenze, also der Konzentrationswert, bei dem ein bestimmter Anteil der Bakterienflora geschädigt wird, scheint als maximal tragbarer Grenzwert für biologische Kläranlagen durchaus diskutabel. Für eigene Ermittlung wurde der Anteil der geschädigten Keime verhältnismäßig hoch angesetzt. Eine Verminderung dieses Anteils von 50% würde zu weiterer Annäherung an die Schädlichkeitsgrenze führen.

Verhältnismäßig hohe Konzentrationswerte ergaben sich für eine mittlere Wachstumshemmung aller Keime von 50%. Sie demonstrieren zwar die Widerstandskraft und Anpassungsmöglichkeiten der Mikroorganismen in biologischen Kläranlagen, sind aber als Grenzwerte für die Belastungsmöglichkeit von Kläranlagen nicht mehr geeignet.

An dieser Stelle muß auf zwei wichtige Einschränkungen hingewiesen werden, um eine Fehleinschätzung der Befunde zu vermeiden. Die erste Einschränkung bezieht sich auf die Methode: Die Untersuchungen lassen keine Aussagen über die biochemischen Aktivitäten der Mikroorganismen zu, die aber für die Beurteilung der Funktion von biologischen Kläranlagen entscheidend sind. Zur Erfassung solcher Aktivitäten, besonders des Sauerstoffverbrauches, sind andere Verfahren heranzuziehen, wobei der Warburg-Methodik sicher eine vorrangige Bedeutung zukommt (Nehrkorn). — Die zweite Einschränkung bezieht sich auf den Gegenstand der Untersuchungen, die biologischen Kläranlagen. Die in solchen Anlagen zu einem bestimmten Zweck, nämlich der Abwasserreinigung, manipulierte Mikroorganismenmassenkultur ist nicht unmittelbar vergleichbar mit der Organismengesellschaft natürlicher Standorte, z. B. der Vorflutgewässer, und dem dort herrschenden Zusammenspiel empfindlicher ökologischer Regulationsmechanismen. So kann z. B. die ständige Einwirkung schädlicher Abwässer zu Gewöhnung und Adaptation der biologischen Kläranlage führen, so daß deren Funktion weitgehend erhalten bleibt. Die Folgen solcher Einwirkungen auf die Gewässerbiologie sind jedoch kaum vorhersehbar und grundsätzlich sicher unerwünscht. Die hier ermittelten Grenzwerte (Tab. 2) können daher keinesfalls auf andere biologische Systeme übertragen werden.

Abschließend ist noch kurz auf die bakteriologischen Verhältnisse einzugehen, soweit die orientierenden Untersuchungen einen Überblick erlauben. Tab. 3 zeigt die Vielfalt der Bakterienflora, wie sie nach den wenigen bisher vorliegenden

Tabelle 3
Keimflora der Kläranlagen, Gruppeneinteilung nach Gramfärbung

Anlage	Sporenbildner %	Gramnegative Stäbchen %	Grampositive Stäbchen %	Kokken %
A	41	46	0	13
B	54	23	20	3
F	40	50	0	10
G	13	57	10	20
H	0	87	3	10
L	23	67	0	10

Untersuchungen dieser Art erwartet werden konnte (u. a. BUCKSTEEG und WOLTERS).

Deutlich ist die vorherrschende Stellung der gramnegativen Stäbchen, die nach den bisherigen Erfahrungen in erster Linie den Gruppen der Enterobacteriaceen, Pseudomonadaceen und Achromobacteriaceen zuzurechnen sind. Nicht zu vernachlässigen sind auch Myxobakterien der Flexibactergruppe. Verhältnismäßig groß ist auch der Anteil der Sporenbildner.

Bemerkenswert ist die eindeutig grampositive Bakterienflora der Kläranlage B. Möglicherweise bestehen hier die gesuchten Zusammenhänge zwischen Abwasserbeschaffenheit (75% Textilabwässer), toxikologischer Sonderstellung (insgesamt hohe Resistenz, verbunden mit engem Empfindlichkeitsbereich, vgl. Abb. 1 und 4) und dem bakteriologischen Bild.

Ein Vergleich der orientierenden bakteriologischen Befunde mit den toxikologischen Untersuchungen ergibt keine eindeutige Korrelation. Insgesamt scheinen die gramnegativen Keime eine größere Resistenz zu besitzen als z. B. die Sporenbildner. Eine Ausnahme bildet hier wieder die Kläranlage B mit überwiegend grampositiver Bakterienflora und recht ausgeprägter Resistenz. Es dürfte schwierig sein, in diesem Zusammenhang verallgemeinernde Feststellungen zu treffen, da offenbar individuelle Merkmale der Kläranlagen (Belastungsverhältnisse, Art und Menge der Abwässer) für die bakteriologische und toxikologische Entwicklung des biologischen Bildes bestimmend sind. Es wäre erwünscht, hier weitere Erfahrungen zu sammeln, die sich durchaus von praktischem Wert für den Betrieb biologischer Kläranlagen erweisen können.

Zusammenfassend ist nochmals zu betonen, daß die Untersuchungen einen sehr komplexen Sachverhalt betreffen und nur Anschnitte möglicher Beziehungszusammenhänge freilegen können. Wichtig erscheinen einige Folgerungen von praktischer Bedeutung, vor allem im Hinblick auf die Forderung nach Standardisierung der Untersuchungsverfahren. Zur Erfassung und Bewertung toxischer Abwässer oder von Abwassergiften sind einheitliche Methoden erforderlich; die im Testmodell eingesetzten Mikroorganismen müssen nach Herkunft, Vorgeschichte und Eigenschaften bekannt sein und reproduzierbare, vergleichbare Reaktionen erlauben; die Beurteilungsmaßstäbe müssen definiert sein und im Verhältnis zum Informationswert der Methode stehen. Trotz der Bemühung um Standardisierung und Standardisierbarkeit muß der Bezug auf

die biologische Wirklichkeit (z. B. die einer Kläranlage oder eines Gewässers) erhalten bleiben.
Die Untersuchungen versuchten, einige Beispiele für die Variabilität der Resistenz- und Adaptationseigenschaften der Mikroflora von Tropfkörperanlagen zu geben. Darüber hinaus ergaben sich Ansatzpunkte für vertiefende mikrobiologische Betrachtung und für die Möglichkeit, aus den natürlichen Standorten geeignete und represantative Mikroorganismen für standardisierbare Testmodelle zu isolieren. Weitere Untersuchungen in diesen Richtungen werden z. Zt. durchgeführt oder vorbereitet.

Literatur

BUCKSTEEG, W. und N. WOLTERS: Betrachtungen über Bildung und Abbaufunktion von Belebtschlamm und Tropfkörperrasen. Gas- u. Wasserfach **108** (1967), 734

NEHRKORN, A.: Möglichkeiten mikrobiologischer Methoden zur Erfassung der Abwassertoxizität. Vortrag 2. Symposium Technische Mikrobiologie, Berlin 1970. (im Druck: Zentr. f. Bakt., Supplementhefte)

KNÖPP, H.: Der A-Z-Test, ein neues Verfahren zur toxikologischen Prüfung von Abwässern Dtsch. Gewässerkundl. Mitt. **5** (1961), 66

DEUTSCHE EINHEITSVERFAHREN ZUR WASSER-, ABWASSER- UND SCHLAMMUNTERSUCHUNG. Verlag Chemie, Weinheim (Bergstr.)

Anschrift des Verfassers:

Dr. A. NEHRKORN, Hygiene-Institut der Universität Münster, 44 Münster/Westf., Westring 10, BRD

S. Wróbel

Polnische Akademie der Wissenschaften, Hydrobiologische Forschungsanstalt, Krakau

Über den Einfluß von Schwefeldioxid auf Wasserorganismen

Zusammenfassung: Um die Kenntnisse über den Einfluß von Schwefeldioxid zu vertiefen, wurden Versuche mit verschiedenen Algen und tierischen Organismen durchgeführt. Im Wasser findet keine direkte Wirkung durch Schwefeldioxid statt. Der Wassertyp kann vom Sulfat verändert werden, und hieraus sind die Schäden auf die Biocönose abzuleiten.

Summary: For deepening the knowledge about the influence of sulphur dioxide tests with different algae and animalic organisms were carried out. In water no direct effect of sulphur dioxide occurs. The water type can be changes from carbonate to sulphate and damages to the biological association are possible due to this.

Резюме: Для углубления знаний о влиянии двуокиси серы были проведены исследования с различными водорослями и животными организмами. В воде нет прямого влияния двуокиси серы. Тип воды можно изменяться с карбоната до сульфата и из этого выводятся вреды на биоценоз.

Staub und Abgase bilden ständige Komponenten der Luft in industriellen Bezirken. Zu den schädlichsten gehört das Schwefeldioxid, eine Verbindung, die beim Verbrennen des in Stein- und Braunkohle anwesenden Schwefels entsteht. Der Gehalt der Kohle an Schwefel ist verschieden und reicht von 0,5 bis 3,0%, je nach der Qualität der Kohle. Besonders viel Schwefeldioxid ist in der Nähe von Wärmekraftwerken zu finden, die bis auf einige zehntausend Tonnen Kohle einer geringeren Qualität, die mehr Schwefel enthält, täglich verbrennen. Der Boden und die Gewässer in der Nähe von Wärmekraftwerken absorbieren bis zu 2,8 mg SO_2/dcm^2 in 24 h (Paluch).

Die bisher vorgenommenen Untersuchungen des Schwefeldioxids auf seine schädliche Wirkung auf lebende Organismen betrafen Pflanzen und Tiere. Dabei wurde festgestellt, daß in Pflanzen, die der Schwefeldioxidwirkung ausgesetzt waren, der Wasserhaushalt allmählich zerstört (Kisser) und der Chlorophyllgehalt geringer wurden: je größer die Stoffwechselgeschwindigkeit der Pflanzen, desto schädlicher die Wirkung. Die weniger physiologisch aktiven Arten widerstanden der Schwefeldioxidwirkung besser (Mamaev). Bemerkenswert ist auch, daß auf gut mit mineralen Nährverbindungen, besonders mit Stickstoff versorgtem Boden wachsende Pflanzen widerstandsfähiger gegen die Schwefeldioxidwirkung waren.

In lebenden Tierzellenkulturen waren die Schwefeldioxidtoxizitatsgrenzen näher den größeren Konzentrationen (Thomson, Pace), wenn das Medium mehr Eiweiß enthielt.

Stickstoff und Eiweiß spielen eine bedeutende Rolle bei der Resistenz der Organismen gegen die giftige Wirkung des Schwefeldioxids.

In der zugänglichen Literatur wurden keine ausführlicheren Untersuchungen über Wasserorganismen erwähnt. Nach LIEBMANN sollen für Fische Konzentrationen von 15···20 mg SO_2 und in sauren Gewässern von 0,5···1,0 mg SO_2/l toxisch wirken.

1968 wurden Untersuchungen über die Wirkung des Schwefeldioxids auf Wasserorganismen unternommen. Die Untersuchungen betrafen die Einwirkung des Schwefeldioxids auf Phyto- und Zooplankton (*Daphnia magna*) der Teiche und auf Fische (*Cyprinus carpio*, *Lucioperca lucioperca* und *Perca fluviatilis*). (Die Versuche wurden unter Mitwirkung von Mgr S. LEWKOWICZ, Mgr M. LEWKOWICZ und Dr. J. SZUMIEC ausgeführt.)

Die Versuchsdurchführung mit Phytoplankton erfolgte in drei Reihen, so daß in jeder Reihe eine andere Algenart dominierte. In der ersten Reihe überwogen die *Volvox*-Arten, in der zweiten die Blaualgen mit der Überzahl von *Microcystis aeruginosa*, und in der dritten Grünalgen von der Gattung *Scenedesmus*. In den beiden ersten Reihen wurden 1 und 2,8 mg SO_2/l nur am Anfang des Versuches zugesetzt, in der dritten aber diese Mengen täglich im Laufe von sechs Tage dauernden Untersuchungen angewandt. Als Vergleichsmaß wurden die Chlorophyllmenge im Phytoplankton und die Intensität der Photosynthese bestimmt, bei Anwendung der Sauerstoffmethode der hellen und dunklen Flaschen angenommen.

Die angewandten Schwefeldioxidmengen hatten keine toxische Wirkung auf die niederen Wasserpflanzen in keiner der drei Versuchsreihen. In den Proben mit Schwefeldioxid wichen der Chlorophyllgehalt sowie die Intensität der Photosynthese nicht von denen in den Kontrollproben ab.

In der dritten Versuchsreihe, wo das Schwefeldioxid jeden Tag angewandt worden war, änderte sich die Ionenzusammensetzung des Wassers (Abb. 1). Während der Anteil der Bicarbonate von 69···47% sank, stieg der Gehalt an Sulfaten von 22···45%. Der Calciumgehalt stieg ebenfalls durch Zugabe von 7 mg Flugasche/l zu dem Schwefeldioxid, die einer durchschnittlichen jährlichen Emmision von 250 t/km^2 entspricht. Es ist aber bemerkenswert, daß eine Behandlung mit der Flugasche allein keine Änderungen der Wasserzusammensetzung verursachte.

Die Einwirkung des Schwefeldioxids auf Planktontiere wurde am Beispiel *Daphnia magna* in mehreren Versuchsreihen geprüft, bei denen täglich 2,8 mg SO_2/l 7 mg/l Flugasche und dann drei- bis viermal höhere Mengen angewandt wurden. Die Untersuchungen dauerten vier bis sechs Tage. Bei einer Konzentration von 2,8 mg/SO_2/l, – entsprechend den natürlichen Bedingungen, wirkte das Schwefeldioxid nicht toxisch, aber bei einer dreifachen Konzentration starben 100% der Tiere nach der vierten Schwefeldioxidzugabe, bei der höchsten Schwefeldioxidkonzentration aber bereits nach der dritten Zugabe ab.

In allen Fällen sank der pH-Wert des Wassers. Die Sterblichkeit des Zooplanktons war eineinhalb bis vier Stunden nach dem Absinken des Wertes unterhalb 5,5 feststellbar (Abb. 2).

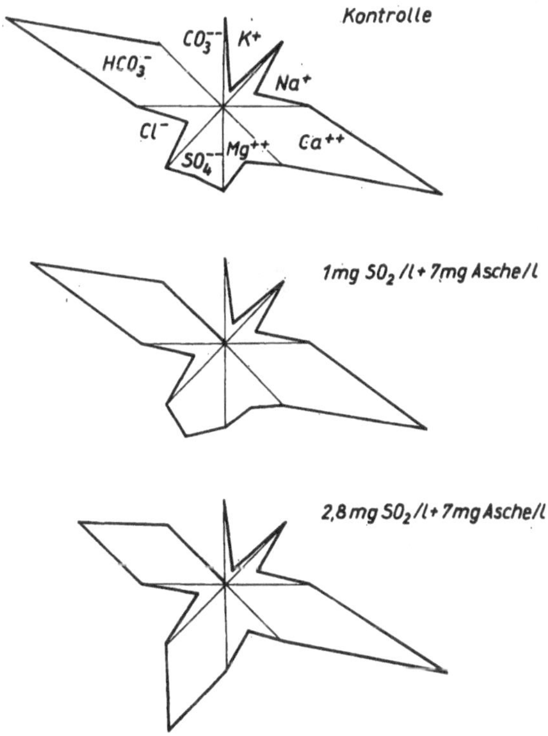

Abb. 1: Schwefeldioxidgaben und Ionenzusammensetzung des Wassers

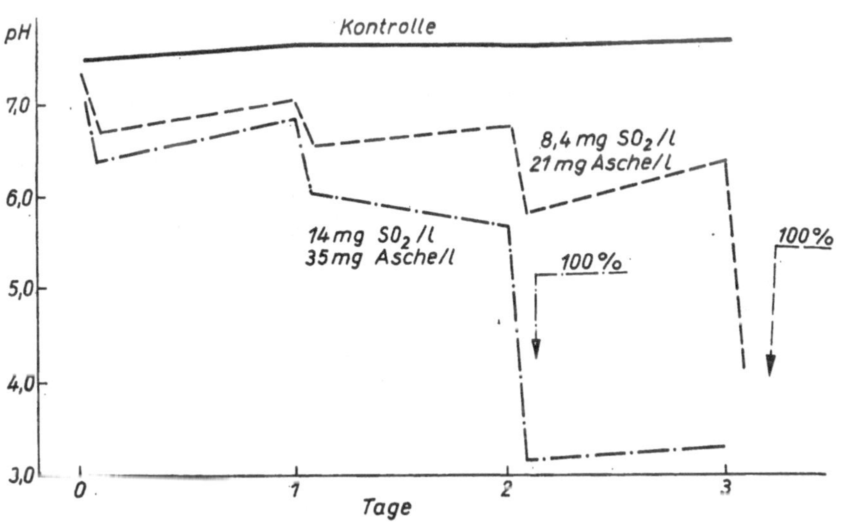

Abb. 2: Der Einfluß der Schwefeldioxidgaben auf den pH-Wert und die Sterblichkeit *Daphnia magna*

Auf dieselbe Weise wurden Proben mit Fischen und zwar *Cyprinus carpio*, *Lucioperca lucioperca* und *Perca fluviatilis* durchgeführt. Bei Absinken des pH-Wertes bis 4,0 starben die Fische ab (Abb. 3). Bei den erwähnten Versuchen lag die Ursache der Sterblichkeit der Tiere nicht in der unmittelbaren giftigen Einwirkung des Schwefeldioxids, sondern in der Änderung des pH-Wertes.

Obwohl die obenerwähnte Untersuchung nur einen einführenden Charakter hatte, gab sie doch Anlaß zu folgenden beachtenswerten Bemerkungen. Im Gegenteil zu Pflanzen und Tieren sind die Wasserorganismen, mit der Ausnahme von Macrophyten, nicht der unmittelbaren Wirkung des gasförmigen Schwefel-

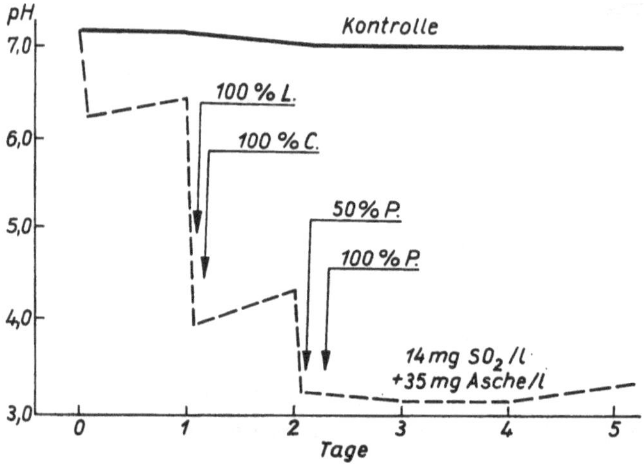

Abb. 3: Der Einfluß der Schwefeldioxidgaben auf den pH-Wert und die Sterblichkeit der Fische

C – *Ciprinus carpio*, L – *Lucioperca lucioperca*,
P – *Perca fluviatilis*.

dioxids, sondern der schwefligen Säure bzw. ihrer Salze ausgesetzt. Bei Pflanzen und Tieren reagiert das Schwefeldioxid mit den inwendigen Flüssigkeiten der Organismen, wobei auch pathologische Änderungen der Zellmembrane und des Protoplasma entstehen. In der Wasserumgebung verläuft die erste Reaktion außerhalb der Organismen, deswegen ist die Wirkung des Schwefeldioxids nur indirekt und seine Toxizität bildet eine Funktion nicht nur der Konzentration sondern auch der chemischen Zusammensetzung des Wassers. Unter der Einwirkung des Schwefeldioxids findet im Wasser eine Umsetzung des Wassertypus vom Carbonaten zum Sulfaten statt. Diese Umsetzung ist ungünstig, da nicht nur die Produktivität des Wassers wegen des geringeren Kohlendioxidgehaltes in den Carbonaten sondern auch die Puffereigenschaften der Gewässer sinken.

Die Verunreinigung der Luft mit Schwefeldioxid kann also einen bedeutenden Einfluß auf die chemische Zusammensetzung der Oberflächengewässer auswirken, da die Acidität dieser Verbindung eine Lösung anderer atmosphärischer Verunreinigungen im Wasser verursacht. Dies ist besonders dann verständlich, wenn man erwägt, daß in Industriebezirken etwa 3···18 kg Zn/ha, 3···28 kg Pb/ha, 0,4···3 kg Cu/ha, 45···265 kg Fe/ha und 217···653 kg Al/ha mit dem Staub auf den Boden emitiert wird (Czyż und Mitarb.).

Literatur

Czyż, A., S. Godzik, J. Greszta, J. Olszowski: The influence of industrial air pollution on soil and forests in a selected sector of the Katowice district. Ochrona Przyrody **33** (1968), 309

Kisser, J.: Physiologische Probleme der Einwirkung von Luftverunreinigungen auf die Vegetation. Referate der VI. intern. Arbeitstagung in Katowice, (1968), 27

Liebmann, H.: Handbuch der Frischwasser- und Abwasser-Biologie. B. II, VEB Gustav Fischer Verlag, Jena, 1958

Mamaev, S. A.: Einfluß der Luftverunreinigungen auf Pflanzen, einige Ergebnisse aus den in Ural ausgeführten Untersuchungen. Referate der VI. intern. Arbeitstagung in Katowice, (1968), 249

Paluch, J.: Einige Probleme der Luftverunreinigung in hochindustrialisierten Gebieten. Referate der VI. intern. Arbeitstagung in Katowice, (1968), 9

Thompson, J. R., O. M. Pace: The effects of SO_2 upon established cell lines cultivated in vitro Can. J. Biochem. Physiol: **40** (1962), 207

Anschrift des Verfassers:

Doz. Dr. St. Wróbel, Zakład Biologii Wód PAN, Kraków, ul. Sławkowska 17, VR Polen

J.-A. v. OERTZEN und G. SCHLUNGBAUM

Sektion Biologie, Fachbereich Meeres- und Fischereibiologie der Universität Rostock

Experimentell-ökologische Untersuchungen über Sauerstoffmangel und Schwefelwasserstoffresistenz an marinen Evertebraten der westlichen Ostsee

In den Tiefbecken der Ostsee unterhalb 100 m Wassertiefe ist der Sauerstoffgehalt praktisch Null, und ab 150 m Tiefe ist in den letzten zwei Jahren Schwefelwasserstoff nachweisbar. Außerdem sind in der relativ flachen Mecklenburger Bucht — Tiefe 20 m — extreme Sauerstoffabnahmen während der Stagnationsperioden und mögliches Auftreten von Schwefelwasserstoff in Bodennähe beobachtet worden. Aus diesen Gründen erfolgten Untersuchungen über das Auftreten von vier Bivalvierarten einer Kaltwassergemeinschaft und zwei Vertretern der borealen Macomabaltica-Coenose gegenüber Sauerstoffmangel und Schwefelwasserstoff. Die im Bodden dominierenden Arten zeigen eine relativ höhere Resistenz gegenüber Sauerstoffmangel im Vergleich zu denen des offenen Meeres. Ferner besitzen die kaltstenothermen und stenohalinen Tiefenformen eine höhere Resistenz gegen Sauerstoffmangel und Schwefelwasserstoff als die borealen Vertreter der Macomabaltica-Coenose. Als wichtigster Energiespender wird das Glykogen angesehen.

Das Referat erscheint in den "*Beiträgen zur Meereskunde*", Akademie-Verlag, Berlin

Anschrift der Verfasser:

J.-A. v. OERTZEN, G. SCHLUNGBAUM, — 25 Rostock, Freiligrathstraße, Sektion Biologie, FG Meeresbiologie, DDR

H.-P. Klöcking und M. Richter

Institut für Pharmakologie und Toxikologie der Medizinischen Akademie Erfurt

Toxikologische Untersuchungen über die Schädlichkeit von Methanol im Trinkwasser

Zusammenfassung: Die Verträglichkeit von Trinkwasser mit einem Volumenprozent Methanol wurde für Ratten während sechs Monaten getestet. Als Toxizitätskriterien wurden das Verhalten der Tiere, Körpergewicht, Blutbild, Transaminasenbefunde, Immunelektrophorese des Serums und histologische Befunde verwendet. Auf Grund der genannten Kriterien konnten keine signifikanten Unterschiede zwischen Test- und Kontrolltieren nachgewiesen werden. Unter Berücksichtigung des in der Literatur beschriebenen niedrigsten Wertes für die maximal erlaubte Methanolkonzentration un d der Menge des durchschnittlichen Trinkwasserverbrauchs wird für Trinkwasser ein Methanolgrenzwert von 1 mg/l abgeleitet.

Summary: The compatibility of drinking water with one percent by volume of methanol was tested on rats during six months. As criterions of toxicity were used behaviour of animals, body weight, hemogram, transaminase values, immunoelectrophoresis of serum and histological findings. Using these criterions no significant differences between test animals and control animals could be demonstrated. Based on the lowest value for the maximally permitted methanol concentration described in the literature and on the volume of the average consumption of drinking water a methanol limit of 1 mg/l for drinking water is concluded.

Резюме: Испыалась уживчивость питьевой воды для крыс, содержащей один объёмный процент метанола, в течении шести месяцев. Как критерий токсичности были использованы поведение животных, вес тела, картина крови, данные трансаминазы, иммуноэлектрофорез сыворотки и гистологические данные. Вследствие названных критериев не могли быть доказаны значительные различия между опытными и контрольными животными. С учётом низшей стоймости для максимально разрешенной концентрации метанола описано в литературе и количества среднего расхода питьевой воды выводится передельная величина метанола на 1 мг/л для питьевой воды.

Die akute toxische Wirkung von Methanol auf den Menschen ist aus der Beschreibung von akzidentellen und suizidalen Vergiftungen hinreichend bekannt (Browning, Lewin, Moeschlin, Preuss, Wirth, Hecht und Gloxhuber). Dagegen kann die Frage nach der Verträglichkeit kleiner Methanolmengen im Trinkwasser über einen längeren Zeitraum nicht befriedigend beantwortet werden. Eine diesbezügliche Anfrage des Kaliforschungsinstitutes Sondershausen war der Anlaß zur Überprüfung der Verträglichkeit von Trinkwasser mit Zusatz von einem Vol.-% Methanol bei Ratten über sechs Monate, um mögliche Schäden erfassen oder ausschließen zu können, da bei einem bestimmten Verfahren der Laugenaussalzung zur Kaligewinnung die Gefahr eines Übertritts von Methanol ins Grundwasser besteht. Als Kriterien zur Beurteilung von Schädigungen wurden das Verhalten der Tiere, die laufende Gewichtskontrolle, hämatologische Befunde, Leberfunktionsprüfungen (Transaminasenbestimmungen), die Zusammensetzung der Serumeiweißfraktionen, Serum-Immunelektrophoresen sowie histologische Befunde herangezogen.

Versuchstiere

Für die Versuche wurden Wistar-Ratten der institutseigenen Koloniezucht benutzt, und zwar wurden diese als noch wachsende, zwei Monate alte Tiere mit einem Anfangsgewicht von durchschnittlich 170 g Körpergewicht in den Versuch genommen und – nach Geschlechtern getrennt – in vier Gruppen zu je zwanzig Tieren gehalten. Die Behandlung der Ratten aus Gruppe I und III bestand in der Verabreichung des methanolhaltigen Trinkwassers. Die weiblichen Tiere (Gruppe I) erhielten im Durchschnitt 20 m*l*, die männlichen Tiere (Gruppe III) 30 m*l* des methanolhaltigen Trinkwassers je Tag. Die tägliche Methanolzufuhr betrug demnach etwa 160 mg bei den weiblichen und 240 mg bei den männlichen Tieren.

Die Ratten der Gruppe II und IV dienten als Kontrolltiere und bekamen normales Leitungswasser. Die Trinkwasserzubereitung mit Methanol wurde täglich frisch hergestellt und den Tieren vormittags in die Trinkflaschen eingefüllt. Zur gleichen Zeit wurde auch das Trinkwasser für die Kontrolltiere gewechselt. Die Tiere erhielten Standard-Futter. Die Fütterung erfolgte unter ad-libitum-Bedingungen.

Auswertung und Darstellung der Ergebnisse

Von den ermittelten prozentualen Gewichtszunahmen, den Transminaseaktivitäten und den relativen prozentualen Werten der Serumeiweißfraktionen wurden die arithmetischen Mittelwerte mit Standardabweichungen angegeben. Die Prüfung auf Signifikanz der Methanolwerte zu den Kontrollen erfolgte mit dem t-Test bei einer Irrtumswahrscheinlichkeit von $p = 0{,}05$. Die hämatologischen Befunde wurden als Durchschnittswerte tabellarisch zusammengestellt.

Ergebnisse

Gegen Versuchsende wurde von den einzelnen Tieren Blut für die hämatologischen Untersuchungen sowie für die Transminasenbestimmungen aus dem orbitalen Venenplexus entnommen. Durch Herzpunktion in Äthernarkose wurden größere Mengen Blut für die Serumeiweiß- und Immunelektrophorese gewonnen. Nach Tötung der Tiere durch Dekapitation wurden Leber und Nieren bei je drei Tieren aller Gruppen zur histologischen Begutachtung entnommen.

a) Verhalten der Tiere und Gewichtsverlauf

Die mit Methanol getränkten Tiere verhielten sich während der ganzen Versuchszeit normal. Die Entwicklung der Tiere, gemessen an der prozentualen Zunahme des Körpergewichts (Tab. 1), unterschied sich nicht signifikant von der der Kontrolltiere.

Tabelle 1
Entwicklung der Wistar-Ratten

Gruppe	Gewichtszunahme nach fünfmonatiger Versuchsdauer zum Ausgangsgewicht in Prozent
I (Methanol ♀)	29,1±15,5
II (Kontrolle ♀)	24,6± 5,1
III (Methanol ♂)	42,0±12,4
IV (Kontrolle ♂)	49,4±10,8

b) Transaminasen

Um eine leberschädigende Wirkung nach oraler Aufnahme von Methanol erfassen zu können, wurden die Glutamat-Oxalazetat-Transaminase (GOT) und die Glutamat-Pyruvat-Transaminase (GPT) im Serum aller Gruppen bestimmt. Die Bestimmungen wurden mit den Fermognost-Bestecks des VEB Arneimittelwerkes Dresden (Farbtest) durchgeführt. Die in Tab. 2 aufgeführten Mittelwerte mit den dazugehörigen Standardabweichungen für die GOT- und GPT-Aktivitäten der vier Gruppen ergaben keine signifikanten Unterschiede zwischen den Methanol-behandelten Ratten und den Kontrolltieren.

Tabelle 2
Transaminasen

Gruppe	Anzahl der Meßwerte	Aktivitäten in *IE*	
		GOT	GPT
I (Methanol ♀)	20	30,4±7,2	5,7±1,7
II (Kontrolle ♀)	20	34,6±5,9	5,6±1,5
III (Methanol ♂)	20	30,1±6,8	5,2±2,2
IV (Kontrolle ♂)	20	29,3±9,4	5,4±1,7

c) Serumeiweißfraktionen

Weiterhin wurde versucht, Veränderungen in den Serumeiweißfraktionen, die Ausdruck einer Leberschädigung sein können, durch quantitative papierelektrophoretische Untersuchungen zu erfassen. Wie aus Tab. 3 hervorgeht, zeigen die gemessenen relativen prozentualen Werte der Serumeiweißfraktionen (Albumin, α_1-Globulin, α_2-Globulin, β-Globulin und γ-Globulin) der mit Methanol getränkten Ratten gegenüber denen der Kontrolltiere keinen signifikanten Unterschied im t-Test.

d) Serum-Immunelektropherogramm

Da durch die übliche Serumelektrophorese keine Veränderungen in den Serumeiweißfraktionen festgestellt werden konnten, wurde die Immunelektrophorese als empfindlichere Methode herangezogen. Die Untersuchungen wurden mit der Immunelektrophoresekammer FK 66 der Firma W. Müller KG, Rostock, durchgeführt. Als Antiserum wurde Anti-Ratten-Kaninchen-Serum benutzt.

Tabelle 3
Relative prozentuale Werte der Serumeiweißfraktionen

Gruppe	Anzahl der Tiere	Albumin	α_1-Globulin	α_2-Globulin	β-Globulin	γ-Globulin
I (Methanol ♀)	20	45,4±2,1	13,9±2,5	12,9±5,7	18,6±3,4	13,8±10,2
II (Kontrolle ♀)	20	41,6±7,9	16,4±1,2	10,9±3,3	18,0±3,2	13,1± 4,4
III (Methanol ♂)	20	34,8±3,8	13,1±1,9	16,1±8,5	21,6±4,6	12,2± 1,5
IV (Kontrolle ♂)	20	37,2±4,1	15,6±2,9	12,8±1,9	20,4±1,7	15,0± 3,2

Die Serum-Immunelektropherogramme der mit Methanol behandelten Tiere wiesen gegenüber denen der Kontrolltiere die gleiche Zahl von Präzipitationslinien auf.

e) Hämatologische Befunde

Die Ergebnisse der hämatologischen Befunde sind Tab. 4 zu entnehmen. Weder der Hämoglobingehalt noch die Anzahl der Erythrocyten und Leukocyten weichen nach der Methanolbehandlung von der Norm ab. Die gefundenen Werte entsprechen denen der Kontrolltiere.

Tabelle 4
Hämatologische Befunde (Durchschnittswerte)

Gruppe	Anzahl der Tiere	Hämoglobin g/100 ml	Erythrocyten Mill./mm³	Leukocyten Tausend/mm³	Prozentzahlen der Neutrophilen Stabkernige	Neutrophilen Segmentkernige	Eosinophilen	Basophilen	Lymphocyten	Monocyten
I (Methanol ♀)	20	15,5	5,28	7230	3	21	4	–	69	3
II (Kontrolle ♀)	20	15,8	5,34	6940	2	27	4	–	64	3
III (Methanol ♂)	20	15,8	5,34	6977	2	22	4	–	66	4
IV (Kontrolle ♂)	20	15,9	5,38	7240	3	21	2	–	70	3

f) Histologische Befunde

Die Organe (Leber und Niere) der Methanolgruppe sowie die der Kontrollgruppen zeigten keine histopathologischen Veränderungen. Die Befunde wurden im Pathologischen Institut der Medizinischen Akademie Erfurt erhoben.

Besprechung der Ergebnisse

Die erhobenen Befunde zeigen, daß die tägliche Aufnahme von 160 bzw. 240 mg Methanol mit dem Trinkwasser über einen Zeitraum von sechs Monaten zumindest bei Ratten keinen Einfluß auf das Verhalten und Wachstum der Tiere, auf die Anzahl der Erythrocyten und Leucocyten sowie auf die normale Leberfunktion ausübt.

Diese im chronischen Tierversuch als unschädlich erwiesenen Methanolmengen können nicht ohne weiteres zur Festlegung eines Methanolgrenzwertes bei der menschlichen Trinkwasserversorgung übertragen werden. Es muß berücksichtigt werden, daß die Ausscheidung des toxischen Metaboliten vom

Methanol – die Ameisensäure – beim Menschen gegenüber der Ratte verzögert ist. Das hängt mit dem niedrigeren Folatbestand des menschlichen Organismus zusammen, wodurch die natürliche Entgiftung des schädlichen Stoffwechselproduktes Ameisensäure im C_1-Stoffwechsel (auch Folatzyklus genannt) relativ langsam vonstatten geht. Das spiegelt sich in den Angaben für die Halbwertszeit der Ameisensäure bei der Ratte mit 12 min und beim Menschen mit 55 min deutlich wieder (RIETBROCK).

Um dennoch eine annähernd reale Vorstellung von dem Grenzwert für Methanol im Trinkwasser zu gewinnen, wurde der in der Literatur beschriebene niedrigste Wert für die maximal erlaubte Methanolkonzentration von 0,26 mg pro m^3 Luft bei 20 °C (SOEHRING, SCHILDT und FRAHM) für eine Einschätzung des Methanolgrenzwertes zugrunde gelegt. Unter der Vorraussetzung, daß eine entsprechend disponierte Person während eines achtstündigen Arbeitstages ein Luftvolumen von etwa 10 m^3 einatmet und eine vollständige Resorption über dem Wege der Inhalation erfolgen würde, können dabei im ungünstigsten Fall 2,6 mg aufgenommen werden. Rechnet man mit einem täglichen Wasserkonsum von 2 *l*, dürfte in 1 *l* Trinkwasser etwa nur 1 mg Methanol enthalten sein.

Dieser Grenzwert von 1 mg Methanol/*l* Wasser dürfte unter den hier dargelegten experimentellen Befunden und theoretischen Erörterungen einen hohen Sicherheitsfaktor einschließen, so daß nach Genuß eines derartig verunreinigten Trinkwassers keine gesundheitlichen Schäden zu erwarten sind.

Literatur

BROWNING, E.: Toxicity and metabolism of industrial solvents. Amsterdam. London, New York, 1965, 311

LEWIN, L.: Gifte und Vergiftungen 5. Aufl., Ulm/Donau, 1962, 472

MOESCHLIN, S.: Klinik und Therapie der Vergiftungen. 4. Aufl., Stuttgart, 1965, 285

PREUSS, Fr. R.: Gadamers Lehrbuch der chemischen Toxikologie und Anleitung zur Ausmittelung der Gifte Band I/1, Göttingen, 1969, 294

RIETBROCK, N.: Kinetik und Wege des Methanolumsatzes. Naunyn-Schmiedebergs Arch. Pharmak. exp. Path. **263** (1969), 88

SOEHRING, K., H. SCHILDT und M. FRAHM: Methanol-Vergiftungen in Hamburg in den Jahren 1945–1950. Arch. Toxikol. **14**, (1952/1954), 479

WIRTH, W., G. HECHT und Chr. GLOXHUBER: Toxikologie-Fibel. Stuttgart, 1967, 166

Anschrift der Verfasser:

Dr. rer. nat. Dr. med. habil. H.-P. KLÖCKING, Dr. rer. nat. M. RICHTER, Institut für Pharmakologie und Toxikologie der Medizinischen Akademie Erfurt, 50 Erfurt, Nordhäuser Straße 74, DDR

H. Knöpp

Bundesanstalt für Gewässerkunde, Koblenz

Stoffwechseldynamische Untersuchungen an großen Fließgewässern — Methoden und Ergebnisse

Zusammenfassung: Um einige Lücken zwischen abwassertechnischen und limnologischen Betrachtungsweisen zu schließen, wurde für Probleme des Sauerstoffhaushaltes ein in sich homogenes System von Untersuchungsmethoden entwickelt. Als Beispieluntersuchung zu diesem System wird am Längsprofil des unteren Main gezeigt, welche mannigfaltigen Korrelationen zwischen saprobiologischem Status, charakteristischen chemischen Kenndaten für den Gehalt an oxydierbarer, organischer Substanz und biochemischen Aktivitäten bestehen.

Summary: To close some gaps between wastewater-technical and limnological ways of consideration, for problems of oxygen balance a homogenious system of investigation methods has been developed. As an example investigation for this system it is shown by the longitudinal profile of the lower Main River, that various correlations exist between the saprobiologic status, characteristic chemical data of the content of oxidizable organic matter and biochemical activities.

Резюме: Для закрытия некоторых пробелов в знаниях между образами рассмотрения техники сточных вод и лимнологии была разработана гомогенная в себе система методов исследования для проблем баланса кислорода. Как примерное исследование было показано на продольном профиле нижнего Майна, какие многообразные корреляции состоят между сапробиологическим состоянием, характеристическими химическими данными для содержания окисляемых органических веществ и биохимическими активностями.

Zwischen der abwassertechnischen und der limnologischen Betrachtung und Analyse des verschmutzten Wasserlaufes und des Prozesses der biochemischen Selbstreinigung klaffen unübersehbar einige empfindliche Lücken. Neigt die Abwassertechnik in ihren Überlegungen dazu, den allerdings sehr wichtigen Sauerstoffgehalt des Wassers zum zentralen Maß aller Wertungen zu machen und das Phänomen der Selbstreinigung anhand recht einseitig schematisierter BSB-Modelle zu behandeln, so hat die moderne Limnologie zwar breiter fundierte Vorstellungen über die Dynamik des Stoffwechsels in den Gewässern entwickelt, aber sie spart gar zu gerne sowohl die Fließgewässer — insbesondere die „anthropogen beeinflußten" — als auch die aktuelle wasserwirtschaftliche Fragestellung aus ihrer Thematik aus. So entsteht — etwas überspitzt formuliert - das Bild, daß vielfach auf der einen Seite die Abwassertechnik stoffwechseldynamische Forschung gleichsam mit unzureichenden Mitteln betreibt, während auf der anderen Seite die Limnologie in die Gefahr gerät, trotz ihrer zentralen fachlichen Bedeutung für dieses Gebiet mit dem Blick auf brennende wasserwirtschaftliche Tagesfragen vor allem keimfreie theoretische Wissenschaft zu liefern. Mit diesen bewußt etwas provozierenden Formulierungen sei natürlich nicht ein Streit zwischen theoretischer und angewandter Gewässerkunde heraufgerufen, sondern nur pointiert gezeigt, wo in diesem Felde der Autor die Untersuchungsmethoden und -befunde angesiedelt wissen möchte.

Im Biologischen Laboratorium der Bundesanstalt für Gewässerkunde (BfG) ist man seit einer Reihe von Jahren bemüht, einige der Lücken zwischen abwassertechnischer und limnologischer Betrachtung zu schließen. Dabei mußten auch von der praktischen Fragestellung her Probleme des Sauerstoffhaushaltes der Gewässer im Vordergrund stehen. Es galt, die vereinfachten Denkmodelle der Abwassertechnik, die im wesentlichen auf der Vorstellung eines nur temperaturgesteuerten exponentiellen BSB-Abbaues und einer durch Defizit und Turbulenz gesteuerten physikalischen Belüftung basieren, unter limnologischen Aspekten zu ergänzen durch die kritische Analyse der Parameter, welche die mikrobioelle Oxydation organischer Stoffe (Selbstreinigung erste Stufe) einerseits und die Wiederbelüftung unter Einschluß der Photosynthese andererseits bestimmen.

Hierfür wurde ein in sich homogenes System von Untersuchungsmethoden entwickelt, deren Ergebnisse untereinander korrespondieren und die andererseits in enger Sachbeziehung stehen zu dem „BSB-Denkmodell" der Abwässertechnik, das sie sowohl im Hinblick auf Detailfragen ergänzen als auch im Einzelfall kausal näher analysieren.

Diese Methoden seien im Prinzip als bekannt vorausgesetzt (Knöpp, 1968a) — und hier nur kursorisch zusammengefaßt.

1. Die „Zusätzliche Zehrung" (ZZ)

Mit der *ZZ* wird parallel zu BSB-Untersuchungen an Flußwasser gemessen, welcher Sauerstoffmehrverbrauch über den BSB hinaus durch „Fütterung" der BSB-Proben mit abgemessenen Mengen steriler organischer Stoffe erzielt wird. Diese Messung dieser *ZZ* erfolgt im Normalfall für Pepton (als Modell für Eiweiße) und für Glukose (als Modell für Kohlenhydrate) und zwar für eine Bebrütungsdauer von 7 h bei Normalbedingungen (Dunkelheit, 20 °C). Im Gegensatz zum BSB, der die in einer Wasserprobe unter Standardbedingungen ablaufenden biochemischen Oxydationen beschreibt, liefern die *ZZ* Meßwerte für die Abbaupotenz der in einer Wasserprobe enthaltenden Mikrophyten und ist zweifellos eng verwandt mit den *k*-Werten abwassertechnischer Abbauformeln, die ein Maß für die Abbaugeschwindigkiet darstellen. Selbstverständlich kann die *ZZ* darüber hinaus für jeden beliebigen abbaubaren organischen Stoff gemessen werden und liefern dann Einblick in die initiale Abbauleistung des Gewässers für den betreffenden Stoff.

2. Die „Biogene Belüftungsrate" (BBR)

Diese Bestimmung entspricht der Messung der Primärproduktion. Untersucht wird im Tiefenprofil des Fließgewässers die Sauerstoffproduktion des Phytoplankton entnommener und wieder in situ exponierter Hell-Dunkelflaschen-

Proben. Selbstverständlich eignet sich dieses Verfahren nur für die Untersuchung größerer Fließgewässer, in denen eine biogene Belüftung überwiegend durch Phytoplankton und nur in untergeordnetem Maße durch Phytobenthos erfolgt. Die Ergebnisse solcher Hell-Dunkelflaschen-Versuche wurden anhand des Sauerstoffgehalts inzwischen experimentell verglichen mit denen anderer Methoden der Primärproduktionsmessung und zwar der C^{14}-Messung und der Analyse von Tag-Nacht-Gangkurven des Sauerstoffgehalts mit dem Ergebnis, daß mit gewissen Einschränkungen, die vor allem gestaute Fließgewässer betreffen, die Analyse von Tag-Nacht-Gangkurven das einfachste Verfahren für eine kontinuierliche Messung der biogenen Belüftung darstellt, das auch ausreichende Sicherheit bietet, sofern man seine Ergebnisse von Fall zu Fall mit Hell-Dunkelflaschen-Versuchen „eicht".

3. Das Sauerstoff-Produktionspotential (SPP)

Für die rasche, vergleichende Analyse der Phytoplanktonbestände und deren Photosyntheseleistung, sei es in zeitlichen oder in räumlichen (Längsprofile) Meßserien wurde die Messung des *SSP* benutzt und hier unter konstanten Laborbedingungen (Lichtbrutschrank 20 °C, 4000 lx Dauerlicht) die Sauerstoffproduktion des in Flußwasserproben natürlicherweise enthaltenen Phytoplanktons gemessen.

4. Der Assimilations-Zehrungstest (A—Z-Test)

Mit dem *A-Z*-Test wird schließlich der Einfluß komplex zusammengesetzter Abwässer oder einzelner abwasserbürtiger Schadstoffe auf die Prozesse der mikrobiellen Oxydation einerseits und die Photosyntheserate andererseits gemessen und zwar als Funktion der Abwasser- bzw. Schadstoffkonzentration. Damit werden Kennlinien für die geprüften Stoffe erhalten, die anzeigen, ob und in welchem Ausmaß diese Stoffe in Abhängigkeit von der Verdünnung im Vorfluter Selbstreinigungsprozesse „düngen", hemmen oder unbeeinflußt lassen.

Wegen der Meßtechnik sei auf Knöpp 1968a und die dort genannten früheren Originalarbeiten verwiesen. Hier sei nur ergänzt, daß es sich empfiehlt, alle für diese Messungen notwendigen Sauerstoffbestimmungen mit membrangedeckten Elektroden durchzuführen, um die bei nassen Bestimmungsverfahren unausweichlichen Störungen durch Abwasserinhaltsstoffe zu vermeiden.

Demgegenüber seien hier einige grundsätzliche methodische Fragen erörtert, die in der Vergangenheit nach eigenen Erfahrungen immer wieder Anlaß für Mißverständnisse waren. Die entwickelten Verfahren werden als experimentell-ökologische Modelle betrachtet, die es gestatten sollen, die früher fast ausschließlich am BSB — meist sogar in für Fließgewässer wenig sinnvoller Weise am BSB_5-orientierte Analyse von Abbau, Selbstreinigungsleistung, Belastbarkeit und Sauerstofflängsprofil zu ergänzen und die es ermöglicht, die Kinetik des Sauerstoffstoffwechsels weitergehend kausal zu verstehen, als das anhand von BSB-Betrachtungen allein möglich wäre. Zugleich zeigte die praktische Anwendung dieser Verfahren bei Längsprofiluntersuchungen an großen

Flüssen, daß eine enge Korrelation ihrer Ergebnisse sowohl zu chemisch-analytischen Befunden als auch zu denen biocönotischer Bestandsaufnahmen der Saprobiologie besteht. So deckt sich z. B. im Längsprofil das Maximum der *ZZ*-Werte mit dem Minimum der Sauerstoffkonzentrationen. Schwankungen der *ZZ*-Werte im Längsprofil zeigen, daß man bei abwassertechnischen Lastberechnungen mit kurzfristig variablen *k*-Werten rechnen müßte, und man kann deren Variationsbreite anhand der *ZZ*-Werte abschätzen. Längsprofile der *ZZ*-Werte zeigen normalerweise räumlich und zeitlich phasenverschoben einen ähnlichen Gang wie jene der BSB-Werte, denn die Zufuhr einer organischen Last führt im Gewässer erst mit zeitlicher Verzögerung zum Aufbau einer die Nährstoffe nutzenden und damit abbauenden Mikrophytenpopulation, die das Maximum ihrer Bestandsdichte erst erreicht, wenn das Maximum der Nährstoffkonzentration längst überschritten ist, wie das auch vom Verhalten diskontinuierlicher Kulturen bekannt ist. Wo diese phasenverschobene Reaktion der *ZZ*-Werte auf BSB-Lasten gestört ist, kann man auf Vergiftungen der Selbstreinigungsleistung durch toxische Abwässer schließen und den Umfang dieser Intoxikationen sowohl als Minderbetrag teilvergifteter Selbstreinigung wie auch auf dem Umweg über die Kosten äquivalenter Kläranlagen als gesamtvolkswirtschaftlichen Vermögensschaden wenigstens größenordnungsmäßig bilanzieren. Die *ZZ*-Werte weisen weiterhin interessante Korrelationen zum ChSB (COD) und zum Gehalt des Flußwassers an gelöstem organischem Kohlenstoff (TOC) auf, worauf im Folgenden noch näher eingegangen wird. Der Quotient SPP/ZZ, der gleichsam eine experimentelle Laborvariante zu dem in der theoretischen Limnologie diskutierten P/R-Quotienten darstellt, zeigt enge Beziehungen zu den Assoziationen der benthischen Saprobionten, die damit als stoffwechselphysiologische Lebensformtypen im Sinne REMANE's zu verstehen sind, die vor allem durch ihre Nahrungsansprüche eingepaßt sind in einen bestimmten Bereich eines mindestens dreidimensionalen P/R-Bezugssystems, in dem neben der relativen Größe von P und R auch noch das „trophische Niveau", d. h. die absolute Höhe von Produktion und Respiration als primäre bestandsregulierende Faktoren anzusehen sind. Andere Parameter vom pH-Wert und Salzgehalt über die Sauerstoffversorgung bis zu Giftstoffen werden in diesem System zu begrenzenden Sekundärfaktoren, die ihrerseits natürlich durchaus eine „Rückkoppelung" zu den P/R-Faktoren aufweisen können.

Auf die Ergebnisse der mit solchen Verfahren durchgeführten Untersuchungen kann hier nicht in allen Einzelheiten eingegangen werden; dazu ist bereits vielfach publiziert worden. (KNÖPP 1968a).

Zu Fragen der biogenen Belüftung wurde festgestellt, daß die Photosynthese auch in größeren Fließgewässern während der Vegetationsperiode (März/April bis September/Oktober) erhebliche Beiträge zur Wiederbelüftung leistet. Gemessen wurden Produktionsraten von ca. 1⋯10 g $O_2/m^3 \cdot d$. Das entspricht Flächenproduktionen von etwa 3⋯30 g $O_2/m^2 \cdot d$. Anhand des *SPP* kann man die Photosynthesepotenz auch relativ einfach regional und in ihrem zeitlichen Verlauf studieren. Dabei ergab sich, daß die biogene Belüftung (vgl. das oben über den P/R-Quotienten Gesagte) selbstverständlich auch klare Beziehungen zur Saprobität der Gewässer zeigt und zwar derart, daß im os-Bereich die

Photosynthese wegen primärer Nährstoffarmut relativ gering ist; sie nimmt mit zunehmender „Düngung" im bms-Bereich zu, erreicht zwischen bms und ams-Bereich ihr Maximum und fällt über ams- und ps-Bereich dann allmählich auf 0. Demgegenüber nimmt die physikalische Belüftungsrate im gleichen Saprobitätsspektrum entsprechend den steigenden Sauerstoffdefiziten exponentiell zu. Die Photosynthese ist weiterhin der Sonnenscheindauer im Zeitraum einiger Wochen vor einer Messung direkt und dem Abfluß zur Zeit der Messung umgekehrt proportional. Damit stabilisiert die biogene Belüftung in der Vegetationsperiode den Sauerstoffhaushalt automatisch innerhalb gewisser Grenzen gegen den negativen Einfluß wechselnder Wasserführung und Wassertemperatur, die ihrerseits mit der spezifischen Abwasserlast eng korreliert sind. Auf toxische Abwassereinflüsse reagiert die Photosynthese — also auch die biogene Belüftung — empfindlicher als der mikrobielle Abbau; so führt beginnende Vergiftung eines Vorfluters gleichsam zu einer „Heterotrophierung" des Gesamtsystems, wie inzwischen etwa auch von der künstlichen Aufwärmung durch größere Kühlwassermengen bekannt wurde. Nach neueren vergleichenden Untersuchungen bleibt übrigens die Photosynthese in gestauten Gewässern im Jahresablauf länger wirksam als in frei fließenden (Main/Rhein), wahrscheinlich, weil in rasch fließenden Gewässern die mit sinkender Temperatur abnehmende Reproduktionsgeschwindigkeit eher zum begrenzenden Faktor für die Algenentwicklung wird. Aus Unterschieden der Längsprofile von *BSB* und *ZZ* kann, wie schon angedeutet, nicht nur die Variabilität der k-Werte für abwassertechnische Berechnungen abgeleitet werden, sondern auch eine Bilanz der Vergiftung der Selbstreinigungsleistung durch toxische Einflüsse. Diese Einflüsse selbst lassen sich schließlich mit Hilfe des *A-Z*-Tests an den zugeführten Abwässern lokalisieren und gleichsam als Gegenprobe noch einmal quantitativ bestimmen. Mit entsprechenden Längsprofiluntersuchungen war so für den Niederrhein stromab von Düsseldorf eine Vergiftung der Selbstreinigungsleistung von ca. 30% nachzuweisen, die auch durch toxikologische Untersuchungen an den zugeführten Abwässern inzwischen bestätigt wurde. Sie stellt, veranschlagt als Kapitalwert äquivalenter Klärmaßnahmen, einen volkswirtschaftlichen Schaden von ca. 1,5···1,7 Milliarden DM dar (Knöpp, im Druck). Neuerdings wurde die *ZZ*-Messung auch für eine weitergehende Analyse der Wirkung kühlwasserbedingter Aufwärmungen benutzt mit dem Ergebnis, daß die so verursachten plötzlichen Temperatursteigerungen nicht nur den Sauerstoffhaushalt wesentlich stärker in Anspruch nehmen, als bisher nach abwassertechnischen Vorstellungen anhand des *BSB* angenommen [Knöpp, 1968b], sondern, daß diese unerwartet hohen Temperaturgradienten der Abbaugeschwindigkeit darauf zurückgehen, daß neben dem Abbau erster Stufe der Kohlenstoffverbindungen auch Nitrifikationsprozesse stark beschleunigt oder sogar erst eingeleitet werden.

Wie bereits erwähnt, zeigen diese stoffwechseldynamischen Meßwerte weitere interessante Korrelationen zu ChSB und TOC, die nach neueren Untersuchungen am Main gezeigt seien (Abb. 1). Die chemischen Daten (Dichromatwerte und gaschromatographische Bestimmungen des gelösten organischen Kohlenstoffs) verdanke ich dem Inst. f. Wasserchemie der TU Karlsruhe (Prof. Sontheimer) aus einem gemeinsam durchgeführten Forschungsauftrag. Die Darstellung umfaßt den Unter-Main von Strom-km 107 (Klingenberg) bis Strom-km 15 (Eddersheim). Die Abwasserbelastung dieser Mainstrecke ist folgendermaßen zu charakterisieren: Bei km 107 hat der gestaute Main eine mehr als 130 km lange, nahezu ungestörte Selbstreinigungsstrecke zurückgelegt. Etwa bei km 97 nimmt der Main zuerst die Abwässer eines Glanzstoffwerkes und dann bei km 85 die Abwässer zweier Zellstoffwerke auf. Danach folgt eine Zone geringer zusätzlicher Belastungen bis zum Bereich von Offenbach, und die Reststrecke vom Offenbach-Frankfurter Raum bis zur Mainmündung ist durch übermäßige industrielle und kommunale Belastung charakterisiert.

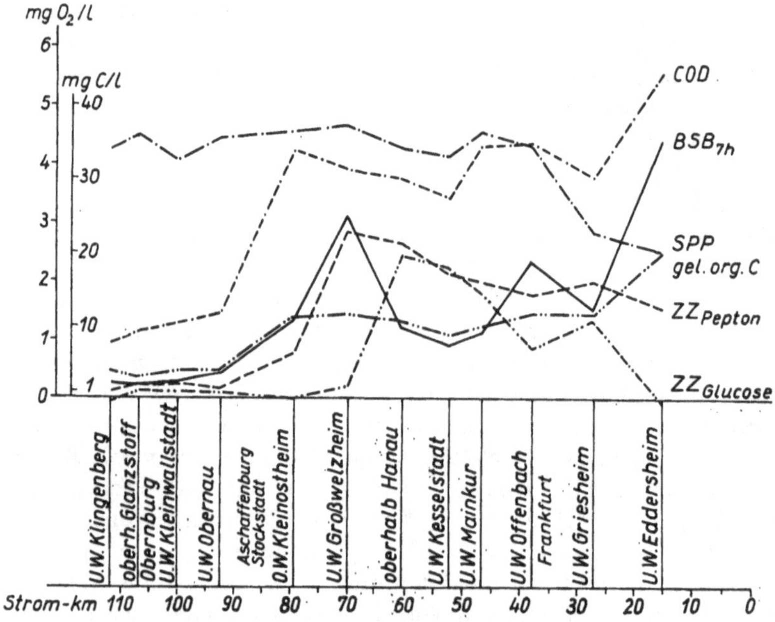

Abb. 1: Stoffwechseldynamischer Zustand des Mains — Mainbereisung am 4. und 5. 11. 1969

Dieser Lastverteilung entsprechend ist der obere Mainabschnitt bis km 85 beta-mesosaprob, nach Zulauf der Zellstoffabwässer alpha-mesosaprob in wechselnder Ausprägung und im Raum unterhalb Offenbach/Frankfurt aplha-meso- bis polysaprob, wobei gleichzeitig eine deutliche biocönotische Verarmung zu beobachten ist.

Abb. 1 verzeichnet für diese drei Streckenabschnitte Meßwerte für die Belastung mit oxydierbaren organischen Stoffen, und zwar als ChSB (COD, Dichromatverbrauch) und als gelöster organischer Kohlenstoff; parallel dazu wurde der initiale Biochemische Sauerstoffbedarf ($BSB_{7\,h}$), mit gleichen Bebrütungszeiten von 7 h die zusätzliche Zehrung für Pepton und Glukose (ZZ_{Pepton}, $ZZ_{Glukose}$) und schließlich mit 24-stündiger Bebrütung im Lichtthermostaten das Sauerstoffproduktionspotential (*SPP*) gemessen.

Am Beginn der Strecke sind sowohl die organische Last (COD und organischer Kohlenstoff) als auch der Umfang respiratorischer Prozesse (BSB) und respiratorischer Potenzen (*ZZ*-Werte) sehr gering. Das Mainwasser hat hier eine sehr effektive Selbstreinigung mit mehrfacher Sedimentation in den Staustufen hinter sich gebracht, seit es im Würzburger Raum die letzten größeren Belastungen aufnahm. Düngung durch die Mineralisationsprodukte dieser Belastung und die hohe Aufenthaltszeit im gestauten Fluß halten das Sauerstoffproduktionspotential in diesem Bereich trotz der späten Jahreszeit (Anfang November) immer noch recht hoch; im frei fließenden Rhein war zu dieser Zeit mit gleichen Methoden schon praktisch kein physiologisch aktiver Phytoplanktonbestand mehr nachweisbar. In diesem Abschnitt geringer organischer Frischverschmutzung und weit vorangeschrittener Selbstreinigung überwiegen also die autotrophen Funktionen und der P/R-Quotient ist sehr groß – ohne daß hier schon auf eine Eichung dieses Bezugssystems eingegangen werden soll, die natürlich von dem jeweiligen Gewicht (Abbildungsmaßstab) abhinge, die man P- und R-Werten gibt. An diesem stoffwechseldynamischen Grundsatz ändern die Abwässer des Glanzstoffwerkes nichts; sie sind also biochemisch weitgehend indifferent. Der zweite Streckenabschnitt von Aschaffenburg bis Offenbach ist durch den Zulauf der Zellstoffabwässer charakterisiert. Auf diese Belastung reagiert zuerst und sehr kräftig die chemische Oxydierbarkeit (COD); es ist seit langem bekannt, daß man Zellstoffabwässer am besten anhand der Oxydierbarkeit charakterisieren und überwachen kann. Gleichzeitig und gleichsinnig, aber mit etwas geringerem Ausschlag steigen auch die Werte für den gelösten organischen Kohlenstoff an. Auch die biochemischen Meßwerte für Abbau (BSB) und Abbaupotenz (*ZZ*-Werte) reagieren auf die Belastung mit kräftigem Anstieg, aber trotz geringer Fließgeschwindigkeiten, d. h. hoher Aufenthaltszeiten im gestauten Fluß, erst mit einer Phasenverschiebung von etwa 10 (BSB und ZZ_{Pepton}) bzw. 20 Fluß-km (ZZ_{Glucose}). In frei fließenden Flüssen kann diese Phasenverschiebung wesentlich ausgeprägter sein und durchaus 40···60 km erreichen. Es bedarf also einer – natürlich von Temperatur, Vorbelastung und anderen Faktoren abhängigen Kontaktzeit und einer durch die Fließgeschwindigkeit variierten Kontaktstrecke, bis die Mikrophytenpopulationen und damit die Selbstreinigungsleistung eines Gewässers an eine neue Belastung adaptiert ist. Hier sei nur angedeutet, daß man solche Befunde in interessanter Weise für eine Steuerung der Selbstreinigungsleistung von Vorflutern nutzen könnte (Impfung durch Lastverteilung). Nach Erreichen der beschriebenen phasenverschobenen Maxima fallen alle Meßwerte für organische Last, BSB und *ZZ* zum Frankfurter Raum hin wieder ab, jedoch die für respiratorische Funktion (BSB) und respiratorische Potenz (*ZZ*) deutlich rascher, als jene für Kohlenstoff und Oxydierbarkeit. Dieser Befund ist nur so zu deuten, daß die biochemischen Meßwerte überwiegend die Belastung durch die leicht abbaubaren Fraktionen der Zellstoffabwässer registrieren und daß auch die Reduktion der chemischen Werte überwiegend den Abbau dieser Fraktionen schildert, während der hohe Anteil schwer abbaubarer Stoffe in den chemischen Befunden unverändert nachweisbar bleibt und als schwer nutzbare Nährstoffquelle nicht zur Ausbildung eines leistungsfähigen Mikrophytenbestandes führt. Die autotrophe Seite der

Stoffwechselbilanz, das *SPP*, bleibt von dieser ganzen Entwicklung im heterotrophen Bereich völlig unberührt; zumindest halten sich geringe Schwankungen der Meßwerte im Bereich der Meßgenauigkeit des Verfahrens. Dennoch fällt natürlich bei Betrachtung beider Seiten der Bilanz der *P*/*R*-Quotient stark ab und erreicht mit den Maxima der BSB- und *ZZ*-Werte ein erstes ausgeprägtes Minimum. Mit dem Absinken der BSB- und *ZZ*-Werte zum Frankfurter Raum hin steigt bei konstantem *SPP* auch der *P*/*R*-Quotient wieder an. Die Belastung mit den kohlenstoffreichen aber nicht toxischen Zellstoffabwässern führt also in limnologischer Sicht ohne Beeinflussung der autotrophen Funktionen zu einer „Heterotrophierung" des Systems auf einem höheren Nährstoffniveau.

Die Reststrecke des Mains von Offenbach/Frankfurt bis zur Mündung zeigt schließlich einen grundsätzlich andersartigen Charakter. Unter dem Einfluß massierter kommunaler und industrieller Abwassereinleitungen, die hier ein Gemisch leicht und schwer abbaubarer sowie auch toxischer Stoffe liefern, steigt der Gehalt des Flußwassers an oxydierbaren Stoffen (COD) und gelöstem organischem Kohlenstoff erneut steil an. Auch der BSB reproduziert diesen stufenweisen Anstieg fast kongruent mit dem COD. Gleichzeitig fällt aber die spezifische Abbauleistung, gemessen als *ZZ* für Pepton und Glukose stark ab, und zwar die Abbaupotenz für Kohlehydrate stärker als die für Eiweiß. Hier ist zu folgern, daß der BSB für diesen Bereich zwar den absoluten Umfang einer unter dem Einfluß toxischer Schadstoffe noch verbliebenen „asthmatischen Respiration" des Gewässers beschreibt, die jedoch ohne Vergiftung wesentlich höhere Werte erzielen würde. Daher erreicht auch das COD/BSB-Verhältnis hier nur Werte, wie schon von dem beschriebenen mittleren Streckenabschnitt mit ganz überwiegender Belastung durch sehr schwer abbaubare Stoffe bekannt. Das Verhalten der autotrophen Funktionen (*SPP*) bestätigt diese Diagnose einer gravierenden Teilvergiftung noch einmal. Das *SPP* fällt auf nahezu den halben in den oberen Streckenabschnitten gemessenen Wert zurück. Hier seien nicht der Effekt und der Schaden dieser Vergiftung bilanziert; dies ist an anderer Stelle (Knöpp 1968 a, Knöpp im Druck) ausführlich geschehen. Das hier diskutierte Längsprofil für den unteren Main mag vielmehr zeigen, wie mannigfache Korrelationen bestehen zwischen dem saprobiologischen Status, charakteristischen chemischen Kenndaten für den Gehalt an oxydierbarer organischer Substanz und biochemischen Aktivitätswerten. Jede Hinzunahme neuer, insbesondere stoffwechseldynamischer Kriterien in die Betrachtung erweitert die Möglichkeiten der Diagnose und vor allem das Wissen um die Kinetik der Selbstreinigungsprozesse in unseren Gewässern.

Literatur

Knöpp, H.: Stoffwechseldynamische Untersuchungsverfahren für die biologische Wasseranalyse. Int. Rev. ges. Hydrobiol. **53** (1968a), H. 3.

—: Neuere Studien zur Biologie und Biochemie des Rheins. Gewässerschutz, Wasser, Abwasser, **3** (im Druck)

—: Neuere Untersuchungen über die Auswirkung von Kühlwässern auf die Selbstreinigung. Deutsche Gewässerkundl. Mitt. Sonderheft 1968 b)

Anschrift des Verfassers:
Dr. rer. nat. Herbert J. W. Knöpp, Bundesanstalt für Gewässerkunde, Koblenz, Kaiserin-Augusta-Anlagen 15, BRD

H. Ziemann

Wasserwirtschaftsdirektion Werra-Gera-Unstrut, Erfurt

Die Wirkung des Salzgehaltes auf die Diatomeenflora als Grundlage einer biologischen Analyse und Klassifikation der Binnengewässer

Über gesicherte Korrelationen zwischen Salzgehalt und Halobienindex wurde berichtet, wobei hervorgehoben sei, daß in erster Linie der Alkaligehalt das Auftreten von Halobionten bestimmt. Ein Klassifizierungsvorschlag für Binnengewässer wurde gegeben.

Das Referat erscheint in Limnologica 8 (1970), Heft 2

Anschrift des Verfassers:

Dipl.-Biol. H. Ziemann, 50 Erfurt, Gustav-Adolf-Straße 10, Wasserwirtschaftsdirektion, DDR

W. v. Tümpling

Wasserwirtschaftsdirektion Werra-Gera-Unstrut, Erfurt

Ein manometrisches Verfahren zur Bestimmung der autotrophen Bioaktivität

Zusammenfassung: Experimentelle Untersuchungen und Testverfahren mit Organismen sind notwendige Methoden der Gewässerkontrolle, da eine Reihe von Fragestellungen nur durch das physiologische Experiment entschieden werden kann. Für die Bestimmung der potentiellen Produktivität von Wasser und Abwasser sind von verschiedenen Autoren Algentestverfahren entwickelt und angewandt worden. Obwohl manometrische Methoden zur Bestimmung der Sauerstoffproduktion in Biochemie und Biophysik weit verbreitet sind, überrascht es, daß diese sehr empfindlichen und präzisen manometrischen Methoden in der Gewässerkontrolle bisher nur für die Bestimmung der Respiration genutzt wurden. Als einfachste und beste manometrische Technik zur Messung von Nettoproduktion und Respiration, aus denen die Bruttoproduktion berechnet werden kann, erwies sich die direkte Warburg-Methode mit konstantem Kohlendioxidpartialdruck in der Gasphase. Zur Erhaltung eines konstanten Kohlendioxidpartialdruckes kam dabei der Kohlendioxid-Puffer nach Pardee in der Modifikation nach Krebs zur Anwendung. Die beschriebene Methode hat eine Empfindlichkeit von 0,8 $\mu l\ O_2$/h und eine Reproduzierbarkeit von $\pm$ 10%. Das Verfahren wird an einem manometrischen Algentest mit *Haematococcus pluvialis* zur Bestimmung des Einflusses von Nährstoffen und Giftstoffen auf die autotrophe Bioaktivität demonstriert.

Summary: Bioassays and tests with organisms are necessary methods in water pollution control because many questions can be answered only by physiological experiments. Algal tests to determine the potential productivity of water and sewage have been developed and used by several authors. Although manometric methods for the determination of oxygen production are widely used in biochemistry and biophysics, it is surprising that the very sensitive and precise manometric methods in water pollution control so far have been used only for determining respiration. The direct Warburg-technique with constant pressure of carbon dioxide in the gas phase proved to be the simplest and best manometric procedure for the measurement of net production and respiration, from which gross production can be calculated. For the maintenance of the constant carbon dioxide partial pressure the Pardee carbon dioxide "buffer" as modified by Krebs was used. The described technique has a sensibility of 0,8 $\mu g O_2$/h and a reproducibility of $\pm$10%. The procedure is demonstrated in a manometric algal test with *Haematoccus pluvialis* for the determination of the influence of nutrients and poisons upon the autotrophic bioactivity.

Резюме: Экспериментальные исследования и испытательные способы с организмами являются необходимыми методами контороля вод, так как ряд вопросов может быть решен через физиологический опыт. Для определения потенциальной продуктивности воды и сточной воды разными авторами были разработаны и применены способы определения водорослями. Хотя манометрические методы для определения производства кислорода широко распространены в биохимии и биофизике, удивляет, что эти весьма чувствительные и весьма точные манометрические методы до сих пор при контроле вод только использовались для определения дыхания. Как простейшая и наилучшая манометрическая техника для измерения нетто-производства и дыхания, из которых можно вычислять брутто-производства, оказался прямой метод Варбурга с постоянным парциальным давлением двуокиси углерода в газовой фазе. К сохранению постоянного парциального давления двуокиси углерода был применён буфер двуокиси углерода по Пардее в модификации по Кребсу. Чувствительность описанного метода лежит при 0,8 μл O_2/ч и воспроизводство его при ± 10 %. Способ демонстрируется на примере манометрического испытания водорослей с *Haematococcus pluvialis* для определения влияния питательных и ядовитых веществ на автотрофную биоактивность.

Problem- und Zielstellung

Experimentelle Untersuchungen mit Wasserorganismen werden in zunehmendem Maße zur Ergänzung der Freilanduntersuchungen im Rahmen der Gewässerkontrolle herangezogen, da sich eine ganze Reihe wichtiger Fragestellungen nur im physiologischen Experiment eindeutig klären lassen. Zu diesen „physiologischen Methoden der Wasseruntersuchung" gehören auch die Algentestverfahren, in denen die Bioproduktion von Testalgen in vitro unter möglichst weitgehend standardisierten Bedingungen bestimmt wird. Meist werden derartige Untersuchungen im Zusammenhang mit der Eutrophierung vor allem stehender Gewässer durchgeführt, denn die Algen sprechen auf die im untersuchten Wasser oder Abwasser enthaltenen Nährstoffe mit gesteigerter Vermehrung an. Im allgemeinen wird dabei vorausgesetzt, daß die Vermehrung der Algen dem, evt. durch einen Minimumstoff begrenzten, Angebot an Pflanzennährstoffen (vor allem Phosphor- und Stickstoffverbindungen) proportional sei.

Algentestverfahren zur Bestimmung der potentiellen Produktivität von Wasser und Abwasser wurden von verschiedenen Autoren und in verschiedener Form vorgeschlagen und verwendet (Bringmann, Bringmann und Kühn 1956, 1962, 1963, 1966, Bringmann, Kühn und Lüdemann, Hedlich, Oswald und Golueke, Potash, Schreiber, Skulberg, Matulova u. a.). Während in diesen Testverfahren im allgemeinen die Vermehrung der Algen durch Bestimmung der Zellzahl verfolgt wird, verwenden Knöpp (1968) und in Anlehnung an ihn auch Matulova die biogene Sauerstoffproduktion als Maß für die autotrophe Bioaktivität.

Es ist überraschend, daß trotz der großen Bedeutung, die der photosynthetischen Aktivität autotropher Organismen für die Bioproduktion, den Sauerstoffhaushalt und die Selbstreinigung der Gewässer zukommt, die sehr empfindlichen und präzisen manometrischen Verfahren zur Bestimmung des Gasumsatzes in der Gewässerkunde bisher nur für die Untersuchung der Respiration — also der heterotrophen Bioaktivität — verwendet werden (Montgomery). Obwohl die manometrischen Methoden zur Bestimmung der autotrophen Biaoktivität in der Biochemie und Biophysik sehr weit verbreitet Anwendung finden, sind sie in der Gewässerüberwachung bisher nur von Peukert im oberen Einzugsgebiet der Elbe in einer Modifikation des *A-Z*-Testes nach Knöpp (1961) eingesetzt worden. Das von Peukert angewandte Verfahren ist in seiner technischen Gestaltung allerdings sehr stark vereinfacht und erlaubt nur eine grobe Schätzung der Nettoproduktion. In jüngster Zeit bemüht sich auch Nehrkorn (persönl. Mitt.) um die Anwendung der indirekten Warburgtechnik zur Bestimmung der autotrophen Bioaktivität und ihrer Beeinflussung in Wasser und Abwasser.

Experimentelle Technik

Für die notwendige Bestimmung der Nettoproduktion und Respiration, aus deren Summe die Bruttoproduktion bestimmt werden kann, erwies sich die direkte Warburg-Methode bei konstantem Kohlendioxidpartialdruck im Gasraum der Reaktionsgefäße als der günstigste Weg mit dem geringsten Aufwand. Für die Erhaltung eines konstanten Kohlendioxidpartialdruckes kam der Diäthanolamin-„Puffer" nach PARDEE in der Modifikation nach KREBS (Tab. 1) zur Anwendung. Der Puffer wurde mit Luft gesättigt, da Luft als Versuchsgas diente und alle Kulturen unter Luft ohne Kohlendioxidanreicherung gezogen wurden. Der Puffer kann jedoch auch für höhere Kohlendioxidgehalte bis zu 4% in der Gasphase verwendet werden.

Tabelle 1
Kohlendioxidpuffer nach PARDEE *in der Modifikation von* KREBS

4 M Diäthanolamin mit 0,1% Thioharnstoff	126,68 g Diäthanolamin (rein) und 0,3 g Thioharnstoff werden mit destilliertem Wasser zu 300 m*l* aufgefüllt und bis zum Lösen des Thioharnstoff geschüttelt
Sättigung mit Kohlendioxid	100 m*l* der oben bereiteten Lösung werden eine Stunde in einer Waschflasche (Fritte G 3) mit reinem Kohlendioxid bis zur Sättigung (Entfärbung von Phenolphthalein) begast
Vorratslösung	Mischung aus 100 m*l* Kohlendioxid-gesättigter und 200 m*l* ungesättigter 4 M Diäthanolaminlösung mit 0,1% Thioharnstoff
Gebrauchslösung	40 m*l* der Vorratslösung werden durch 3-stündiges Begasen (Fritte G 3) mit dem Versuchsgas (Luft) gesättigt

Die Vorrats- und Gebrauchslösung sind in gut verschlossenen Flaschen im Dunkeln mehrere Monate haltbar.

Die Messungen erfolgten in einem Warburg-Rundgerät vom Typ 348-2 des VEB Glaswerke Stützerbach. Der zum Gerät gehörige Eintauchthermostat wurde in einem Glasgefäß neben dem Gerät aufgestellt und erwärmte das Wasserbad des Warburggerätes auf 20±0,02 °C durch Umpumpen des Wassers. Das Warburggerät wurde durch eine über dem Gerät aufgehängte Photolampe von 500 W zentral so beleuchtet, daß die Reaktionsgefäße die Lichtmenge von 6000 lx erhielten.

Alle Versuche wurden mit einer Schüttelfrequenz von 90 min^{-1} bei einer Amplitude von 45 mm durchgeführt. Eine Beeinflussung der Ergebnisse durch Behinderung der Diffusion trat erst unterhalb einer Frequenz von 75 min^{-1} auf.

Als Reaktionsgefäße dienten die sehr vielseitig verwendbaren Reaktionsgefäße des Types Wa 0366 mit zentralem Innenzylinder und zwei angesetzten Retorten des VEB Glaswerke Stützerbach mit Volumina von 20,4···20,5 m*l*.

Für die Untersuchung werden in den zentralen Innenzylinder der Reaktionsgefäße je 1 m*l* des Diäthanolaminpuffers, in den ringformigen Reaktionsraum der Gefäße rund um den Innenzylinder 1 *ml* der Algenkultur bzw. der Algenkultur plus der zu untersuchenden Flüssigkeit gegeben. Die Thermobarometer enthalten 1 m*l* destilliertes Wasser und auch 1 m*l* des Diäthanolaminpuffers, um die durch Autoxydation des Diäthanolaminpuffers möglichen Veränderungen ebenfalls zu erfassen. Diese Veränderungen sind jedoch sehr gering, sie betrugen — gemessen gegen destilliertes Wasser — in allen untersuchten Fällen weniger als 1 mm Druckänderung/h.

Unter diesen Voraussetzungen und bei Anwendung von Brodiescher Manometerflüssigkeit erreichen die Gefäßkonstanten k_{O_2} 1,57 bis 1,77 (μl O_2/mm Druckänderung). Da noch Druckdifferenzen von 0,5 mm nach einstündiger Versuchsdauer einwandfrei erfaßt werden können, beträgt die Empfindlichkeit des Verfahrens 0,8 μl O_2/h. Die Reproduzierbarkeit des Verfahrens ist mit $\pm 10\%$ der gemessenen Werte sehr gut.

Durch vergleichende Untersuchungen konnte festgestellt werden, daß die Länge der Hell- und Dunkelperioden unter den gewählten Versuchsbedingungen keinen meßbaren Einfluß auf die Ergebnisse hatte. Dementsprechend wurde die Messung von Produktion und Respiration in Stundenintervallen vorgenommen: Ablesen der Druckdifferenz nach je 1, 2 und 3 h Licht, anschließend nach 1, 2 und 3 h Dunkelheit. Aus den Ablesungen wurden die Mittelwerte der Nettoproduktion bzw. Respiration je Stunde gebildet und die Bruttoproduktion in μl O_2/h berechnet.

Für die Untersuchungen selbst wurden entweder die zu prüfenden Algenkulturen täglich in angereicherter Form in die Warburgversuche eingesetzt (20 m*l* der Kultur in der Zentrifuge über 25 min bei 6×10^2 g auf 1 m*l* angereichert), oder die Algen wurden direkt in den Reaktionsgefäßen des Warburggerätes kultiviert. Hierbei ist eine anfängliche Zellzahl von 10^6 Zellen/m*l* notwendig. Sofern die Versuche auch hier über mehrere Tage laufen müssen, wurden die Manometer bei diesem Verfahren nur während der 6 h zur Messung geschlossen, die übrige Zeit des Tages liefen die Versuche mit offenen Manometerhähnen, also unter Druckausgleich zur Atmosphäre. Hierfür hat sich folgende Zeiteinteilung bewährt.:

0^{00}... 4^{00}	Dunkel	10^{00}...13^{00}	Dunkel, Messung
4^{00}... 7^{00}	Licht	13^{00}...20^{00}	Licht
7^{00}...10^{00}	Licht, Messung	20^{00}...24^{00}	Dunkel

Das Testverfahren wurde in diesen beiden Formen mit einer Kultur von *Haematococcus pluvialis* geprüft, einer Art, für die HEDLICH ein „klassisches“ Algentestverfahren vorgeschlagen hat, das zum Vergleich mit der Warburgtechnik herangezogen wurde. Die Kultur der Algen geschah in der Nährlösung entsprechend Tab. 2. Zur Vermeidung eines Mangels an Spurenstoffen wurden die Stammkulturen unter Zusatz von Erdextrakt gehalten. Von den Stammkulturen wurden die Vorkulturen im Verhältnis 1:10 in Nährlösung ohne Erdextrakt hergestellt. Diese Kulturen wurden nach sechs bis acht Tagen am Ende der logarithmischen Phase abzentrifugiert (6×10^2 g für 15 min) und zur Ver-

Tabelle 2
Zusammensetzung der Nährlösung B nach JACOBSEN

KNO_3	0,1 g/*l*
$(NH_4)_2HPO_4$	0,1 g/*l*
$MgCl_2$	0,1 g/*l*
Na_2SO_4	0,1 g/*l*

armung in Stickstoff- bzw. Phosphor-freie Nährlösung übertragen. Als Einsaat für die Versuche dienten Zentrifugate verarmter Kulturen. Sämtliche Kulturen wurden unter Langtagbedingungen (16:8 h Licht:Dunkel) bei 4000 lx gezogen. Ebenso geeignet sind natürlich auch andere Algenkulturen. *Haematococcus* kam lediglich deshalb zur Anwendung, weil gleichzeitig parallele Versuche mit dem Algentestverfahren nach HEDLICH angestellt wurden.

Ergebnisse

Zunächst war zu prüfen, in welchem Bereich der Produktivität das Verfahren anwendbar ist. Hierfür wurde eine sehr stark konzentrierte Kultur mit 8×10^6

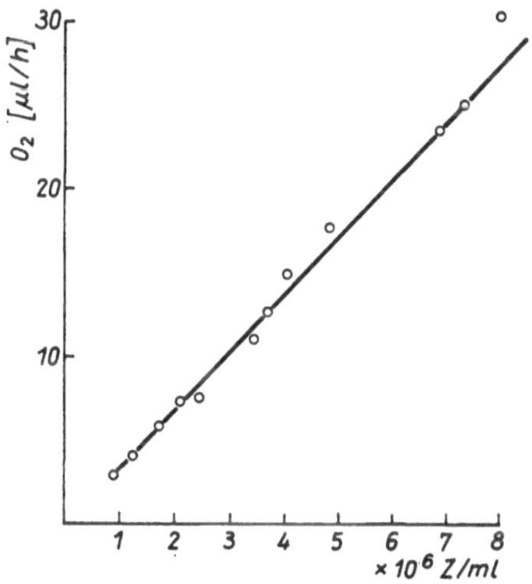

Abb. 1: Zusammenhang zwischen der Zellzahl einer Kultur vom *Haematococcus pluvialis* und der manometrisch bestimmten Sauerstoffbruttoproduktion

Zellen/ml mehrfach verdünnt und die Sauerstoffproduktion in Abhängigkeit von der Zellzahl bestimmt. Abb. 1 zeigt, daß das Verfahren bis zu einer Produktion von mindestens 30 μ*l* O_2/h einwandfreie Ergebnisse liefert, die Kohlendioxidretension der angewandten Puffermenge also ausreicht.

Bei Versuchen über die Wirkung verschiedener Nährstoffkonzentrationen muß berücksichtigt werden, daß sich die Reaktion der verarmten Kulturen über mehrere Tage erstreckt. Für die Auswertung und Darstellung der Ergebnisse erwies es sich deshalb als vorteilhaft, die Bruttoproduktion als Summenkurve darzustellen, in der die täglich gemessenen Produktionsraten aufeinanderfolgender Tage addiert werden. Die sich daraus ergebenden Kurven vermitteln ein gutes Bild der Bioaktivität und ihrer Veränderungen im Laufe mehrerer Tage.

In Versuchen mit Nährlösungen abgestuften Nährstoffgehaltes, deren Gesamtkonzentration durch die Zugabe aequivalenter Mengen von Kaliumchlorid und Natriumchlorid konstant gehalten wurde, ergab sich ein deutliches Optimum der Produktivität bei einer Nährstoffkonzentration von 0,1 der originalen Nährlösung (3,5 mg N/l bzw. 3,2 mg P/l) (Abb. 2). Sowohl höhere wie auch geringere Nährstoffkonzentrationen hatten eine verminderte Produktion zur Folge, wobei das Testverfahren noch sehr deutlich auf die Konzentrationen von 35 μg N/l bzw. 23 μg P/l (0,001 Nährlösung) anspricht.

In gleicher Weise differenziert ist die Reaktion der Testlagen auch auf Verdünnungen eines vollbiologisch gereinigten kommunalen Abwassers (Abb. 3). Auch hier ist ein deutliches Optimum der Produktivität zu erkennen, wobei besonders deutlich auffällt, daß die Produktivität keine eindeutige Funktion des Nährstoffgehaltes ist und sowohl höhere wie geringere Konzentrationen die Produktion eindeutig hemmen.

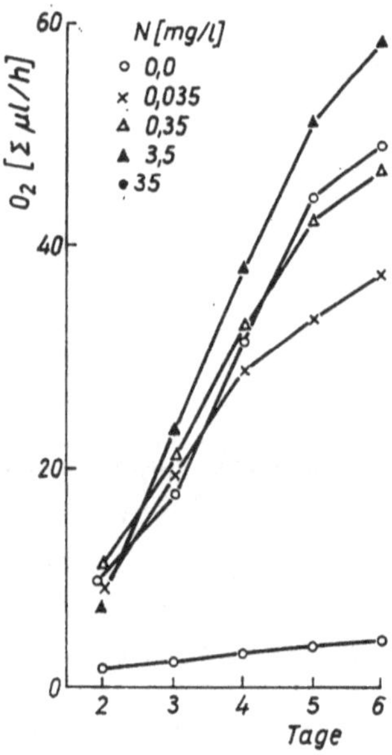

Abb. 2: Der Einfluß von Nährlösungen unterschiedlichen Stickstoffgehaltes auf die Sauerstoffbruttoproduktion einer Kultur von *Haematoccocus pluvialis*

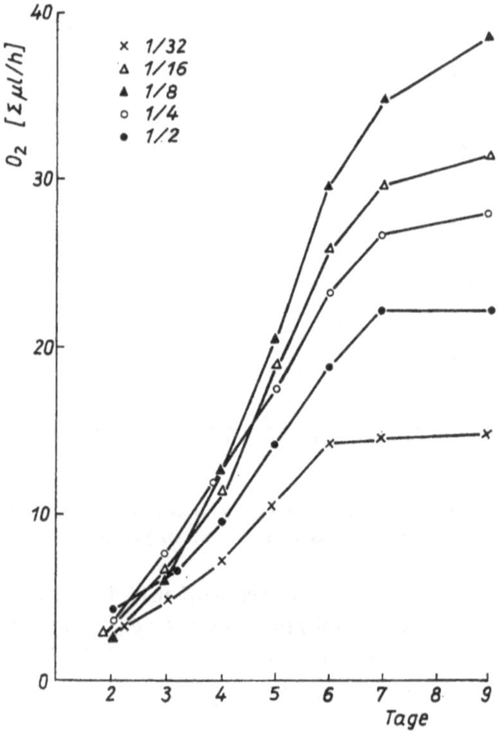

Abb. 3: Die Sauerstoffbruttoproduktion von *Haematococcus*-Kulturen, angesetzt in unterschiedlichen Verdünnungen vollbiologisch gereinigten kommunalen Abwassers

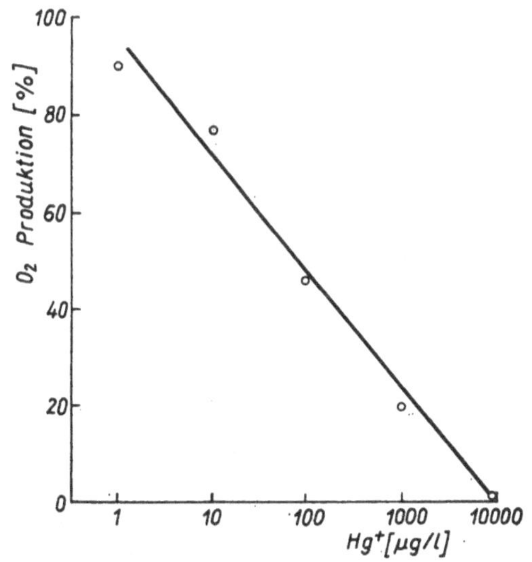

Abb. 4: Hemmung der Sauerstoffbruttoproduktion einer Mischkultur protococcaler Grünalgen durch Quecksilber(II)-chlroid. Die Sauerstoffbruttoproduktion ohneSublimatzusatz betrug 3,5 μl O^2/h (= 100%)

Schließlich ist das Verfahren auch für toxikologische Untersuchungen anwendbar. Die Hemmung der photosynthetischen Sauerstoffproduktion wird genauso gut erfaßt, wie ihre Förderung. Abb. 4 gibt ein derartiges Beispiel der Hemmung der Produktion einer Mischkultur in 24 h durch den Zusatz von Sublimat wieder. Dabei besteht eine deutliche Dosis-Wirkungs-Beziehung zwischen der Quecksilberkonzentration und der Intensität der Bruttoproduktion.

Diskussion

Das manometrische Verfahren bestätigt zunächst die guten Erfahrungen und Ergebnisse anderer Autoren, vor allem von Bringmann und Kühn (1956, 1962, 1966), Skulberg (1966) und anderen mit Algentesten: Die Bioproduktion von Testalgen zeigt eine Abhängigkeit vom Nährstoffgehalt des Mediums. Allerdings ist die autotrophe Bioaktivität und Produktivität von Algenkulturen keine direkte Funktion des Nährstoffgehaltes, zwischen beiden besteht kein direkter qantitativer Zusammenhang. Vielmehr ist die Produktivität abhängig von der Summe fördernder und hemmender Einflüsse des Mediums, sie ist eine Reaktion auf die komplexe Wirkung des Gesamtmilieus, das in jedem Falle ein spezifisches Optimum auch hinsichtlich des Nährstoffgehaltes aufweist, wie dies bereits von Chu (1942, 1943) nachgewiesen wurde. Hinzu kommt noch der Effekt spezieller Wirkungsstoffe, wie sie etwa von Allen, Fitzgerald und Rohlich beschrieben wurden.

In dieser Hinsicht kann das manometrische Verfahren selbstverständlich keine neue Situation bieten gegenüber der allgemeinen Problematik von Algentestverfahren, wie sie besonders von Stange-Bursche sehr ausführlich und kritisch diskutiert wurde.

Die manometrische Bestimmung der Produktivität bietet jedoch gegenüber den ,,klassischen "Verfahren der Algenteste einige wesentliche Vorteile:

Gegenstand der Untersuchung ist nicht die Zellzahl oder die gebildete Biomasse sondern die Bioaktivität der untersuchten Algen. Gerade diese Bioaktivität ist aber das zentrale Problem der biologischen Gewässerkontrolle sowohl hinsichtlich der Eutrophierung als auch für die Selbstreinigung der Gewässer. Die Prüfung der Bioaktivität und ihrer Veränderung unter dem Einfluß bestimmter Faktoren ermöglicht eindeutige Aussagen schon nach sehr viel kürzerer Versuchsdauer, als dies in den klassischen Verfahren möglich ist.

In den meisten der bisher üblichen Algentestverfahren werden Algenmonokulturen verwendet, die unter weitgehend standardisierten Bedingungen kultiviert werden. Die Reaktionsnorm dieser Algen ist zwar weitgehend konstant, aber völlig anders, als die der im Gewässer vorkommenden Arten. Die manometrische Erfassung der Bioaktivität und der Bioproduktion ohne Erfassung der Zellzahl gestattet die Anwendung des Verfahrens auch auf Mischpopulationen von Algen und damit auf Verhältnisse, die denen des Gewässers sehr viel näher kommen, als Algenmonokulturen.

Die manometrische Arbeitstechnik gestattet schließlich die Prüfung des — angereicherten — Phytoplanktons und Periphytons des zu untersuchenden Gewässers hinsichtlich seiner Reaktionsnorm gegenüber Nährstoffen oder hemmenden Stoffen als Ganzes.

Das Verfahren ermöglicht somit eine exakte Messung der aktuellen physiologischen Reaktionslage von Organismenpopulationen aus Gewässern hinsichtlich ihrer autotrophen und heterotrophen Bioaktivität unter weitgehend standardisierbaren aber für Chemismus, Licht und Temperatur als der wichtigsten beeinflussenden Faktoren auch variablen Bedingungen. Hier kann das entwickelte manometrische Verfahren helfen, die bestehende Lücke zwischen ökologischen Experimenten in vitro und in situ zu schließen und damit unsere Kenntnisse über die Zusammenhänge zwischen der aktuellen und der potentiellen Trophiesituation der Gewässer und der Reaktionsnormen der im Gewässer vertretenen Arten (Vollenweider) verbessern.

Literatur

Allen, M. M., G. P. Fiitzgerald und G. A. Rohlich: The effect of dilution media on the BOD of algae. J. Water Pollut. Control Feder. **36** (1964), 1049

Bringmann, G.: In-vitro „Wasserblüten"-Test mit Microcystic aerugnisosa. Gesundh.-Ing. **88** (1967), 256

Bringmann, G. und R. Kühn: Der Algentiter als Maßstab der Eutrophierung von Wasser und Schlamm. Gesundh.-Ing. **77** (1956), 374

— —: Biomassentiter und Saprobien — eine hydrobiologische Vergleichsanalyse an Nieder-Rhein, Fulda und Havel. Int. Rev. ges. Hydrobiol. **47** (1962), 123

— —: Biologische Bestimmung des Begrenzungsfaktors der Trophierung. Gesundh.-Ing. **84** (1963), 364

— —: Der Biomassentiter von Escherichia coli, Scenedesmus quadricauda und Nostoc als Ausdruck der biologisch wirksamen Beschaffenheit des Wassers. Gesundh.-Ing. **87** (1966), 222

Bringmann, G., R. Kühn, und D. Lüdemann: Bedeutung und Zielsetzung biologischer Wasseruntersuchungen. Gas- und Wasserfach **103** (1962), 1127, 1232

Chu, P. S.: The influence of the mineral composition of the medium on the growth of planctonic algae. I. Method and culture media. J. Ecology **30** (1942), 284

—: The influence of the mineral composition of the medium on the growth of planctonic algae. II. The influence of the concentration of inorganic N and PO_4-P. J. Ecology **31** (1943), 109

HEDLICH, R.: Erfahrungen mit dem Haematoccocus-Test. Limnologica. (Berlin) **4** (1966), 257

JACOBSEN, H. C.: Die Kulturbedingungen von Haemotoccocus pluvialis. Folia microbiologia **1** (1912), 163

KREBS, H. A.: The use of „CO_2-buffers" in manometric measurements of cell metabolism. Biochem. J. **48** (1951), 349

KNÖPP, H.: Der A-Z-Test, ein neues Verfahren zur toxikologischen Prüfung von Abwässern · Dtsch. gewässerkundl. Mitt. **5** (1961), 66

—: Stoffwechseldynamische Untersuchungsverfahren für die biologische Wasseranalyse. Int. Rev. ges. Hydrobiol. **53** (1968), 409

MATULOVA, D.: Stream pollution examination by biological tests. IV. Int. Conference on Water Pollut. Research, Prague 1968, Paper III—2

MONTGOMERY, H. A. C.: The determination of biochemical oxygen demand by respirometric methods. Water Research **1** (1967), 631

OSWALD, W. J. und C. G. GOLUEKE: Eutrophication trends in the United States — a problem. J. Water Pollut. Control Feder. **38** (1966), 964

PARDEE, A. B.: Measurement of oxygen uptake under controlled pressure of carbon dioxide. J. Biol. Chem. **179** (1949), 1085

PEUKERT, V.: Der Assimilations Zehrungstest, modifiziert mit dem Warburggerät. Fortschr. d. Wasserchemie **5** (1967), 323

POTASH, M.: A biological test for determining the potential procuctivity of water. J. Ecology **37** (1956), 631

SCHREIBER, E.: Die Reinkultur von marinem Phytoplankton und deren Bedeutung für die Erforschung der Produktionsfähigkeit des Meerwassers. Wiss. Meeresunters., N. F., Abt. Helgoland, **16**, H. 2. Nr. 10 (1927), 1

SKULBERG, O.: Algal cultures as a means to assess the fertilizing influence of pollution. III. Int. Conference on Water Pollut. Research, Munich 1966, Paper I—6

STANGE-BURSCHE, E.-M.: Der Algentest zur Bewertung der Gewässergüte: Diskussion und Prüfung im ökologischen Experiment. Int. Rev. ges. Hydrobiol. **49** (1964), 361

VOLLENWEIDER, R. A.: Ökologische Untersuchungen von plantkischen Algen auf experimenteller Grundlage. Schweiz. Z. Hydrol. **12** (1950), 193

Eine ausführliche Beschreibung der Arbeitsmethode „Manometrische Bestimmung der photosynthetischen O_2-Produktion — Warburg-Methode" wird in AUSGEWÄHLTE METHODEN DER WASSERUNTERSUCHUNG, Bd. II, Biologische, Mikrobiologische und toxikologische Methoden, 2. Lieferung, VEB G. Fischer-Verlag, Jena, 1972 erscheinen.

Anschrift des Verfassers:

Dr. rer. nat. W. von TÜMPLING, 50 Erfurt, Kartäuserstraße 23, DDR

M. Bombówna

Polnische Akademie der Wissenschaften, Hydrobiologische Forschungsanstalt, Krakau

Chlorophyllgehalt der Aufwuchsalgen als Anzeiger der Bioaktivität des Flusses

Zusammenfassung: Die Chlorophyllmenge der Aufwuchsalgen wurde ermittelt und diese Zahl als Maß der Bioaktivität verwendet. Schwankungen des Chlorophyllgehaltes wurden mit Abwassereinleitungen und der Temperatur positiv korreliert. Der Lichteinfluß blieb unberücksichtigt.

Summary: The chlorophyll quantity of overgrowth was ascertained and this number was used as a measure of bioactivity. Variations of the chlorophyll content were positively correlated with wastewater discharges and temperature. The light influence has not been taken into account.

Резюме: Устанавливалось количество хлорофилла обрастущих водорослей и это число применилось как мера биоактивности. Колебания содержания хлорофилла были приведены в соотношение с введениями сточных вод и с температурой. Влияние света осталось без внимания.

Die Flüsse erwecken besonderes Interesse vieler Hydrobiologen, vor allem in den letzten Jahren als Folge der ungünstigen Wasserbilanz. In Polen, ähnlich wie in anderen Ländern, macht sich bereits Wassermangel bemerkbar, und es besteht die Notwendigkeit, dieses Defizit durch den Bau von Staubecken auszugleichen. Die besten Möglichkeiten für Wasseraufspeicherung in niederschlagsreichen Perioden und dadurch zum Ausgleich von Defiziten bieten in Polen Karpatenflüsse.

In den letzten Jahren steigt deutlich der Nährstoffgehalt in den Flüssen als Folge der immer stärkeren Intensivierung der Landwirtschaft. Außerdem wurde, besonders im Sommer, an Gebirgsgewässern eine Erhöhung der biogenen Bestandteile als Konsequenz der in der Nähe liegenden Erholungsstätten festgestellt. Diese periodische Wasserverunreinigung mitsamt den ständigen Abwässern der größeren Ortschaften und Industrieanlagen wird sich von Jahr zu Jahr verstärken. Daher ist eine Verhinderung übermäßiger Eutrophierung der Gebirgsgewässer für die Zukunft unbedingt erforderlich, insbesondere dort, wo bereits Staubecken bestehen oder solche geplant werden.

Eine kaskadenweise Stauung der Flüsse und Bäche läßt in gewissem Grade eine Verminderung der Eutrophierung des Wassers bei seinem Durchfluß durch die Staubecken erhoffen, wie dies bereits an der Kaskade eines Karpatenflusses festgestellt werden konnte (Bombówna, Wróbel, 1969).

Im Zusammenhang mit dem am Flusse Raba, einem rechtseitigen Zufluß der Wisła, geplanten Staubecken, werden gegenwärtig komplexe Untersuchungen durchgeführt (BOMBÓWNA). Da dieses Staubecken zur Trinkwasserversorgung der Stadt Kraków bestimmt ist, wäre es erwünscht, daß die Produktionsmöglichkeiten des Flusses möglichst gering wären.

Die physikalischen Eigenschaften des Flußbodens und die Durchflußgeschwindigkeit begünstigen eine maximale Ausnutzung der Nährstoffe durch die Mikrophyten im oberen und mittleren Flußlauf der Raba. Im Unterlauf des Flusses, wo der Boden sandig ist, kommt dies in geringerem Maße vor, so daß zu gewissen

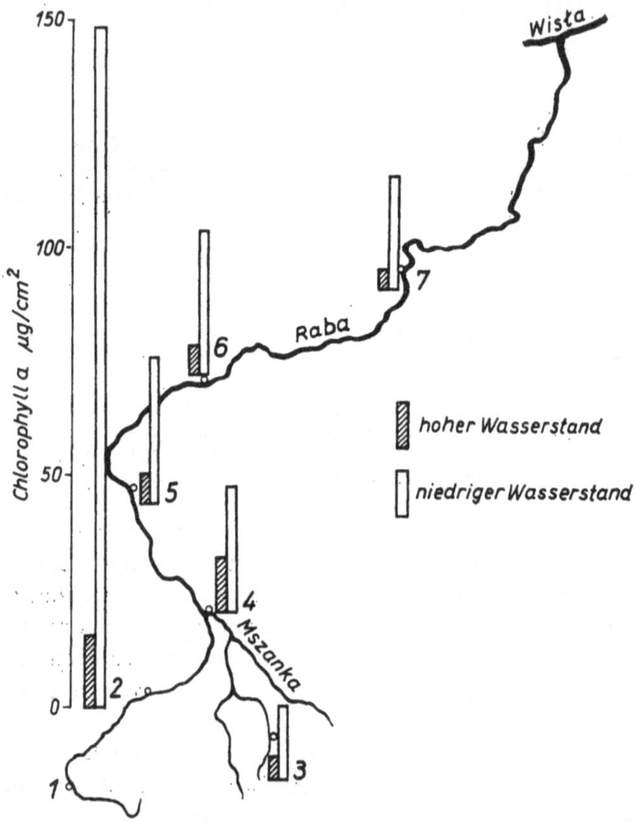

Abb. 1: Chlorophyllgehalt in Aufwuchsalgen des Flusses Raba

Zeitpunkten dieser Flußteil als Transitzone angenommen werden kann. Der steinige Flußboden im Ober- und Mittellauf bildet ein günstiges Milieu für die Aufwuchsalgen, deren intensive Assimilationsprozesse bewirken, daß die Sauerstoffsättigung an manchen Flußstellen 130% O_2 beträgt, trotz des gebirgigen Charakters des Flußbettes.

Im Aspekt der Wasserstauung bilden die oft auftretenden Schwankungen des Wasserstandes und der Durchflußmenge ein wichtiges Problem in Hinsicht auf den Trophismus des Flusses. Nach allen größeren Gewitterregen und Hochwässern folgt eine Vernichtung der für die Jahreszeit charakteristischen Flußbiocönose und ein Absinken der Primärproduktion (Abb. 1). Diese Hochwasserstände wirken in zweifachem Sinne. Einerseits erfolgt eine Verminderung der Primärproduzenten, andererseits werden frische Mengen an organischer Substanz allochtonichen Ursprungs herangeschafft.

Somit ist die Anwesenheit der Primärproduzenten im Oberlauf des Flusses wahrscheinlich von Vorteil für die Eliminierung der Nährstoffe aus dem Wasser, welche andernfalls in das Staubecken eindringen und dessen Bioaktivität erhöhen würden.

Dies ist umso wichtiger, da sich im Oberlauf des Flusses der Kurort Rabka mit seinen Abwässern besonders bei niedrigen Wasserständen bemerkbar macht.

Die Bioaktivität des Flusses müßte daher unter ständiger Kontrolle stehen, was möglichst wenig zeitraubend durchgeführt werden soll. Dies ist jedoch bei der chemischen Analyse nicht der Fall, denn diese kann nur dann ausnutzbare Ergebnisse liefern, wenn sie täglich — in manchen Fällen auch noch häufiger — ausgeführt wird. In gleichem Sinne kann auch die Methode der quantitativen Bestimmung des Algenbewuchses nicht angewandt werden, da dies einen zu großen Arbeitsaufwand erfordern würde.

Im Zusammenhang mit den gleichzeitig durchgeführten Untersuchungen der Primärproduktion erhob sich die Frage, ob nicht die erlangten Daten für den Chlorophyllgehalt im Algenbewuchs und Seston zur Feststellung der am stärksten eutrophierten Stellen des Flusses ausgenutzt werden könnten. Hierfür würde vor allem die verhältnismäßig schnelle und gleichzeitig genaue Bestimmungsmethode sprechen. Die Messungen des Chlorophyllgehaltes gestatten es, die Bioaktivität des Flusses zu bestimmen. Bei eigenen Untersuchungen wurde das Chlorophyll mit Aceton extrahiert und spektrophotometrisch gemessen. An drei typischen Standorten des oberen Flußlaufes wurden die Messungen durchgeführt, wobei gleichzeitig zwei Stellen an dem rechtsseitigen Nebenfluß berücksichtigt wurden. Die Verunreinigungsquelle des Standortes 2 bilden hier die komunalen Abwässer der Ortschaften Chabówka und Rabka. 4 km unterhalb der Einmündung der Abwässer tritt am Standort 2, je nach der Menge der abfließenden biogenetischen Substanz in diesem Flußabschnitt, eine stärkere oder geringere Eutrophierung ein.

Der Flußboden ist hier von großen Algenmengen stets in stärkerem Maße als an den übrigen Standorten bedeckt. In den Aufwuchsalgen der untersuchten Flußstrecke, wie übrigens im ganzen Rabafluß, bilden Kieselalgen die Hauptgruppe (am häufigsten treten auf: *Diatoma*, *Cymbella*, *Nitschia*, *Synedra*, *Navicula*, *Cocconeis* und *Gomphonema* — nach den Bestimmungen von Krzeczkowska-Wołoszyn und Kyselowa). Zu verschiedenen Jahreszeiten treten dazu noch andere besonders charakteristische Formen auf (*Hydrurus*, *Schizothrix*, *Cladophora*, *Oscillatoria*, *Stigeoclonium*, sowie andere *Cyanophyta* und *Chlorophyta*). In der Nähe der Einmündung der Abwässer kommt noch *Sphaerotilus* vor.

Abb. 2 zeigt den Chlorophyllgehalt, berechnet auf die Flächeneinheit. Aus dieser Zusammenstellung ergibt sich, daß im Vorfrühling, bei hohem Wasserstand, viel weniger Algenbewuchs vorkommt, somit auch die Chlorophyllmenge viel geringer ist, sogar am Standort 2. In den späteren Jahreszeiten sind deutliche Unterschiede bemerkbar, insbesondere da der Sommer 1969 sehr trocken

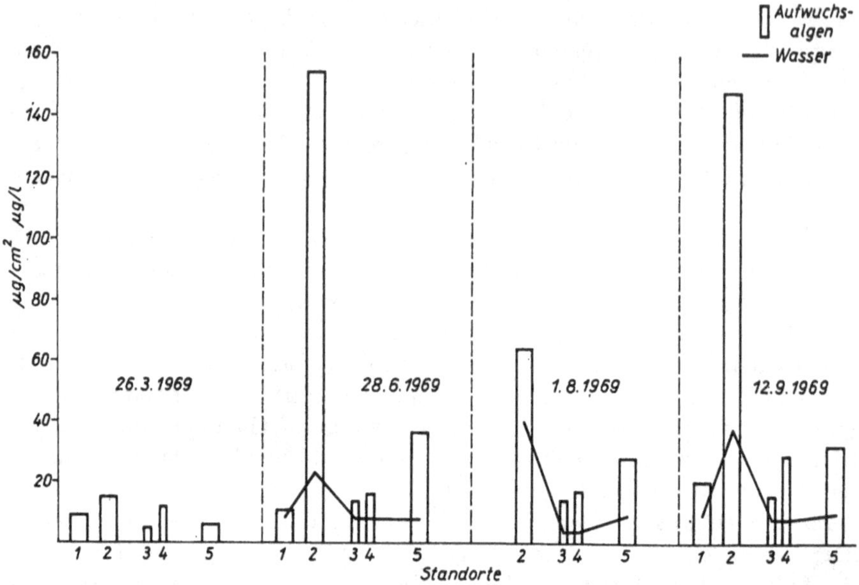

Abb. 2: Chlorophyllgehalt

war. Letzteres verursachte nicht nur einen Anstieg des Chlorophyllgehaltes sondern auch starke Übersättigung mit Sauerstoff, bei gleichzeitiger Erhöhung des pH-Wertes an allen Standorten auf über 8,4 und am Standort 2 bis auf pH=9,3.

Während der ganzen Saison war die große Differenz im Chlorophyllgehalt zwischen der verunreinigten Stelle und der nächstgelegenen bemerkenswert. Dies ergibt sich deutlich aus Abb. 3, welche den Chlorophyllgehalt innerhalb von drei aufeinander folgenden Jahren wiedergibt.

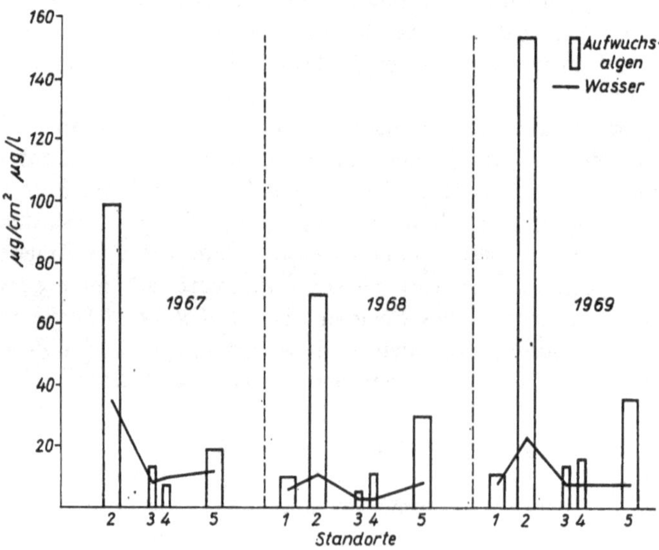

Abb. 3: Chlorophyllgehalt des gleichen Sommermonats in verschiedenen Jahren

Gleichzeitig ergaben die auf Membranfilter abfiltrierten Schwebestoffe den höchsten Chlorophyllgehalt, am Standort 2 jedoch waren diese Schwankungen bei weitem geringer, was übrigens im Flußmilieu anzunehmen war.

Die aufgeführten Chlorophyllmengen im Algenbewuchs wurden auf die Flächeneinheit berechnet. Es handelt sich hier vor allem darum, den effektiv geringeren Arbeitsaufwand dieser Methode darzustellen. Es wäre nämlich wichtig zu erwägen, ob nicht bei der Kontrolle des trophischen Zustandes der Flüsse, die Bestimmung der Chlorophyllmenge in kurzen Zeitabständen, bei niedrigem Wasserstand, anzuwenden wäre.

Es hat den Anschein, als ob die Methode der Chlorophyllbestimmung, jedoch in Verbindung mit Angaben über organischen Kohlenstoff im Algenbewuchs, nicht nur bei organisch verunreinigten Flüssen angewandt werden könnte. In

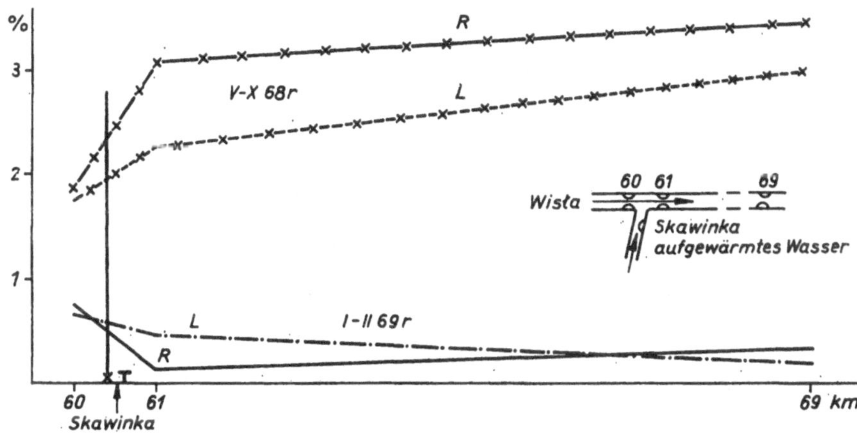

Abb. 4: Einfluß des aufgewärmten Wassers auf den Prozentanteil der Aufwuchsalgen in organischer Substanz des Sediments $\left(\frac{\text{Chlorophyll } 40}{\text{C } 2} 100\right)$, R- rechts Ufer, L- linkes Ufer

den für das Institut der Wasserwirtschaft (Thema WHO), durchgeführten Untersuchungen über die Bioaktivität des Flusses Wisła (Bombówna, Wróbel 1969) wurde das Chlorophyll untersucht u. z. im Algenbewuchs, welcher sich auf künstlichen Unterlagen angesammelt hatte (Objektgläser wurden im s. g. „Pralgometer" einige Zeit im Fluß angebracht). Starke mineralische Verunreinigungen, mit großen Massen abgeschwemmter Schwebestoffe, besonders noch mit der künstlichen Aufwärmung, haben großen Einfluß auf die Gestaltung der Flußbiocönose. Während in den reinen Flüssen bzw. in den organisch weniger verunreinigten, wie z. B. der Raba, mit dem Ansteigen des Wasserstandes die Trübung des Wassers zu und der Algenbewuchs abnimmt, ist in der Wisła bei hohen Wasserständen die Trübung geringer mit größerem Algenbewuchs auf künstlichen Unterlagen. Hier würde daher die Chlorophyllmethode im entgegengesetzten Sinn als Indikator wie im Fluß Raba wirken.

Im Chlorophyllgehalt wurde kein deutlicher Unterschied zwischen dem linken und dem rechten Ufer der Wisła (wohin mit dem Nebenfluß Skawinka künstlich aufgewärmtes Wasser zufließt) festgestellt. Die Differenz war dagegen deutlich erkennbar im organischen Kohlenstoffgehalt, dessen größte Menge im Winter an zwei Stellen mit aufgewärmtem Wasser zu sehen war. Die Ursache hierfür bildete eine große Entwicklung der Heterotrophen, vor allem Leptomitus, der jährlich dem Elektrizitätswerk viele Kosten verursachte. Wenn man vom Chlorophyllgehalt und dem organischen Kohlenstoff den Algenprozentanteil in der organischen Substanz des Sediments berechnete, sah man einen deutlichen Unterschied zwischen Sommer und Winter, sowie den Einfluß der Temperaturunterschiede beim linken und rechten Ufer (Abb. 4).

Diese Methode wurde daher bei gleichzeitiger Bestimmung des organischen Kohlenstoffes angewandt. Erst das Verhältnis des Chlorophyllgehaltes zur Kohlenstoffmenge gestattet es, den Zustand der Verunreinigung und der Bioaktivität des Flusses zu bestimmen.

Literatur

BOMBÓWNA, M.: Hydrochemical characteristics of the Raba river and its tributaries. Acta Hydrobiol. **11** (1969), 4, 479

BOMBÓWNA, M., S. WRÓBEL: Die Primärproduktion des Phytoplanktons in den Staubecken Tresna, Porąbka und Czaniec mitsamt einigen physikochemischen Faktoren des Wassers. Abgegeben im Manuskript für das Institut für Oberschlesien-Industriebezirk, 1969

— —: Der Einfluß des künstlich aufgewärmten Wassers auf die Biocönose des Empfangsreservoirs. Untersuchungen am organischen Kohlenstoff- und Chlorophyllgehalt im Periphyton der Wisła. Abgegeben im Manuskript für das Institut der Wasserwirtschaft.

Anschrift des Verfassers:

Dr. M. BOMBÓWNA, Krakow, Sławrowska 17, VR Polen

S. Magosz, J. Paluch, J. Szulicka

Polnische Akademie der Wissenschaften, Forschungsanstalt für den Oberschlesischen Industriebezirk, Zabrze

Untersuchungen über den Phosphorgehalt in Oberflächengewässern und seinen Einfluß auf Mikroorganismen

Zusammenfassung: Über den Phosphorgehalt von zwei Staugewässern nebst ihrem Einzugsgebiet wird berichtet. Weiterhin werden Ergebnisse über Bakterien, die anorganische und unlösliche Phosphorverbindungen bzw. organische Phosphorverbindungen angreifen, vorgestellt.

Summary: It is reported about the phosphorus content of two impounded waters and their drainage areas. Results about bacteria which digest inorganic and insoluble or organic phosphorus compounds are described.

Резюме: Сообщается о содержании фосфора двух водоёмов наряду с данными о водосборе. Дальше представятся результаты о бактериях, разъедающих неорганические и нерастворимые фосфорные соединения или же органические фосфорные соединения.

Das Problem der Eutrophierung stehender Oberflächengewässer bedarf immer umfassenderer Kenntnisse. Die bedeutsame Rolle des Phosphors für alle lebenden Organismen schreibt diesem Element, parallel zum Stickstoff, die Bedeutung eines biogenen Grundbestandteiles auch im wäßrigen Milieu zu, der mit den hier vor sich gehenden Umsetzungen unmittelbar verbunden ist. In Oberflächengewässern tritt der Phosphor in Form organischer Verbindungen, als Bestandteil der Phosphorproteide, der Nukleoproteide, Phosphatide, Phytine und anderer Verbindungen auf, doch kann er ebenfalls in Gestalt anorganischer Stoffe vorkommen. In vielen Mikroorganismen ist dieses Element auch als Polyphosphat hohen Molekulargewichtes anzutreffen (Ziemiecka).
Der Übergang des Phosphors in lösliche, also für Mikroorganismen und Pflanzen zugängliche Form, hängt von zahlreichen Standortbedingungen ab. Die aus organischer Substanz befreite oder von Mineralien stammende Phosphorsäure bildet mit Calcium, Kalium, Aluminium oder anderen im Wasser befindlichen Kationen Verbindungen. Die löslichen Phosphate werden von den Mikroorganismen und Pflanzen reassimiliert und auch zum Teil, wie z. B. Jitts behauptet, durch die Kolloide des Bodenschlammes adsorbiert. Oft bildet die lösliche Fraktion des Phosphors nur einen geringen Teil seines Gesamtgehaltes im Oberflächenwasser.

Eine genaue Beurteilung der Rolle des Phosphors im Gewässer ist nur dann möglich, wenn außer seinem Gesamtgehalt auch die einzelnen im Wasser enthaltenen Verbindungen bestimmt werden, d. h. Orthophosphate, Polyphosphate und organisch-gebundener Phosphor. Eine derartige analytische Trennung der

Phosphorverbindungen im Wasser wurde erst durch die von KLOTTER und NEUSEL beschriebene Methode ermöglicht. Sie beruht auf einer raschen Extraktion der Orhophosphate mittels Isobuthylalkohol und Überführung der Polyphosphate und der unlöslichen Phosphate in die ortho-Form durch sauer Hydrolyse. Dagegen wird der Gesamtphosphor durch Verbrennung mit Schwefelsäure und Wasserstoffsuperoxid bestimmt und aus der Differenz die Menge des organischen Phosphors berechnet.

Nach dem genannten Verfahren wurden die Phosphorverbindungen im Staubecken von Goczałkowice und in der Staubeckenkaskade am Fluß Soła bestimmt. Dies sind die ersten in Polen unternommenen Versuche, um die Mengenverhältnisse der Phosphorverbindungen in Wässern der Staubecken zu erforschen. Bemerkt sei, daß ausführliche Untersuchungen über das Problem der Form und Stratifikation von Phosphorverbindungen im Wasser verschiedener polnischer Seen durchgeführt worden sind, u. a. von STANGENBERG und MACKIEWICZ-GOLACHOWSKA, die in einzelnen Seen Gesamtphosphorgehalte von 0,05···2,58 mg/l feststellten. Da in Staubecken ganz andere Verhältnisse auftreten, können die eigenen Untersuchungen eine Erklärung der in Staubecken ohne anaerobe Bodenschichten stattfindende Eutrophierungserscheinungen bilden. Einige deutsche Arbeiten (BERNHARDT u. KREMLING) weisen darauf hin, daß besonders im Winter eine bedeutende Anhäufung dieser Verbindungen durch die Zuflüsse eintreten kann.

Die Untersuchungen wurden einige Jahre lang im Tageszyklus, in etwa monatlichen Zeitabständen an zwei verschiedenen Staubecken in Goczałkowice und Kozłowa Góra in drei Tiefen — an der Oberfläche, in halber Tiefe und über dem Grund — durchgeführt. Außerdem wurden die Phosphorumsetzungen im Oberlauf der Wisła auf der Länge von etwa 70 km von den Quellen bis zum Staubecken in Goczałkowice untersucht. Schließlich wurde auch der Gebirgsfluß Soła während zwei Jahren einschließlich seiner Staubeckenkaskade—Staubecken Tresna, Porąbka und Czaniec — erforscht. Alle untersuchten Staubecken sind jung. Die ältesten untei ihnen, wie Kozłowa Góra an der Brynica ($15 \cdot 10^6 m^3$), sowie Porąbka an der Soła ($32{,}2 \cdot 10\ m^3$) entstanden in den Jahren 1935···1939. Das Becken Goczałkowice an der Wisła ($150 \cdot 10^6\ m^3$) wurde 1955 und die Becken Tresna ($102 \cdot 10^6\ m^3$) und Czaniec ($1{,}5 \cdot 10^6\ m^3$) 1967 errichtet. Bemerkt sei, daß das Alter des Staubeckens die Wasserqualität in den ersten Jahren nach dem Ausbau (bis etwa 20 Jahre) am stärksten beeinflußt.

Einige Ergebnisse über die Konzentrationen der Phosphorverbindungen im Staubecken Goczałkowice zeigen Tab. 1 und Abb. 1.

Ergänzend kann hinzugefügt werden, daß der Gesamtstickstoffgehalt im Wasser des Staubeckens von Goczałkowice innerhalb der Grenzen 0,30···1,0 mg/l N liegt, mit einem Überwiegen an anorganischem Stickstoff von 0,2···0,7 mg/l NO_3-N.

Ein Vergleich dieser Werte mit denen für Phosphor zeigt, daß im Verhältnis des Stickstoffs: im Phosphor Schwankungen in weiten Grenzen zwischen 13:1 im Frühjahr bis 67:1 Herbst bestehen. Der Gehalt an Phosphorverbindungen im Wasser variiert ebenfalls von 0,08···0,29 mg/l PO_4 stark. Kennzeichnend

Tabelle 1
Phosphorgehalte im Wasser des Staubeckens Goczałkowice

Probeentnahme — Zeit und Standpunkt	PO_4							
	Gesamt	Ortho	kondensierter	organischer	Gesamt	Ortho	kondensierter	organischer
	mg/*l*	mg/*l*	mg/*l*	mg/*l*	%	%	%	%
Januar — Staubeckenabfluß	0,150	0,090	0,030	0,030	100	60	20	20
Mai Staubeckenabfluß	0,180	0,070	0,020	0,090	100	39	11	50
Mai pelagischer Punkt Oberfläche	0,290	0,080	0,060	0,150	100	27	21	52
Mai pelagischer Punkt Bodennähe	0,260	0,090	0,050	0,120	100	35	19	46
Juli — Staubeckenzufluß	0,115	0,080	0,010	0,025	100	69	9	22
Juli — pelagischer Punkt Oberfläche	0,175	0,090	0,010	0,075	100	51	6	43
Juli — pelagischer Punkt Bodennähe	0,175	0,100	0,015	0,060	100	57	9	34
September Staubeckenzufluß	0,080	0,030	0,010	0,040	100	38	12	50
September pelagischer Punkt	0,070	0,030	0,030	0,010	100	43	43	14
November pelagischer Punkt	0,100	0,080	0,010	0,010	100	80	10	10

ist das Auftreten deutlich höherer Konzentrationen im Frühjahr, wobei organisch gebundener Phosphor stark überwiegt. Unterschiede zwischen dem Phosphorgehalt in der Oberflächenschicht und der Grundschicht des Wassers konnten nicht festgestellt werden.

Die Konzentration der Phosphorverbindungen im Fluß Soła und in dessen Staubecken ist, bei ähnlicher Konzentration der Stickstoffverbindungen, wesentlich niedriger als im Staubecken von Goczałkowice. Der Gesamtgehalt an Phosphor beträgt von 0,02···0,14 mg/*l* PO_4 und an Orthophosphaten von 0,0···0,12 mg/*l* PO_4. Am niedrigsten sind die Gehalte an organischem Phosphor, die 0,075 mg/*l* PO_4 nicht überschreiten. Höchste Konzentrationen treten hier im Herbst auf, im Frühjahr dagegen wurde an einigen Punkten kein Phosphor vorgefunden.

Aus den durchgeführten Untersuchungen folgt, daß der geringe Phosphorgehalt in den Staubecken einen die Entwicklung der Biomasse hemmenden Faktor darstellt. Doch tritt sowohl der Stickstoff wie auch der Phosphor in Mengen auf, die höher sind als die kritische, den Vorgang der Eutrophierung bestimmende Konzentration (0,03 mg/*l* PO_4 und 0,3 mg/*l* NO_3. Die vorkommenden Phosphormengen sind sehr oft niedriger als in manchen polnischen oligotrophen Seen.

Der Abbau von Phosphorverbindungen in Oberflächengewässern ist zum Hauptteil ein biochemischer Prozeß. Wie bekannt, kann zur Auflösung unlöslicher Phosphate eine Reihe Mikroorganismen beitragen, die fähig sind, freie

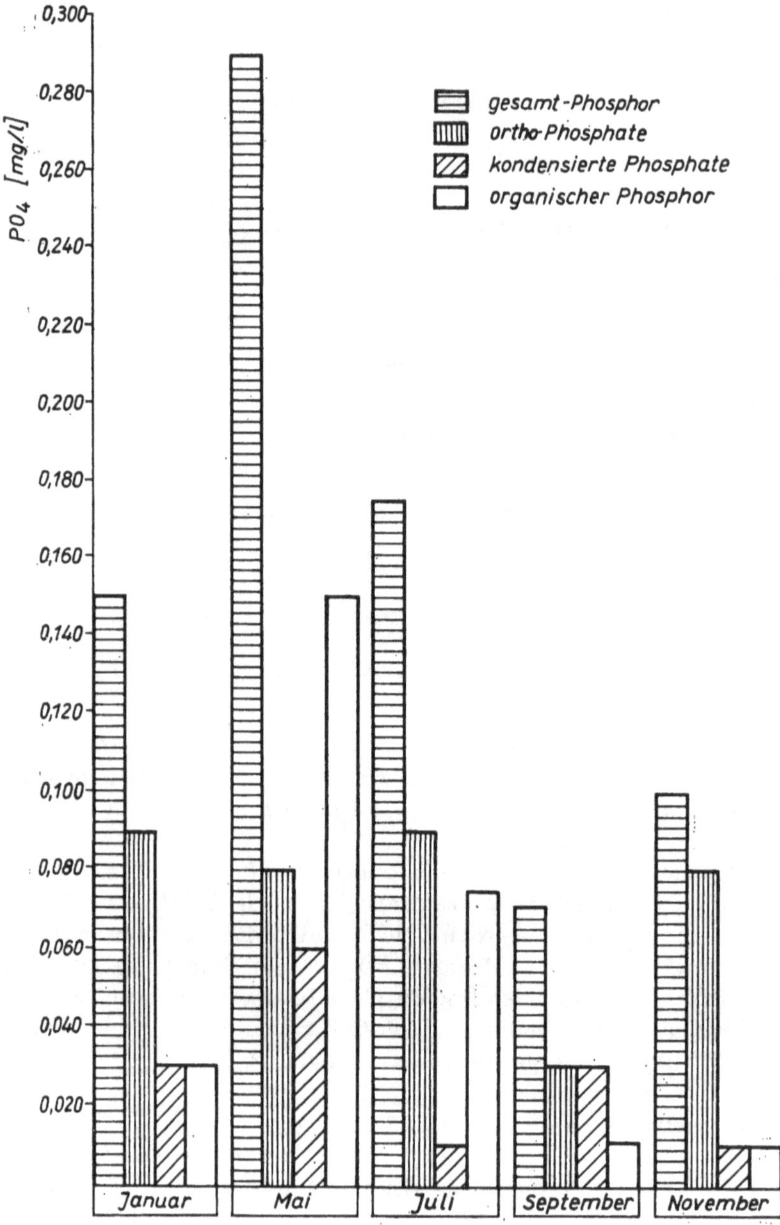

Abb. 1: Phosphorgehalte im Wasser des Staubeckens Goczałkowice

Säuren zu erzeugen. Hierzu gehören die nitrifizierenden Bakterien, Schwefel oxydierende Bakterien, verschiedene heterotrophe Bakterien sowie andere Organismen, die imstande sind, organische Substanz unter Bildung von Kohlendioxid und organischen Säuren abzubauen (ZIEMIECKA). Unter normalen Umständen jedoch spielen weder die Nitrifikation noch die Oxydation von Schwefel eine wesentliche Rolle im Auflösungsprozeß unlöslicher Phosphate im Wasser.

Aus diesem Grunde wurden das Auftreten und die Entwicklung zweier Gruppen von Bakterien untersucht.

Unter den Bakterien, die unlösliche mineralische Verbindungen des Phosphors in die gelöste Form überführen, wurden festgestellt: *Pseudomonas* sp., *Achromobacter* sp., *Bacillus* sp., und *Bacillus megaterium*:

- solche, die unlösliche anorganische Phosphorverbindungen in die gelöste Form überführen (unter Anwendung des Nährbodens n. PIKOWSKA mit Tricalciumphosphat als Phosphorquelle), sowie
- solche, die organische Phosphorverbindungen zersetzen (unter Anwendung des Nährbodens nach MIENKINA mit Lezithin).

Zur Mineralisierung organischer Phosphate trugen: *Bacillus* sp. Stamm E. bei. Diese Untersuchungen ergaben die Möglichkeit, einige Regelmäßigkeiten zu beobachten, die im Verlauf der durch Mikroorganismen verursachten Umwandlungen von Phsophorverbindungen in Oberflächengewässern auftreten. Insbesondere wurden gegenseitige Beziehungen zwischen dem Gehalt des Wassers an Phosphorverbindungen und der Entwicklung von Mikroorganismen, die eine Fähigkeit ihrer Zersetzung aufweisen, festgestellt.

Die Intensität dieses Prozesses hängt nicht nur von der Gesamtzahl der Mikroorganismen ab, die unlösliche Verbindungen des mineralen Phosphors in die gelöste Form überführen oder auch die organischen Phosphorverbindungen abbauen. Davon zeugt die Tatsache, daß bei den einzelnen Arten bzw. Gattungen das Abbauvermögen gegenüber diesen Verbindungen in verschieden starkem Maße auftritt. Deshalb kann bei einer geringeren Anzahl von Mikroorganismen, die eine höhere Zersetzungsfähigkeit besitzen, der Abbau der Phosphorverbindungen intensiver verlaufen, als dies bei einer größeren Zahl mit schwächerer diesbezüglicher Aktivität der Fall wäre.

Die Entwicklung der den Zerfall unlöslicher mineralischer Verbindungen des Phosphors und seiner organischen Verbindungen bewirkenden Mikroorganismen muß vom Standpunkt der gegenseitigen Beziehungen zwischen den einzelnen Komponenten der Biocönose von Oberflächengewässern betrachtet werden. Wie beobachtet, kann die Entwicklung der einzelnen Gruppen des Phyto- bzw. des Zooplanktons hemmend auf das Gedeihen verschiedener Gruppen von Mikroorganismen einwirken.

Die Art der Einwirkung des Phytoplanktons auf die Mikroorganismen ist nicht nur mit dessen diversen Entwicklungsetappen zu verschiedenen Jahreszeiten verbunden, sondern auch mit den im Tageszyklus ablaufenden Lebensprozessen dieser Organismen, z. B. mit dem Prozeß der Photosynthese. Bekanntlich wächst im Verlauf des Photosyntheseprozesses der Bedarf der Pflanzen an biogenen Stoffen, u.a. auch an Phosphor. In dieser Zeit wird die Konkurrenz zwischen Phytoplankton und Bakterien um den Minimumfaktor Phosphor besonders ausgeprägt sein. Ausdruck dieser Wechselbeziehung ist die deutlich schwächere Entwicklung der Mikroorganismen während der Photosyntheseperiode der Algen (Abb. 2).

Bei geringer Turbulenz des Wassers konnte festgestellt werden, daß unabhängig von der Tageszeit oder der Jahresperiode in Grundhöhe die Zahl der zum Abbau von Phosphorverbindungen fähigen Mikroorganismen ansteigt. (Abb. 3) Dies kann mit einer Speicherung biogener Verbindungen am Boden im Zusammenhang stehen.

Das Entwicklungsmaximum der Mikroorganismen, die unlösliche Phosphorverbindungen in die lösliche Form umwandeln, fällt in die Frühlings- und Sommerszeit. Eine deutliche Hemmung der Entwicklung tritt im Herbst ein, um dann allmählich in das Winterminimum überzugehen (Abb. 4).

Das Auftreten und die Entwicklung zum Abbau unlöslicher Phosphorverbindungen fähiger Mikroorganismen sind vom Verunreinigungsgrad ihres Milieus abhängig. In Gewässern mit geringerer Konzentration organischer Verunreinigungen sind die Prozesse der mikrobiellen Zersetzung von mineralischen Phosphorverbindungen vorherrschend, im Vergleich zum Abbau organischer Phosphorverbindungen. Dies kann beispielsweise bei Untersuchungen der Selbstreinigungsprozesse von Oberflächengewässern als Hinweis für den aktuellen Grad des Fortschrittes dieser Prozesse in den einzelnen Abschnitten eines Flusses bzw. in Staubecken dienen.

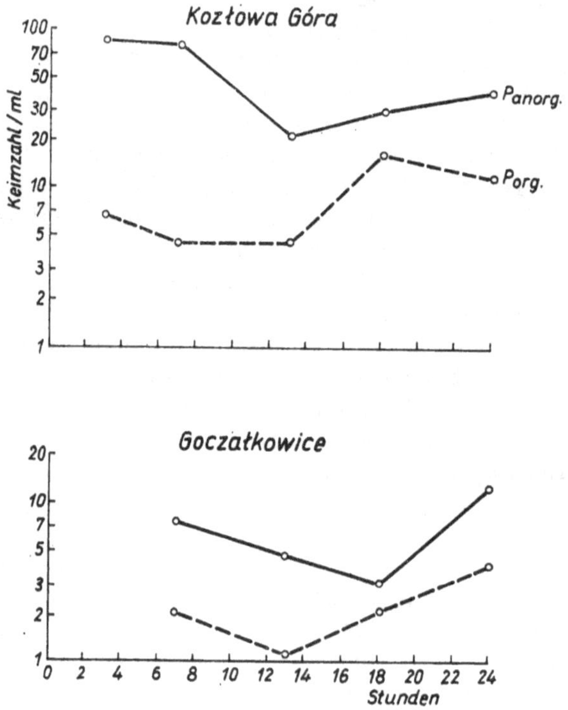

Abb. 2: Keimzahl der ungelöste anorganische und organische Phosphorverbindungen lösenden Bakterien (Tageszyklus, April 1966)

Die Arbeiten über die Rolle der Bakterien bei der Umwandlung von Phosphorverbindungen in Gewässern werden weitergeführt, wobei enzymatischen Prozessen und Problemen der Einwirkung unterschiedlicher Redoxpotentiale besonderes Augenmerk geschenkt werden soll.

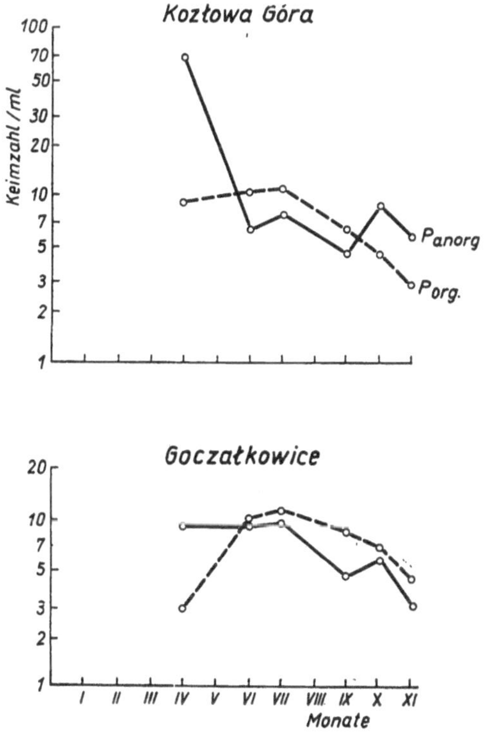

Abb. 3: Vertikalverteilung der unlösliche, anorganische Phosphorverbindungen lösenden Bakterien im Wasser des Staubeckens Goczałkowice

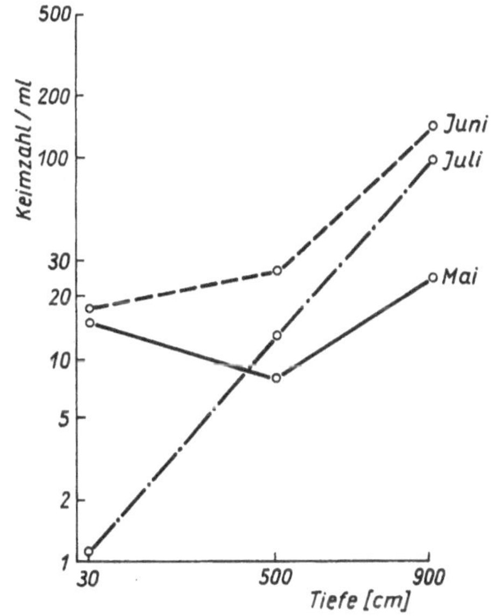

Abb. 4: Keimzahl der anorganische und organische Phosphorverbindungen lösenden Bakterien (Jahreszyklus)

Literatur

[1] Bernhardt, H., K. Kremling: Versuche zur Verminderung der Phosphatbelastung einer Talsperre durch chemische Behandlung des Sperrenhauptzuflusses. Vom Wasser (1958), str. 160

[2] Jitts, H. R.: The Adsorption of Phospate by Estrudine Bottom Deposits. Aust. J. Mar. Freshwater Res. Melbourne (1961).

[3] Klotter und Neusel: Orthophosphate und Polyphosphate im Oberflächenwasser. Vom Wasser, **110** (1959).

[4] Mackiewicz-Golachowska, J.: Fosfór w wodzie jezior Polski. Zesz. Naukowe W. S. R. nr 75 Wrocław 1968.

[5] Ziemiecka, J. i wsp.: Mikrobiologia gleby i nawozów organisczych (praca zbiorowa). Państwowe Wydawnictwo Rolnicze i Leśne, Warszawa 1969.

Anschrift der Verfasser:

Ing. S. Magosz, Prof. J. Paluch, Ing. J. Szulicka, Polnische Akademie der Wissenschaften, Forschungsanstalt für den Oberschlesischen Industriebezirk, Zabrze, Hagera 17, VR Polen

H. Bernhard

Wahnbachtalsperrenverband, Siegburg

Maßnahmen zur Begrenzung der Eutrophierung in der Wahnbachtalsperre

Zusammenfassung: Die durch die Zuflüsse bedingte Phosphatbelastung der Wahnbachtalsperre führte zu starken Eutrophierungserscheinungen. Zur Beseitigung der Störungen ist die Phosphat- und Trübstoffentfernung aus dem Talsperrenzulauf erforderlich. Die Prinzipien für die notwendige Aufbereitung des Talsperrenzulaufes sowie Ergebnisse von Grundsatzuntersuchungen werden mitgeteilt.

Summary: The phosphate load of the Wahnbach reservoir, which is caused by the influents, led to considerable eutrophication . For removing disturbances the phosphate and suspended matter elimination from the influents of the reservoir is necessary. The principles for the necessary conditioning of reservoir influents and results of fundamental investigations are dealt with.

Резюме: Обусловленная притоками к Ванбахскому водохранилищу фосфатная нагрузка приводила к сильным эвтрофным явлениям. Удаление этих влияний требует удаления фосфатов и взвесей из притока водохранилища. Сообщаются принципы для необходимой заготовки притока водохранилища и результаты основных исследований.

Seit Einstau der Wahnbachtalsperre bei Siegburg im Jahre 1958 ist es zu einer allmählichen Zunahme der Konzentrationen an Gesamtphosphor und anorganisch gebundenen Stickstoffverbindungen im Talsperrenwasser gekommen. Die o-Phosphationenkonzentration am Ende der Vollzirkulation (Februar/März) stieg von etwa 3 $\mu g/l$ P (1959) bis auf 6···9 $\mu g/l$ P mit Maximalwerten im Frühjahr 1966 von 14 $\mu g/l$ P an, die Konzentration an ungelösten Phosphorverbindungen von 6,5 bis auf 19 $\mu g/l$ P.

Die Nitrationenkonzentration nahm während des gleichen Zeitraumes in geringerem Maße von 1,3 bis auf 2,2 mg/l N zu.

Dies wirkte sich in einer typischen Veränderung der in der Sperre dominierenden Planktonarten und in einer beträchtlichen Erhöhung der auftretenden Planktonmengen aus. In dieser Zeit stieg die Phosphorbelastung über den Wahnbach als Sperrenhauptzufluß von 0,2···0,4 g Gesamtphosphor/$m^2 \cdot a$ bis auf 2···3 g P/$m^2 \cdot a$ sehr stark an (Abb. 1). Die Planktonproduktion reagierte auf diese hohe Phosphorzufuhr schnell: Die labile Übergangsphase des Sees, charakterisiert durch von Jahr zu Jahr wechselnde, oft kurzzeitig auftretende Maximalentwicklungen von Formen, die vorher in der Sperre nicht oder nur in sehr geringen Mengen vorkamen, wurde im Herbst 1963 und verstärkt in den folgenden Jahren durch die umfangreiche Entwicklung der Blaualge *Oscillatoria* beendet. Seitdem tritt *Oscillatoria rubencens* in von Jahr zu Jahr schwankenden beachtlichen Mengen auf. Daneben kommt es zu starken Entwicklungen der Kieselalgen *Melosira granulata angustissima*, *Asterionella*, *Synedra* und *Fragillaria*. Kurzzeitig erschien im Herbst 1967 im oberen Sperrenbereich die Blaualge *Oscillatoria redeckii*.

In den Monaten April, Mai, Juni 1969 kam es schließlich zu einer Massenentwicklung von *Oscillatoria rubescens* in den obersten 5 m des Wasserkörpers mit intensiver Vegetationsfärbung, wobei bis zu 7000 Fäden/m*l* gezählt und Chlorophyllkonzentrationen von maximal 300 mg/m³ gemessen wurden. Dies führte zu Permanganatverbrauchszahlen von rd. 60 mg/*l*. Der während dieses Zeitraumes gemessene Gehalt an gelöstem organisch gebundenem Kohlenstoff lag bei maximal 150 mg/*l*.

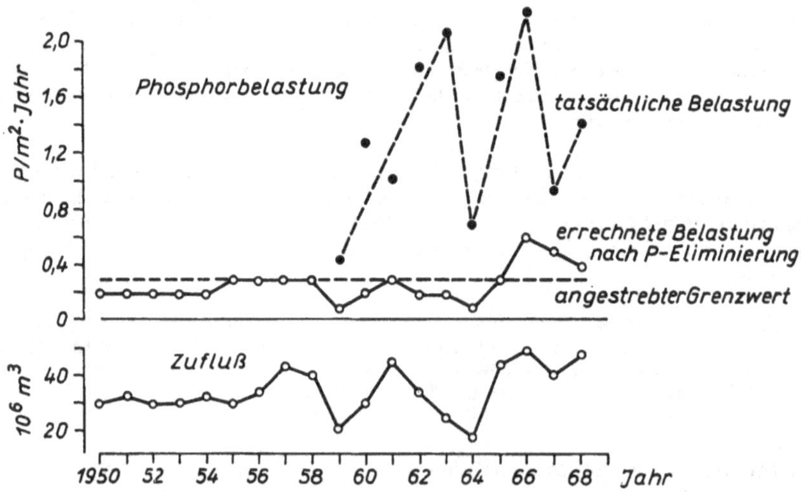

Abb. 1: Tatsächliche und nach Phosphoreliminierung des Wahnbaches auf 10 μg/*l* Gesamtphosphor errechnete Phosphorbelastung der Wahnbachtalsperre

Diese Entwicklung hat zu zunehmenden Schwierigkeiten der Aufbereitung dieses Talsperrenwassers zu Trinkwasser geführt. Es kam zeitweise, besonders während der Wintermonate, wegen der hohen Planktondichten zu wesentlichen Verkürzungen der Filterlaufzeiten bis auf etwa 10 h. Außerdem ergab die alljährlich gebildete große Menge an Biomasse während der Stagnationsperioden umfangreiche Sauerstoffzehrungsprozesse am Sperrengrund, die schon bald während der Sommermonate zur Sauerstofffreiheit des Wassers bis einige Meter über Grund führten und zur reduktiven Auflösung größerer Mangan- und Eisenmengen aus dem Sediment sowie zum zeitweiligen Auftreten von Schwefelwasserstoff.

Zur Aufbesserung des Sauerstoffhaushaltes der Talsperre während des Stagnationszeitraumes wird deshalb die Sperre seit 1964 während des Zeitraumes Mai bis November belüftet. Diese Maßnahme konnte jedoch auch im Jahre 1969 nach der dreimonatigen *Oscillatoria*-Massenentwicklung nicht verhindern, daß es trotzdem zur reduktiven Auflösung größerer Mengen an Manganverbindungen aus dem Sediment kam, so daß 1969 erstmalig wieder eine Entmanganung des aufzubereitenden Talsperrenwassers während des gesamten Sommerzeitraumes erforderlich wurde.

Eingehende Untersuchungen im Labormaßstab haben gezeigt, daß eine Verminderung der Konzentration verfügbarer o-Phosphationen und ungelöst vorliegender Phosphorverbindungen in der trophogenen Zone der Sperre auch einen deutlichen Rückgang der gebildeten Planktonmengen im Wasser zur Folge haben wird. Darüber hinaus konnte festgestellt werden, daß besonders für die Entwicklung von *Oscillatoria rubescens* neben einer Versorgung mit o-Phosphat- und Nitrationen die Treibstoffe von Bedeutung sind, die über die Zuflüsse der Sperre ständig zugeführt werden. Es zeigte sich, daß hierbei besonders dem Eisen, das zusammen mit den Treibstoffen als Erosionsprodukte der ackerbaulich genutzten Flächen vor allem nach stärkeren Regenfällen in größerem Umfang in die Sperre transportiert wird, als Wirkstoff große Beachtung geschenkt werden muß.

Der schnellen Eutrophierung dieser Talsperre kann also nur dadurch wirksam entgegengetreten werden, daß die übermäßige Belastung dieses Gewässers mit Phosphationen soweit beschränkt wird, daß es während des Zeitraumes der Vollzirkulation nicht zu der beobachteten Anreicherung von Phosphationen im ganzen Sperrenkörper kommt und daß der biogen verbrauchte Phosphor in der Produktionszone während des Produktionszeitraumes nicht ständig über die Zuflüsse (speziell über den Wahnbach) im Übermaß ergänzt wird. Außerdem muß die wiederholte Zufuhr von Trübstoffen wesentlich vermindert werden, damit der Gehalt an Eisenionen und anderen Spurenstoffen in der Produktionszone gering gehalten werden kann.

Das Einzugsgebiet der Wahnbachtalsperre wird zu mehr als 60% landwirtschaftlich und dabei vorwiegend ackerbaulich genutzt und ist nur zu 28% von Laub- und Nadelwaldbeständen bedeckt. Die in kurzen zeitlichen Abständen durchgeführten Nährstoffuntersuchungen der verschiedenen Zuflüsse und des Wahnbaches haben gezeigt, daß etwa 70% der jährlich in die Sperre transportierten Phosphormengen von den landwirtschaftlich genutzten Flächen bzw. aus den landwirtschaftlichen Betrieben stammen und nur der kleinere Teil aus den Abwässern von rd. 100 ländlichen Siedlungen mit zusammen 7400 Einwohnern. Auf Grund dieser Gegebenheiten würde es wenig Erfolg haben, die erstrebte Verminderung der in die Talsperre jährlich transportierten Phosphormengen dadurch zu erreichen, daß nur die häuslichen Abwässer mit Hilfe einer chemischen Reinigungsstufe nach mechanisch-biologischer Klärung behandelt werden, da auf diese Weise die von den landwirtschaftlich genutzten Flächen und den zahlreichen Dungstapelplätzen und landwirtschaftlichen Betrieben in die Vorfluter und damit in die Talsperre gelangenden Phosphor- und Spurenstoffmengen nicht erfaßt würden. Das einzige erfolgversprechende Verfahren besteht vielmehr darin, die Phosphorverbindungen zusammen mit den Trübstoffen weitgehend aus dem Wahnbach an seiner Mündung in die Talsprere zu eliminieren.

Allein dies könnte nach den heutigen Kenntnissen zu einer Begrenzung des Eutrophierungsprozesses führen, zumindest aber dazu, daß die bisher dominierenden Blaualgen gegenüber anderen Algen, besonders Kieselalgen, in ihrer Entwicklung wieder zurückgedrängt werden.

In diesem Zusammenhang wurde das Ziel gesetzt, daß das in die Talsperre einfließende Wasser des Wahnbaches (Sperrenhauptzufluß), der rd. 80% des Gesamtzuflusses bringt, nicht mehr als 10 $\mu g/l$ Gesamtphosphor enthalten soll und daß nach Möglichkeit mindestens 95% der Jahresabflußmenge auf diese Weise zu behandeln sind. Da der Wahnbach ca. 85% der Jahresgesamtphosphorfracht der Sperre zuführt, reicht es aus, entsprechende Maßnahmen auf diesen Bach zu konzentrieren. Ein kleinerer Seitenbach der Talsperre, der durch häusliche Abwässer sehr stark belastet ist, wird durch andere Maßnahmen saniert werden.

Die mittlere Wasserführung des Wahnbaches liegt bei rd. 1 m^3/sec. Zeitweise treten jedoch Hochwässer bis zu 20 m^3/sec auf. Die geplante Anlage zur Entnahme der Phosphate und Trübstoffe an der Mündung des Wahnbaches in die Sperre kann wegen der Investitions- und Betriebskosten nur bis zu einer bestimmten Durchsatzleistung ausgebaut werden, die jetzt auf 4 m^3/sec festgelegt worden ist. Um darüber hinaus höhere Zuflüsse erfassen zu können, wird ein Rückhaltebecken, dessen Größe auf 800000 m^3 Inhalt festgelegt worden ist, vorgeschaltet. Hierzu soll die bereits vorhandene Vorsperre, deren Volumen z. Zt. 500000 m^3 beträgt, benutzt werden. Auf diese Weise können in einem Jahr mit durchschnittlicher Wasserführung 97% und in einem nassen Jahr 91% des Jahreszuflusses erfaßt werden.

Während des Zeitraumes 1950···68 wäre letzteres nur in zwei Jahren der Fall gewesen (1966/67). Auf diese Weise kann die Gesamtphosphorbelastung der Sperre auf einen Durchschnittswert von 0,3 g Gesamtphosphor/$m^2 \cdot a$ vermindert werden und würde nur in nassen Jahren Werte bis 0,6 g/$m^2 \cdot a$ erreichen (1966/67/68 im Zeitraum 1950···1968) (Abb. 1).

Die o-Phosphationenkonzentration im Bachwasser schwankt zwischen 30 und 300 $\mu g/l$ PO_4^{3-} mit einem Mittelwert von ca. 100 $\mu g/l$ PO_4^{3-}, der Gehalt an ungelöstem Phosphat zwischen 50 und 550 $\mu g/l$ PO_4^{3-} mit einem Durchschnittswert von etwa 150 $\mu g/l$ PO_4^{3-}. Um die geforderte Gesamtphosphorkonzentration im Bachwasser (10 $\mu g/l$ Gesamtphosphor = 30 $\mu g/l$ Gesamt-PO_4) zu erreichen, sind danach Phosphatentnahmewerte von mindestens 95% erforderlich.

Die Entnahme der gelöst vorliegenden o-Phosphationen und der ungelöst vorliegenden Phosphorverbindungen, die an oder in Trübstoffen bzw. Mikroorganismen festgelegt sind, geschieht mit Hilfe einer Eisen(III)-salzfällung bzw. -flockung mit anschließender Schnellfiltration. Eine Kalkzugabe ist erforderlich, um einen optimalen Flockungs-pH-Wert, der besonders bei planktonreichem Rohwasser während der Sommermonate im schwach alkalischen Bereich liegt, einzustellen. Für die Fällung der o-Phosphationen im Bachwasser genügt eine Zugabe von etwa 3 mg/l Fe^{3+}.

Die Flockung der Trübstoffe und damit der ungelöst vorliegenden Phosphorverbindungen erfordert je nach Trübstoff- und Planktongehalt des Wassers 5···10 mg/l Fe^{3+}-Zusatz.

Die Entnahme der gelösten o-Phosphationen und der ungelöst vorliegenden Phosphorverbindungen mit Hilfe von Eisen(III)-salzen verläuft nach zwei grundsätzlich unterschiedlichen Mechanismen. Während die o-Phosphationen im schwach sauren bis neutralen Bereich bis maximal pH 7,2 als unlösliches

Eisenhydroxophosphat bzw. Eisenphosphat durch die zugesetzten Eisen(III)-ionen ausgefällt werden, erfolgt die Trübstoffentnahme über einen Flockungsprozeß mit Hilfe von Eisenoxidhydratflocken am besten im schwach bis stärker alkalischen Bereich. Diese beiden unterschiedlichen Fällungs- und Flockungsverfahren wurden durch eine zweifache Eisendosierung an geeigneten Stellen eines Reaktionsbeckens so gestaltet, daß eine mehr als 95%ige Entnahme an Gesamtphosphor resultiert.

Durch den Einsatz eines anionischen Flockungshilfsmittels konnte die Filtrationsleistung des für diese Anlage gewählten Dreischichtfilters hinsichtlich Filtriergeschwindigkeit und Filterlaufzeit wesentlich verbessert werden. Dabei richtet sich die Zusatzmenge nach der jeweils gegebenen Rohwasserbeschaffenheit.

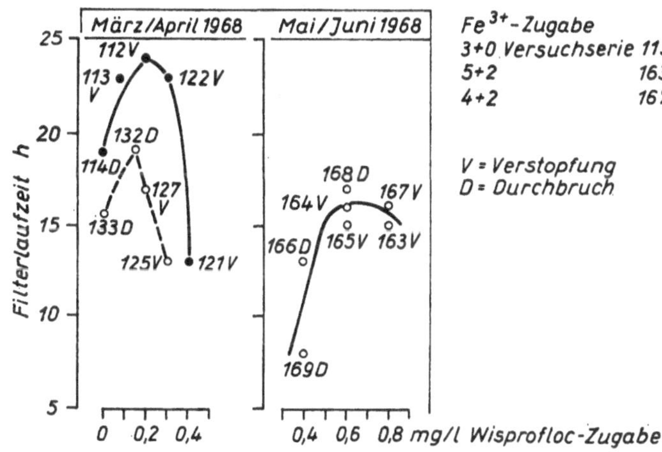

Abb. 2: Abhängigkeit des Filterverlaufes und der Filterlaufzeit von der Wisprofloczugabe

Auf diese Weise kann man den Filtrationsverlauf so optimieren, daß Verstopfung des Filters und Durchbruch der gebildeten Eisenoxidhydratflocken gleichzeitig eintreten, das Filter also vollkommen ausgenutzt wird. Dies führt zu einer deutlichen Filterlaufzeitverlängerung (Abb. 2).

Gewisse filtrationstechnische Schwierigkeiten, die während der Sommermonate als Folge erhöhter Planktondichten im aufzubereitenden Bach- bzw. Vorsperrenwasser auftreten, können ebenfalls in gewissem Umfang durch eine zweimalige Eisen(III)-salzzugabe mit anschließendem Einsatz eines anionischen Flockungshilfsmittels bzw. durch Verminderung der Filtriergeschwindigkeit von 16 m/h auf 8 m/h überwunden werden.

Die bisher mit einer Versuchsanlage (Leistung 1 m^3/h) durchgeführten Untersuchungen haben gezeigt, daß die geforderte Gesamtphosphor- und Trübstoffeliminierung aus dem Sperrenhauptzufluß sowohl technisch als auch wirtschaftlich durchführbar ist. Die angestrebten 10 $\mu g/l$ Gesamtphosphor (30 $\mu g/l$ PO_4) im Filtrat konnten beispielsweise während des Versuchsbetriebes 1968 weitgehend erreicht werden (Abb. 3).

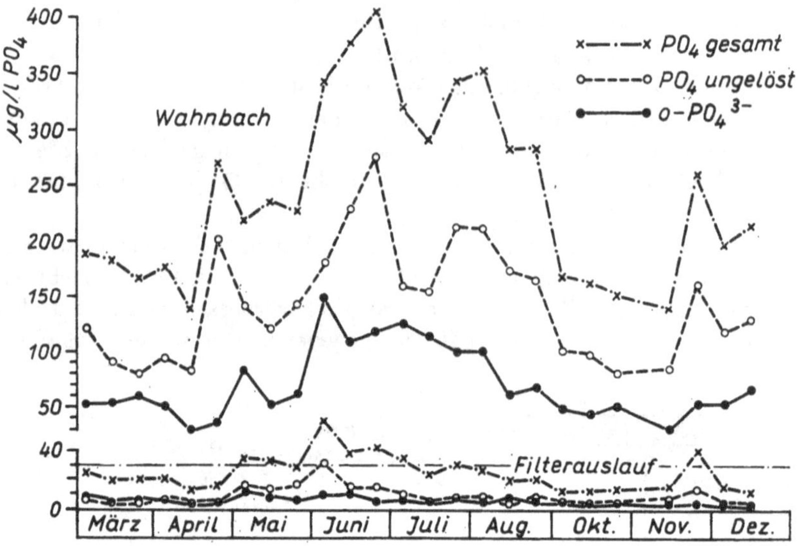

Abb. 3: Ergebnisse der Phosphoreliminierung aus dem Wahnbach 1968

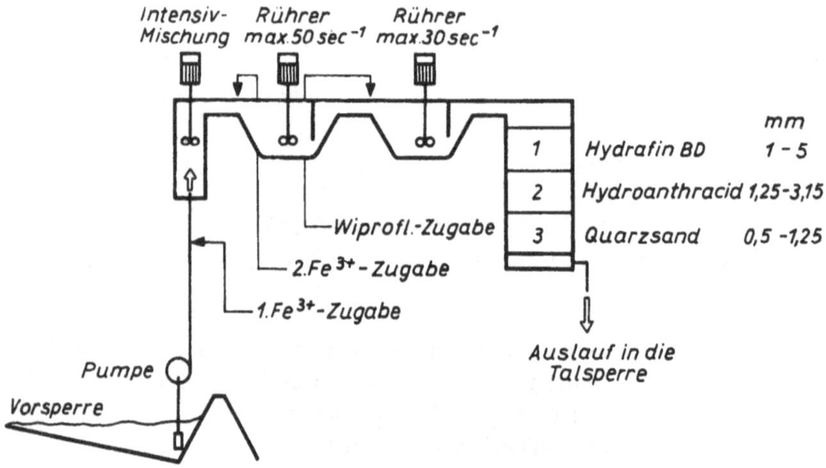

Abb. 4: Schema der Phosphor- und Trübstoffeliminierungsanlage

Die weiteren Untersuchungen laufen jetzt auf die Planung einer halbtechnischen Versuchsanlage (50 m^3/h) als Vorläufer der endgültigen Ausbaustufe hinaus (Abb. 4).

Anschrift des Verfassers:

Dr. H. Bernhardt, 52 Siegburg, Kronprinzenstr. 13, Wahnbachtalsperrenverband, BRD

R. Vámos und R. Tasnádi

Institut für Pflanzenphysiologie und Mikrobiologie der Universität Szeged, Staatliche Landwirtschaft, Szeged

Faktoren des durch Schwefelwasserstoff und Ammoniak bedingten Fischsterbens

Zusammenfassung: In Teichen mit alkalischem Wasser wurde die bekannte Erscheinung beobachtet, das bei Anstieg des pH-Wertes freies Ammoniak entsteht, welches zu Fischsterben führt. In Gewässern auf saurem Boden kann ein Sterben bei Temperaturabfall auftreten, das durch die Oxydation des Eisensulfids zu Schwefelsäure und die daraus folgende Schwefelwasserstofffreisetzung bewirkt wird.

Summary: In ponds with alkaline water the known phenomenon has been observed that by an increase of the pH value free ammonia originates and leads to fish mortality. In waters on acidic soil fish mortality can result by a temperature drop, which results from the iron sulphide oxidation to sulphuric acid, followed by the release of hydrogen sulphide.

Резюме: В прудах с щёлочной водой наблюдалось знакомое явление, что при повышении pH-показателя образуется свободный аммиак, что приводит к умиранию рыб. В водах на кислой почве умирание может появляться при снижении температуры, что имеет причину в окислении моносульфида железа в серную кислоту и следующем из этого выделении сероводорода.

In einigen Fischteichen Ungarns und auch toten Armen mancher Flüsse kommt es zeitweilig zum meistens schnellen Untergang der Fische; in manchen Jahren beträgt der Schaden bis zu 20···30 t pro Teich. Fremde, verunreinigende Stoffe waren in keinem einzigen Fall in die Fischteiche gelangt, so daß das eigentlich einer Massenvergiftung gleichkommende Fischsterben nur durch irgendwelche in den Biotopen entstandenen Substanzen verursacht gewesen sein kann. Vor zehn bis fünfzehn Jahren vermutete man die Ursache für das Sterben der Fische einfach in einem Sauerstoffmangel. Die Untersuchungen haben aber ergeben, daß die unmittelbare Ursache die toxische Wirkung des Schwefelwasserstoffs oder des Ammoniak ist, denen sich natürlich auch noch ein Sauerstoffmangel hinzugesellen kann.

Die Verfolgung der geographischen Ausbreitung des Fischsterbens, oder besser gesagt seiner Beschränktheit auf gewisse Bodentypen, sowie des Zeitpunktes seines Auftrtens und Ablaufes führte zu interessanten Ergebnissen.

Der Schwefelwasserstoff wirkt schädigend im Wasser der toten Arme von Theiß und Nebenflüssen sowie in Fischteichen, die auf Wiesen- und Solonetzböden, — d. h. auf dem Sediment dieser Flüsse — entstanden sind, ferner in solchen anderweitigen Seen, die auf lehmigen, sauren, ausgelaugten Waldböden eingerichtet wurden. Die Sedimente der Theiß sind sauer, weil dieser Fluß aus Eruptivgestein und Sandstein Bergen kommt.

In den Teichen auf Bodensedimenten und den toten Armen der Donau ist das Schwefelwasserstoff bedingte Fischsterben unbekannt. Die Sedimente der Donau sind kalkhaltig, und der Kalkgehalt begünstigt die Entstehung von Schwefelwasserstoff – bzw. seine Anreicherung in Form von Eisensulfid – nicht.

Das durch Ammoniak bedingte Eingehen der Fische ist aber gerade in den sodahaltigen Seen auf Kalkboden häufig. In solchen Gewässern hat es wegen des hohen Ammoniakgehaltes oft jahrelang keine Fische gegeben. Solche Teiche sind z. B. die Sodagewässer über dem Kalkboden im Zwischenstromland zwischen Donau und Theiß. Ein besonders gutes Beispiel hierfür ist der nahe bei Kiskunhalas gelegene Kunfehértò der Jahre hindurch bis 1965 keine Fische enthielt. Bis dahin betrug der pH-Wert des Wassers 9,5···10,3, und das freie Ammoniak machte das Leben der Fische unmöglich. Der niedrschlagsreiche Frühling des Jahres 1965 aber bewirkte ein erhebliches Ansteigen des Wassers, und der pH-Wert ging auf 8,5 zurück. Seither haben sich die Fische vermehrt, und es findet hier systematische Karpfenzucht statt.

Auch in bezug auf den Zeitpunkt des Auftretens des Fischsterbens konnten interessante Feststellungen gemacht werden. Während der ammoniakbedingte Untergang der Fische in der Regel durch die erste sommerliche Erwärmung im Juli ausgelöst wird, spielt in dem durch Schwefelwasserstoff verursachten Fischsterben auch die erste stärkere Abkühlung nach der großen Sommerhitze eine Rolle. Diese ist gewöhnlich in der zweiten Augusthälfte zu erwarten. Auch konnte festgestellt werden, daß in beiden Fällen die Luftdruckerniedrigung einen steigernden Faktor darstellt.

Bei dem durch Ammoniak- und Schwefelwasserstoff bedingten Fischsterben ist das Wasser vorübergehend so stark mit den obigen Verbindungen gesättigt, daß es bereits toxisch bzw. tödlich wirkt. Im Zustandekommen der giftigen Konzentration sind die Hauptfaktoren die Menge der entstehenden giftigen Produkte, die Tiefe der Wasserschicht und die Temperatur.

Verbreitung des Fischsterbens

In den toten Armen der Donau bleibt – wie gesagt – das Fischsterben konsequent aus, und hier spielen mehrere Faktoren eine Rolle, so z. B. die Abwesenheit des Kalkes. In Gegenwart von Kalk werden die organischen Substanzen wesentlich schneller zersetzt als im Schlamm der sauren Böden. Der Kalk begünstigt die Nitrifikation und diese hemmt die Sulfatreduktion (Abb. 1). Außerdem wird im Beisein von Kalk im Verlauf des aneroben Zersetzungsprozesses der pflanzlichen Überreste mehr Essigsäure gebildet als auf den sauren Böden. Die sulfatreduzierenden Bakterien vermögen die Essigsäure nicht nutzbar zu machen. Vermutlich trägt auch dieser Umstand dazu bei, daß hier durchschnittlich vier bis fünfmal weniger Sulfid gebildet wird als in den Böden jenseits der Theiß und die entstehende Sulfidmenge unter 10 mg/100 g bleibt (Abb. 2).

Der pH-Wert der auf den kalk- und sodahaltigen Böden befindlichen Seen bewegt sich zwischen 8,5 und 10,3. Dies macht verständlich, daß bei Übersteigen der mit der sommerlichen Erwärmung entstehende Mengen freien Ammoniaks über 0,2 mg/l der Untergang der Fische unvermeidlich einsetzt. Obwohl auch im

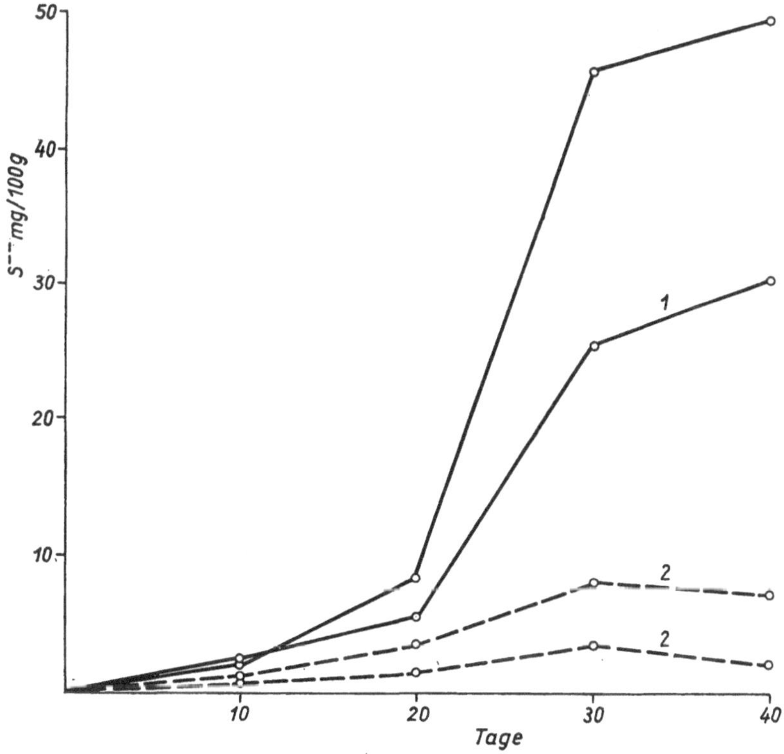

Abb. 1: Entstehende Sulfidmenge in Theiß (1)- und Donau(2)-Böden

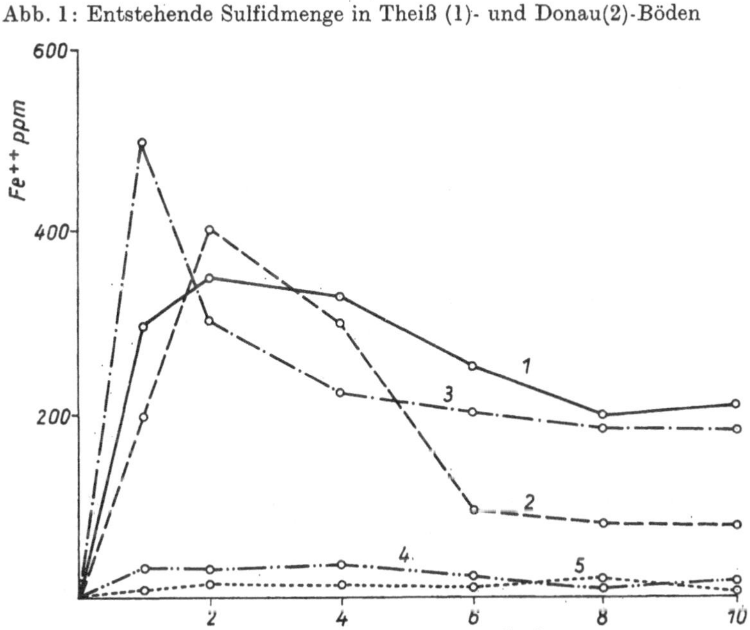

Abb. 2: Kinetik der Eisen(II)-Ionen in wasserbedeckten und sauren Theißböden (1, 2, 3) und kalkhaltigen Donauböden (4, 5)

Schlamm dieser Gewässer eine intensive Sulfatreduktion stattfindet, kommt es wegen des hohen pH-Wertes des Wassers nicht zur Entstehung von molekularem Schwefelwasserstoff. Nachdem im Wasser auch kein Sauerstoffmangel besteht, ist das massenhafte Sterben der Fische einzig auf die giftige Wirkung des freien Ammoniaks zurückzuführen. Im Laufe des Sommers entweicht ein Großteil des Ammoniaks in Luft. Dieser Stickstoffverlust ist auch deshalb beachtenswert, weil eine Anwendung ammoniakhaltiger Kunstdünger wegen der Gefahr gar nicht in Frage kommen kann.

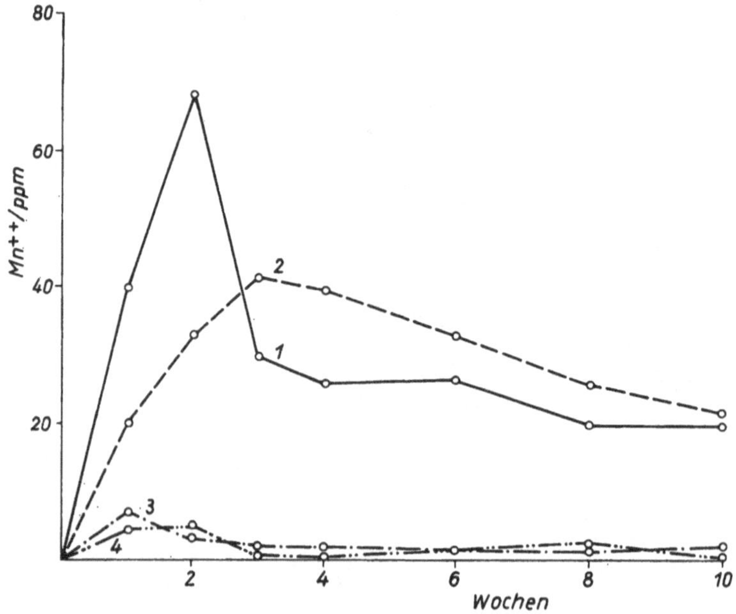

Abb. 3: Kinetik der Mangan(II)-ionen in wasserbedeckten sauren Theißböden (1, 2) und in kalkhaltigen Donauböden (3, 4)

Da in diesen Wässern der alkalibedingte Nährstoffmangel für die Vermehrung der Algen ungünstige Bedingungen schafft, kommen intensive Wasserblüten nie vor, und so stößt auch die Sauerstoffversorgung auf keine Schwierigkeiten.

In den toten Armen der Theiß und ihrer Nebenflüsse sowie in anderen sauren Böden geht die Zersetzung der organischen Substanzen langsamer vor sich. Die Reduktion ist eine intensivere. Über die Menge der zur Entstehung gelangenden Eisen(II)- und Mangan(II)-ionen orientiert Abb. 3. Die gebildete Sulfidmenge kann in der zweiten Sommerhälfte bis zu 40···50 mg/100 g erreichen. Unter der seichten Wasserdichte ist der Schlamm mit einer typisch grünlich-brauen eisenhaltigen Schicht bedeckt. Das Zugrundegehen der Fische pflegt schnell zu erfolgen: Die am Vortage noch gesunden, das Futter mit gutem Appetit verzehrenden Fische können tags darauf sosuzagen binnen Stunden Opfer des Schwefelwasserstoffes werden.

Schwefelwasserstofffreisetzung aus dem Schlamm

Die rasche Abkühlung in der zweiten Sommerhälfte setzt den Schwefelwasserstoff aus dem Schlamm frei, der dann durch die Luftdrucksenkung in die Wasserschicht gehoben wird. Deshalb ist die auf anhaltende Hitze folgende schnelle Luftdruck- und Temperaturerniedrigung gefährlich. Die die Schwefelwasserstofffreisetzung begünstigenden Faktoren wurden experimentell geklärt und sind folgendermaßen zu erklären: Mit der Abkühlung steigt der Sauerstoffgehalt des Wassers an, das Redoxniveau sinkt, und in der Oberflächenschicht des Schlammes wird das Eisensulfid zu Schwefelsäure oxydiert. Die Schwefelsäure setzt aus dem noch nicht oxydierten Eisensulfid Schwefelwasserstoff frei, der in die Wasserschicht oder aus ihr sogar in die Luft aufsteigen kann. Der Schwefelwasserstoff kann die Schwefelsäure reduzieren und neben der Schwefelauscheidung ebenfalls giftiges Schwefeldioxid entstehen. Die Schwefelausscheidung im Wasser ist als typische gelbliche Schleierbildung sichtbar.

Physiologische Wirkung des Schwefelwasserstoffs

Schwefelwasserstoff ist für die Fische ein Nervengift; in den Algen und anderen Pflanzen inaktiviert es alle Enzyme, die Schwermetalle enthalten. Er hemmt die Nahrungs- und Sauerstoffaufnahme wie auch die Translokation der Zucker. Die schweflige Säure wiederum hebt die Semitermeabilität der pflanzlichen Zellmembranen auf, und der Zellinhalt der Algen und Laichpflanzen kann ins Wasser wandern. Die mit Stoffwechselstörungen kämpfenden Algen geben Aminosäuren und Zucker in die Umgebung ab. Diese Produkte dienen den im Wasser lebenden Bakterien als Nährstoffe, deren Vermehrung und intensive Sauerstoffkonsumption den Sauerstoffmangel konstant gestalten. In dieser Phase ist die Oberfläche des Schlammes kohlschwarz. Durch die Desamination der Aminosäuren steigt der Ammoniakgehalt, und die stimulierte Atmung der die Algen abbauenden, zersetzenden, zahlreich vermehrten Bakterien und der noch lebenden Algen kann totalen Sauerstoffmangel herbeiführen. Zu den Giftstoffen gesellt sich also in diesem Falle auch noch ein Sauerstoffmangel. In dem so entstandenen giftigen Milieu ist jedes fluchtunfähige Lebewesen zum Untergang verurteilt. Nach eigenen Beobachtungen sind die ersten Opfer Weißfische, dann folgen Raubfische; Zwergwels und Aal widerstehen am längsten. Der aus dem Wasser aufsteigende Schwefelwassertsoff ist auch für die Blätter der umstehenden Bäume von ungünstigem Einfluß. Der Schwefelwasserstoff hat Störungen in der Eiweißsynthese verursacht, die Aminosäuren in den Blättern sind vermehrt. Am Papierchromatogramm der Aminosäuren deutet der blaue Fleck der Pipecholinsäure zwischen α-Aminobuttersäure und dem Valin auf die physiologische Störung hin. Nachdem die Pipecholinsäure wasserlöslich ist, kann sie auch im Wasser nachgewiesen werden, sofern darin Algen und Wasserpflanzen leben. Mit dieser Methode wird die Schwefelwasserstoffvergiftung auch dann noch nachgewiesen, wenn der Schwefelwasserstoff bereits aus dem Wasser entwichen ist, also mehrere Tage nach dem Absterben der Fische.

Zusammenfassend ist festzustellen, daß im Falle des Ammoniaks der Anstieg, und im Falle des Schwefelwasserstoffs das Sinken des pH das die Schädigung einleitende Moment ist.

Diese Veränderungen stehen gleichermaßen mit der im Schlamm statthabenden Sulfatreduktion in Beziehung. Der Vorgang ist folgender:

$$Na_2SO_4 + 4H_2 \xrightarrow{H_2O} NaOH + NaSH + 4H_2O$$

$$NaSH + H_2CO_3 \longrightarrow NaHCO_3 + H_2S$$

In der Wasserschicht nehmen Natriumhydrogencarbonat und Natriumhydroxid zu, der pH-Wert steigt. Der Schwefelwasserstoff bildet im Schlamm Eisensulfid, das sich vermehrt, und seine spätere Oxydation führt zur Freisetzung des die Vergiftung verursachenden Schwefelwasserstoff.

Verhütung – Abwehr

Die Verhütung dieser Vergiftungen und die Methode des Schutzes ist vor allem die Abwandlung der ungünstigen Bodenbeschaffenheiten.

Einwandfreie Entwässerung und Lüftung nach dem Abfischen sind unerläßliche Aufgaben bei jedem Fischteich. Sie bezwecken nicht nur die Entfernung des alkalischen Wassers, sondern auch die Induktion der oxydativen Prozesse im reduzierten Schlamm. Inzwischen werden die reduzierten Verbindungen oxydiert und ihre erschließende Wirkung steigert die Produktivität des betreffenden Teiches.

Bei den Seen mit saurem Boden hat die Kalkung – ebenso wie bei der Melioration – bereits gute Ergebnisse gezeigt. In den Teichen mit soda- und kalkhaltigem Boden kann die Anwendung von Schwefel und allen seinen anorganischen Verbindungen die Lebensumstände der Fische hebende Veränderungen herbeiführen, wobei Soda in das von physiologischen Gesichtspunkten neutrale Glaubersalz zurückverwandelt wird.

Anschrift der Verfasser:

Dr. R. VÀMOS, R. TASNÀDJ, Universität Szeged, Institut für Pflanzenphysiologie und Mikrobiologie, Szeged, VR Ungarn

W. Müller

Institut für Binnenfischerei, Zweigstelle Königswartha

Düngungsprobleme bei hochintensiver Karpfenteichwirtschaft

Zusammenfassung: Die extreme Steigerung der Besatzdichte in Karpfenteichen macht eine Fütterung mit Getreide und Pellets notwendig. Durch den damit verbundenen Eintrag von Phosphor und Stickstoffverbindungen wird eine zusätzliche Düngung praktisch überflüssig. Eine einfache Anordnung zur Messung der Bioaktivität von Phytoplankton wurde vorgestellt.

Summary: The extreme increase of the stock density in carp ponds makes necessary a feeding with corn and pellets. The feed of phosphorus and nitrogen compounds makes an additional fertilization practically useless. A simple arrangement for measuring the bioactivity of phytoplankton is described.

Резюме: Крайнее повышение числа карпов в прудах для разведения требует их кормление зёрнами и пеллетами. Вследствие связанного с этим внесения фосфорных и азотистых соединений дополнительное удобрение практически не нужно. Представляется простая система для измерения биоактивности фитопланктона.

Die klassischen Teichdüngungsversuche von Demoll, die von Probst abgeschlossen wurden, waren „selbstverständlich“ ohne Beifütterung der Fische durchgeführt worden. Dabei konnten durch Phosphate die Erträge im Mittel von 80···110 kg um etwa 80% auf 150···190 kg/ha gesteigert werden (Abb. 1).

Derartig niedrige Erträge sind heute, vor allem unter sozialistischen Produktionsverhältnissen, wegen der Notwendigkeit zur maximalen Auslastung der Grundmittel, zur Intensivierung der Produktion und zur Erhöhung der Arbeitsproduktivität der eingesetzten Arbeitskräfte nicht mehr diskutabel. Deswegen wurde in den Teichwirtschaften der Deutschen Demokratischen Republik sehr erfolgreich die intensive Beifütterung mit Getreide eingeführt, die wesentlich höhere Besatzdichten und damit höhere Erträge zuläßt (DDR-Mittel 1969: 667 kg/ha Zuwachs). Die Intensivierung der Teichnutzung durch Besatzerhöhung und gesteigerte Getreidezufütterung wurde in Versuchen von Schäperclaus und Müller und Merla (1962) bis an die mögliche obere Grenze getrieben, wo durch ins Minimum geratenen Eiweißanteil in der Karpfennahrung schon physiologische (und ökonomische) Nachteile auftreten (Müller und Merla 1964). Seit einigen Jahren gehen die Bemühungen dahin, mit weiter erhöhter Besatzdichte und bei praktisch vollständiger Ausnutzung der Naturnahrung durch Verfütterung physiologisch vollwertiger Futtermittel die Teicherträge

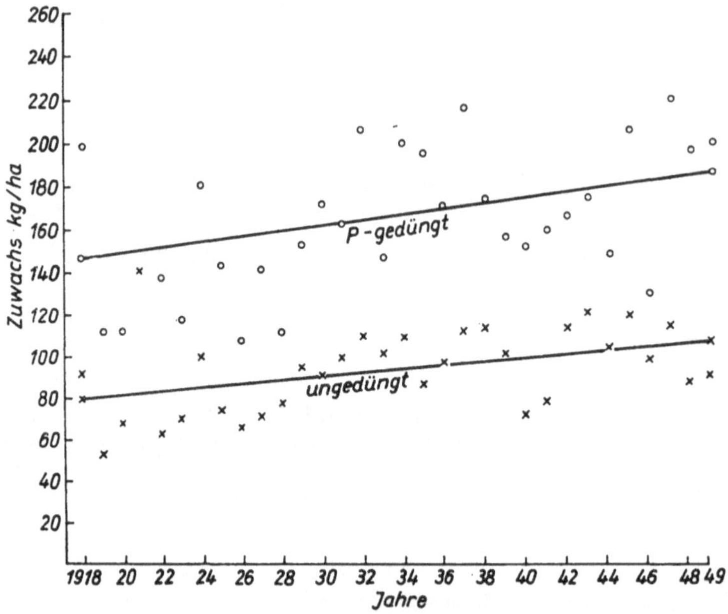

Abb. 1: Ergebnisse der Wielenbacher Phosphatdüngungsversuche 1928···1949 neu dargestellt (Trendberechnung nach den Zahlen von PROBST). — Bemerkenswert ist vor allem der allmähliche Anstieg der Erträge auch in den ungedüngten Teichen, bei gleichem Besatz, ohne Fütterung.

nochmals sprunghaft zu steigern. In den Versuchen wurden bis jetzt maximal 3600 kg/ha Fischmasse (MÜLLER und MERLA 1969) erreicht, in der Praxis 1969 auch schon 2900 kg/ha. Das Extrem in dieser Richtung ist die in stürmischer Entwicklung begriffene sogenannte „Industriemäßige Fischproduktion" (IFP), wo die Fischmasse ganz ohne Naturnahrung bis auf 10% und mehr des Wasservolumens anwachsen kann. Aber auch bei den teichwirtschaftlichen Verfahren, bei denen die Naturnahrung nach wie vor in mehrfacher Beziehung eine große Rolle spielt, haben sich die produktionsbiologischen Bedingungen seit den oben erwähnten „klassischen" Versuchen so weit verändert, daß die Probleme der Teichdüngung eine neue Betrachtung erfordern. Hier können nur einige erwähnt werden.

Zunächst muß genannt werden, daß bei dem durch Zusatzfütterung angestiegenen Ertragsniveau nicht mit derselben prozentischen Ertragssteigerung gerechnet werden darf wie in den klassischen Versuchen, da bei absolut gleicher Ertragssteigerung (kg) sich selbstverständlich geringere Prozentsätze ergeben. Aber auch die Fütterung selbst ist nicht ohne Effekt auf die Düngung. In der Deutschen Demokratischen Republik werden den Karpfenteichen je ha meist 1000···2000 kg Getreide zugeführt. Darin sind etwa 8···20 kg P_2O_5 enthalten, die größtenteils ins Wasser gelangen dürften und hier auch ohne mineralische Phosphorgaben die bekannten Wirkungen hervorrufen können. Mit Pelletfutter ($\approx$ 40 kg P_2O_5/t) können sogar weit über 100 kg P_2O_5/ha zusätzlich in die Teiche gelangen. Außerdem hat die Fütterung immer noch eine „organische"

Düngerkomponente, die die Detritusfresser im Teich (z. B. Daphnia und Chironomiden) besonders schnell und direkt fördern kann.

Im übrigen wirkt richtige Fütterung so stark auf den Fischertrag (durch 2 kg Futter ungefähr 1 kg Fisch), daß demgegenüber Düngungseffekte stark zurücktreten. In einigen Versuchen war bei überall gleichen Getreidegaben ein Mehrzuwachs von etwa 80 kg/ha durch forcierte Phosphor-Düngung nicht einmal „signifikant" im Sinne der Variationsstatistik, da auch die ungedüngten Varianten etwa 750 kg/ha brachten.

Ferner sei daran erinnert, daß die Mineraldüngung in der Regel nur über die Steigerung der Primärproduktion wirken kann. Aber lediglich dann kann eine Steigerung der Erträge an Karpfen erwartet werden, wenn hier das schwächste Glied der Nahrungskette liegt. Das ist aber sehr häufig nicht der Fall. Abb. 2 und 3 zeigen, daß sowohl die Benthos-Chironomiden als auch sogar die Daphnien

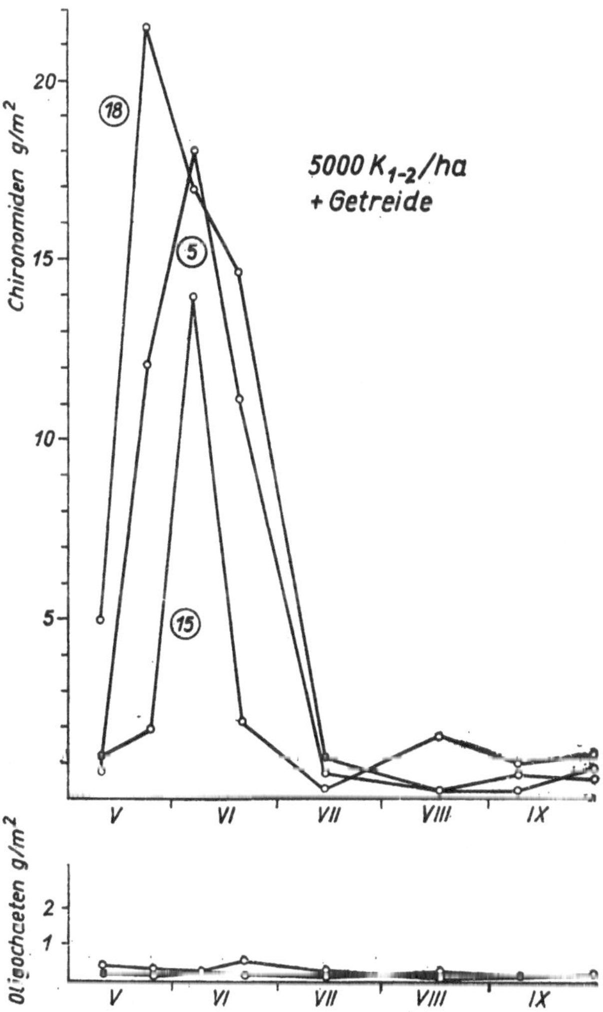

Abb. 2: Beipsiel für die Vernichtung der Chironomidenbestände durch 5000 K_{1-2}/ha bis bis Mitte Juli.
(MÜLLER und MERLA, 1968)

trotz ihrer hohen Vermehrungspotenz schon von Karpfenbesatzdichten vernichtet werden (vgl. auch HRBAČEK, HRBAČEK und Mitarb., MERLA und MÜLLER 1969), die noch mit Getreidezufütterung gehalten werden können und die zur Erreichung von Höchsterträgen notwendig sind. Höhere Karpfenbestände unterdrücken also vor allem das zweite Glied der Nahrungskette, während sie bekanntlich die Wasserpflanzen kaum nutzen. Deswegen werden auch nicht immer Korrelationen zwischen Primärproduktion und Karpfenertrag gefunden (MÜLLER, KOŘINEK), wie sie von VINBERG und LJACHNOVIČ und LJACHNOVIČ festgestellt wurden. Große Hoffnungen für die direkte Ausnutzung der Primärproduktion wurden dagegen in die weitere Einbürgerung des Phytoplankton-

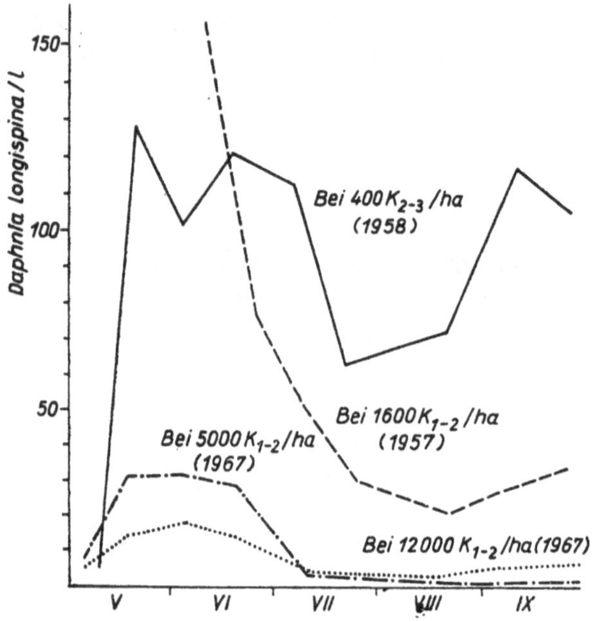

Abb. 3: Unterdrückung von Daphnia longispina durch Karpfenfraß bei verschiedener Besatzdichte (aus MERLA und MÜLLER, 1969).

fressers Hypophthalmichtys molitrix gesetzt, der seit 1968 importiert wird. Über eine der Erwartung entsprechende positive Korrelation zwischen den Erträgen an diesem Fisch und der Primärproduktion berichtete neuerdings WOLNY. Die Unterdrückung der großen filtrierenden Wasserorganismen durch starke Karpfenbestände führt direkt zu einem Luxurieren der Phytoplankter, worauf schon UHLMANN bei seinen Abwasserteichstudien hingewiesen hat. Umgekehrt bewirken große Daphnienbestände bei fehlendem Fischbesatz trotz reichlichen Nährstoffangebotes ein Klarwasserstadium, daß dem Teichwirt, der sich nach Vegetationsfärbung orientiert, Düngebedürftigkeit vortäuscht. Auch Analysen auf Nährstoffgehalt (vor allem freies Orthophosphat, Ammonium- und Nitrat-Stickstoff), wie sie vielfach für die Einschätzung der Düngebedürftigkeit gefordert werden, können nur im Falle der „Nicht-Bedürftigkeit" klare Aussagen geben. Denn bei nur einigermaßen entwickelten Phytoplanktonbeständen werden die genannten Nährstoffe in kürzester Frist aus dem Wasser eliminiert, und theoretisch wünschenswerte Konzentrationen können nicht eingehalten werden. (STANGENBERG-OPOROWSKA, MÜLLER 1966 u. a.). Tab. 1 zeigt die Ergebnisse einer Schnellanalyse auf Phosphat und Ammonium, die 5···6 Tage nach der letzten Düngung durchgeführt wurde. Daraus ist ersichtlich, daß in allen vegetationsgefärbten Teichen die Nährstoffe praktisch verbraucht waren; erhebliche Restmengen waren dagegen noch in den Klarwasserteichen nachweisbar.

Tabelle 1

Grobanalyse auf Rest-Nährstoffe am 17. und 18. 6. 1969

(Vor der Probenahme erfolgten schon fünf Düngergaben von je etwa 0,2 mg P + 2 mg N/*l* (Superphosphat und Ammonsulfat bzw. Harnstoff), zuletzt am 12. 6.)

Teich Nr.	Vegetationsfärbung	PO_4[1]) μg/*l*	NH_4[2]) mg/*l*	Bemerkungen
9	ziemlich klar	Spuren ≈0	<1	
10	stark grün	Spuren ≈0	≈0	
22	klar	≈50	≈2	
23	stark grün	Spuren ≈0	≈0	
16	stark grün	≈0	≈0	
17	ziemlich klar	≈50	≈0	
18	stark grün	≈0	≈0	
21	stark grün (maximal)	≈0	≈0	
1	ziemlich klar	≈100	≈1,5	ohne Fische,
2	ziemlich klar	wenig >100	≈1,5	daher Daphnien
14	ziemlich klar	wenig >100	<1	Klarwasser-
15	klar	≈100	<1	Stadium

[1]) Molybdänblau-$SnCl_2$-Methode, unfiltriert, drei Vergleichsstufen

[2]) mit NESSLERS Reagenz nach CZENSNY

Ergebnis: In den ±klaren und phytoplanktonarmen Teichen sind noch nenenswerte Mengen Phosphor und Stickstoff frei in Lösung, in den vegetationsgefärbten Teichen (Nr. 10, 23, 16, 18, 21) dagegen nicht.

So alt wie die wissenschaftliche Teichdüngungsforschung selbst sind die Bestrebungen, durch Gefäßversuche die Düngebedürftigkeit zu testen. Seit ZUNTZ und KNAUTHES Becherglasbonitierung hat es immer wieder derartige Bemühungen gegeben. Bis in die jüngste Zeit werden mehr oder weniger verfeinerte Methoden für verschiedenste Fragestellungen der Limnologie eingesetzt (z. B. THOMAS, BRINGMANN und KÜHN). JANECEK und KREUZ bauten einen „Luminothermostaten zur Bestimmung des Düngerbedarfes von Teichen durch biologische Teste", in dem die mit verschiedenen Nährstoffzusätzen versehenen Wasserproben unter fixierbaren Temperatur- und Lichtbedingungen langsam rotieren. Nach der Helldunkelflaschensauerstoffmethode kann die Beeinflussung der Primärproduktion beurteilt werden. Bei eigenen Untersuchungen benutzte ich einfache Vorrichtungen, um die Gas (≈Sauerstoff)-Produktion wenigstens grob zu messen. Auf Kolben mit der Probenlösung und bestimmten Nährstoffzusätzen wurden doppelt durchbohrte Stopfen mit einem Bunsenventil (Druckausgleich) und einem graduierten Röhrchen luftblasenfrei aufgesetzt (Abb. 4). Schon ehe nach Lichtexposition eine deutlich sichtbare Zunahme der eingeschlossenen Mikrophyten stattfindet, sammelt sich in dem Meßröhrchen eine Gasblase ($\approx O_2$), deren Volumen ausreichend genau abgelesen werden kann. Von Vorteil ist, daß dieser mit der natürlichen Phytoplanktonassoziation arbeitende „Algen-Aktivierungs-Test" nur wenige Tage benötigt, denn mit der Zeit verstärken sich in allen Gefäßversuchen die Fehler im Vergleich zum natürlichen Milieu. Im Bedarfsfall können noch Chlorophyllbestimmungen, Zählungen u. a. angeschlossen werden.

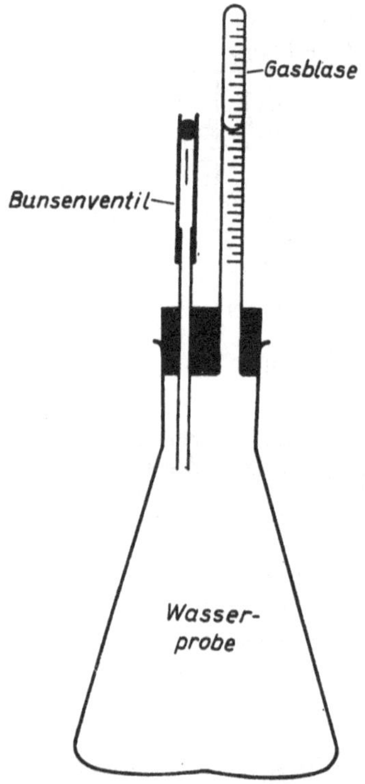

Abb. 4: Erlenmeyerkolben mit Bunsenventil und graduiertem Röhrchen (Hämometer) für „Algenaktivierungstest". Der Stopfen läßt sich bei gefülltem Röhrchen mit einigem Geschick luftblasenfrei auf den vollständig gefüllten Kolben aufsetzen

Tab. 2 gibt stark verdichtete Ergebnisse solcher Algenaktivierungstests. Dazu waren Wasserproben aus den angegebenen Gewässern zooplanktonfrei filtriert worden. Meist wurden durch Zusätze erreichte Konzentrationen von $P \approx 0{,}43$ mg/l, $N \approx 1{,}72$ mg/l (als NH_4NO_3) und P + N (wie vor) gegen ungedüngte Kontrollen geprüft. Wie ersichtlich, sind die Ergebnisse recht heterogen. Alle Möglichkeiten kommen vor, Förderung durch Phosphor, Verstärkung der Phosphorwirkung durch Stickstoff, positive Wechselwirkungen, aber auch gegenteilige Effekte. Vorläufig tun sich mehr Probleme auf, als gelöst werden können. Bei alledem ist zu bedenken, daß mit derartigen Methoden bestenfalls Vorstellungen über die im Augenblick möglichen Stimulierungen der Primärproduktion gewonnen werden können, und die Beziehungen zwischen Primärproduktion und Fischertrag sind gerade bei hochintensiver Wirtschaft recht locker. Der entscheidende Indikator zur Beurteilung der Teichdüngung bleibt

Tabelle 2

Algenaktivierungstest 1969

Nr. Lfd.	Entnahme	Objekt*)/ Teichdüngung	Methode	Inkubation	Ergebnisse, Wirkung der zugesetzten Nährstoffe in Proben
1	13.6.	Teich Nr. 7 -ungedüngt-	Gas/ + Chlorophyll	3 d	P+N optimal
2	23. 6.	Zuleiter Teich Nr. 9 (5×PN-gedüngt	Gas	6 d	**starke P-Wirkung;** schwacher (N(allein)-Effekt; Hemmung von P durch N negative N-Wirkung; **starke P-Wirkung** ohne N-Effekt
3	17. 7.	Zuleiter Teich Nr. 9 (8×PN) Zuleiter Teich Nr. 9 (8×PN)	Gas Chlorophyll	4–5 d 4 d 10 d	} N-Hemmung; **starkeP-Wirkung** durch N eher gehemmt als verbessert. N-Wirkung; stärkerer P-Effekt, Verstärkung durch N Keine Übereinstimmung zwischen Gas- und Chlorophyllmethode
4	29. 8.	Teich Nr. 13 Teich Nr. 12	} Gas	} 3,5 d	P-Wirkung durch N verstärkt positive P-Wirkung, durch N gehemmt; N-Hemmung
5	11. 9.	Teich Nr. 16 (PN) Teich Nr. 19 — Teich Nr. 22 (PN) Teich Nr. 8 — Teich Nr. 16 (PN) Teich Nr. 19 — Teich Nr. 22 (PN) Teich Nr. 8 —	} Gas } Gas	} 1,5 d } 3,5 d	Nur O, P, P+N geprüft: noch unklar } **P-Wirkung** wird **durch N gehemmt** P-Hemmung; PN maximal, **grün** kein Effekt oder Hemmung; PN maximal (2fach) **grün** P-Effekt, verstärkt durch N (auch **Ergrünung**) schon zu lange maximale **Ergrünung** bei PN Zusammenfassung: Kurze Zeit: N-Hemmung länger: N positiv
6	17. 9.	Teich Nr. 19 ungedüngt	Gas Vegetationsfärbung	{{5 d {3,5 d 7,5 d	**Hemmung durch P;** pos. N-Effekt; **PN Maximum** positive Wechselwirkung P×N Veg.-Färb.: O und P braun, mit N grün

*) Spalte „Objekt" gibt das Gewässer und die Düngung bis zur Probenahme an. Die entnommenen Proben wurden dann bis auf Kontrollen mit Nährstoffzusätzen (vgl. Text) versehen.

aber immer die Steigerung der Fischerträge, und die Wege dahin sind recht kompliziert und lang. Doch könnten vielleicht nach Algentests gesteuerte Teichdüngungsversuche neue Erkenntnisse bringen.

Trotz der hier meist nur angerissenen Probleme sollen einige Ausblicke gegeben werden:

Die Teichdüngung hat unter „Hochintensivbedingungen", die durch sehr hohe Besatzdichten und starke Fütterung gekennzeichnet sind, sicher den Gipfelpunkt ihrer Bedeutung überschritten.

Es besteht nicht die Gefahr, daß die Karpfenteiche zu Abwasserlieferanten werden, denn die Fische müssen ja in diesem Milieu trotz des kurzgeschlossenen Kreislaufes leben und gedeihen. Eine Überlastung des Systems ist also ausgeschlossen.

Auf die bekannte Bedeutung der Teiche als Sediment- und Nährstoffallen sei ausdrücklich verwiesen (daher „Vorsperren" bei Wasserspeichern).

Literatur

BRINGMANN, G. und R. KÜHN: Bestimmung des tropischen Begrenzungsfaktors für Microcystis (Diplocystis) aerugnosa im BMT-Verfahren Gesundheits-Ingenieur **89** (1968), H. 8, 247

DEMOLL, R.: Teichdüngung. In: Demoll-Maier, Handbuch d. Binnenfischerei Mitteleuropas **4** (1925) 53 Schweizerbart, Stuttgart.

HRBÁČEK, J.: Typologie und Produktivität der teichartigen Gewässer Verh. Int. Ver. Limnol. **13** (1958), 394

HRBÁČEK, DVOŘAKOVA, KORINEK und PROCHÁZKOVA: Demonstration of the effect of the fish stock on the species composition of zooplancton and the intensity of metabolism of the whole plancton association. Ver. int. Ver. Limnol. **14** (1961), 192

JANAČEK, V. und M. KREUZ: Neuer Typ eines Luminothermostaten zur Bestimmung des Düngerbedarfes von Teichen durch biologische Teste (tschechisch) Živočišná výroba **13** (XLI) (1968), Nr. 7, 505

KOŘINEK, V.: Primary production of plancton in ponds in the vicinity of Blatná Arch. Hydrobiol. **63** (1967), Nr. 4, 520

LJACHNOVIC, V. P.: Increasing the natural food supply of ponds by fertilization (russisch). Biol. resursy vodoemov, putisch rekonstrukcii i ispol'zovanija. Mat. 1 S'ezda Vsesojuz. Gidrobiol. Obšč., a 25 Moskva, Izdat. Nauka, 1966

MERLA, G. und W. MÜLLER: Untersuchungen über den Einfluß der Karpfenbesatzdichte auf das Zooplankton in Streck- und Abwachsteichen. Z. Fischerei **17** (1969) N. F., 269

MÜLLER, W.: Die planktische Primärproduktion in Karpfenteichen unter dem Einfluß verschiedener Phosphatdüngung. Verh. int. Ver. Limnol. **16** (1966), 1333

MÜLLER, W. und G. MERLA: Untersuchungen über die Ursachen der Satzkarpfenverluste in Teichwirtschaften der Lausitz. Z. Fischerei **12** (1964), N. F., 565

MÜLLER, W. und G. MERLA: Versuche zur Steigerung der Erträge bei Satz- und Speisekarpfen durch Besatz- und Fütterungsmaßnahmen. Z. Fischerei **11** (1962), N. F., 1

MÜLLER, W. und G. MERLA: Weitere Ertragsteigerungen durch Verfütterung von Pellets in Karpfenteichen 1968 Dt. Fischerei-Ztg. **16** (1969), Nr. 7, 190

PROBST, E.: Teichdüngung Allg. Fischerei-Ztg. **75** (1960), 191 und 221

SCHÄPERCLAUS, W.: Versuche zur Ertragssteigerung von Karpfenteichen durch Erhöhung der Besatzstärke und der Futtermengen im Jahre 1960. Dt. Fischerei-Ztg. 8 (1961), 79

STANGENBERG-OPOROWSKA: Studia nad chemiznem wód stawów karpowych w Miliczu Pol. Arch. Hydrob. IX, (1961), 37

THOMAS, E. A.: Die Phosphattrophierung des Zürichsees und anderer Schweizer Seen. Mitt. Internat. Verein. Limnol. **14** (1968), 231

UHLMANN, D.: Beitrag zur Limnologie extrem nährstoffreicher Flachgewässer. II. Plankton-Massenwechsel. Wiss. Z. Karl-Marx-Univ. Leipzig **15** (1966), Math.-Nat.-Reihe, Nr. 2, S. 373

VINBERG, G. G. und LJACHNOVIČ, V. P.: Gegenwärtiger Stand der Teichdüngung (russ.). Minsk, Izdat. Nauka i Technika, 87—93, 1964

WOLNY, P.: Neue Forschungsergebnisse aus der teichwirtschaftlichen Versuchsanstalt Źiebieniec über die Intensivierung der Fischproduktion in Teichen. Vortrag, Kolloquium Berlin-Frierichshagen, 29. IV. 1970.

ZUNTZ, N. und K. KNAUTHE: Eine neue Methode zur Bonitierung von Fischteichen Fischerei-Ztg. Neudamm, 1900, 97

Anschrift des Verfassers:

Dr. Wolfgang Müller, 8601 Königswartha, Institut für Binnenfischerei Zweigstelle für Karpfenwirtschaft, DDR

II. BUCHBESPRECHUNGEN

Limnologica 7 Heft 1 (1969)

Akademie Verlag G.m.b.H., Berlin

Vom 16.···20. 9. 1968 fand in Rostock und in Kloster auf Hiddensee das 1. Meeresbiologische Ostsee-Symposium auf Einladung der Biologischen Gesellschaft in der DDR, Sektion Hydrobiologie, und der Sektion Biologie der Universität Rostock, Fachbereich Meeres- und Fischereibiologie, statt. Vorgetragen wurden sowohl Probleme der klassischen, physiologischen und experimentellen Ökologie als auch Fragen des Energie- und Stoffkreislaufes in der Ostsee.

Im 1. Heft (Sonderheft) des 7. Bandes der Limnologica (1969) sind die auf dem Symposium gehaltenen Vorträge abgedruckt worden, von denen im folgenden nur diejenigen referiert werden können, die wasserwirtschaftliche Probleme berühren.

S. Schulz:

Rückgang des Benthos in der Lübecker Bucht — Ein Vergleich mit den Verhältnissen im Bornholmbecken

Berichtet wird über den Rückgang des Benthos in der Lübecker Bucht. Als Ursache wird eine Entrophierung des Gebietes durch häusliche und industrielle Abwässer aus der Trave genannt. Dadurch kommt es zu einer raschen Sauerstoffabnahme in den bodennahen Schichten. Gleichzeitig ist im Sommer und Herbst durch die stabile thermohaline Sprungschicht die Vertikalkonvektion unterbunden. Auch im Bornholmbecken wird der Rückgang der Bodenfauna auf das Sauerstoffdefizit zurückgeführt.

P. Tulkki:

Die Bodentiere als Indikatororganismen für Verunreinigung in einem Brackwassergebiet

Verfasser untersuchte die Tonbodenfauna an der Südwestküste Finnlands und fand in den verunreinigten Gebieten folgende Sukzession: An don am stärksten verunreinigten Stellen fehlt eine Fauna, auf Böden mit oxydierter Oberflächenschicht, sind der Artenbestand und die Biomasse der Bodentiere klein, diese erreichen mit zunehmender Entfernung vom Verunreinigungszentrum einen Gipfel, der höher ist als bei naturgegebenem Boden. Anschließend können Dichte und Biomasse tiefer als die Normalwerte des naturbedingten Bodens absinken. Positive Korrelationen wurden zwischen Zusammensetzung, Biomasse und Dichte der Bodentiere und folgenden chemischen Faktoren gefunden: Sauerstoffsättigung, Gehalt an Phosphat, BSB_2, Kaliumpermanganat-Verbrauch, Ammoniumionen, Menge des Gelbstoffs, der ungelösten Stoffe und Vorkommen von Fetten und Ölen. Der Verfasser weist abschließend auf die zunehmende Belastung der Ostsee mit Abwässern des Binnenlandes und der Küstenstädte hin.

P. Bagge:

The Sucession of the Bottom Fauna Communities in Polluted Estnarine Habitats

Verfasser untersuchte die Sukzession benthischer Tiergemeinschaften von fünf Flußmündungen der westlichen und ötslichen Ostsee, welche durch häusliche und industrielle Abwässer und in einem Fall durch Abwässer einer Papiermühle verunreinigt wurden. An allen untersuchten Standorten mit niedrigem Sauerstoffgehalt in Bodennähe scheinen tiefbohrende Arten oder einige selektive Detritusfresser innerhalb der typischen Artengruppen zu domineren. In den oligohalinen und β-mesohalinen Zonen sind die Dominanten vor allem Oligochaeten und Chironomiden, an Standorten mit höherem Salzgehalt dominieren Polychaeten. – Für die fünf untersuchten Flußmündungen werden die ursprünglichen Tiergemeinschaften und die sogenannnten Klima-Gemeinschaften für geringe und starke Verunreinigungen aufgeführt. Die durch Abwassereinfluß hervorgerufene Sekundär-Sukzession der benthischen Tiergemeinschaften erfolgt besonders dort, wo der Wasseraustausch begrenzt ist, rasch.

W. Schneese:

Untersuchungen zur produktionsbiologischen Dynamik der Brackgewässer um Rügen

Verfasser schildert auf Grund der Phytoplankton-Biomasse einige Züge der produktionsbiologischen Dynamik im Greifswalder Bodden. Als Voraussetzung für das Frühjahrsmaximum im März···April werden Anreicherung von Stickstoff, Phosphor und Siliciumdioxid während des Winters genannt. Ein weiterer produktionsbiologisch entscheidender Faktor ist das Licht. Hauptvertreter während des Frühjahrsmaximums sind Diatomeen. Das kleinere Sommermaximum bilden vor allem Chlorophyceen und Diatomeen. Das Herbstminimum fällt in den September, im Dezember beginnt das Winterminimum. – Der jährliche Phosphoreintrag im Greifswalder Bodden wird auf 490 t, der Stickstoffeintrag auf 4100 t geschätzt. Eine Nährstoffverminderung erfolgt durch Einstrom von nährstoffarmen Oberflächenwasser aus der westlichen Ostsee, welches das nährstoffreiche Wasser in die offene See drängt.

H. Hübel:

Die Primärproduktion des Phytoplanktons in Brackgewässern unterschiedlichen Salz- und Nährstoffgehaltes

Verfasser untersuchte mit Hilfe der ^{14}C-Methode die Primärproduktion des Phytoplanktons in den Nord-Rügenschen und Darßer Boddengewässern in Abhängigkeit von Phosphor- und Stickstoffgehalten am Standort. Außerdem wurde die Wirkung von Nährstoff- und Spurenelementzugaben und Salzgehaltserhöhung auf die Assimilation des Phytoplanktons geprüft.

Im Zusammenhang mit der hohen Phytoplanktonproduktion in den Binnenbodden wird bestätigt, daß in diesen der Nährstoffgehalt wesentlich höher ist als in den Außenbodden. Phosphat gerät nur dann ins Minimum, wenn sich eine Schichtung des Boddenwassers ausbildet und eine Rückführung des in der obersten Sedimentschicht remineralisierten Phosphors in die trophogene Schicht unterbunden ist. Durch Erhöhung des Salzgehaltes wurde eine signifikante Abnahme der Assimilation der untersuchten Planktonproben nachgewiesen. Bei Anstieg des Salzgehaltes im Großen Jasmunder Bodden um 0,2‰ nach Baggerarbeiten sank die Primärproduktion, ferner änderte sich die qualitative Zusammensetzung des Phytoplanktons wesentlich.

K. Wiktor:

Trophische Stufen im südlichen teil der Ostsee sowie im Oder- und Frischen Haff

Die Verfasserin entwickelt für die südlichen Teile der Ostsee, das Oder-Haff und das Frische Haff, fünf trophische Stufen, denen die verschiedenen Organismengruppen auf Grund der Artenzusammensetzung und Ernährungsbiologie zugeordnet werden. Die einzelnen Ernährungsstufen werden von folgenden Organismen gebildet:

1. Stufe: Pflanzen
2. Stufe: Pflanzenfresser (Teil der Bodenfauna, des Mikrozooplanktons und die Fischlarven)
3. Stufe: Teil der Bodenfauna, Mysidacea, Makroplankton, planktonfressende Fische, Fischbrut, Jungfische
4. Stufe: Fische
5. Stufe: wissenschaftlich genutzte Raubfische
6. Stufe (Ostsee): Räuber, die sich von Raubfischen ernähren (Dorsch, Robben, Lachs)

Abschließend wird ausgeführt, daß die fischereiliche Nutzung des gesamten Ökosystems um so ungünstiger ist, je weiter die wirtschaftlich genutzte Stufe von der Primärproduktion entfernt ist. In der Ostsee gehören der wirtschaftlich bedeutungsvolle Hering zur 4. und der Dorsch zur 5. bis 6. Ernährungsstufe. In den Haffen sind die Verhältnisse günstiger, indem die Hälfte des fischereilichen Gesamtfanges der 3. und nur ein Viertel der 5. Stufe zuzurechnen sind. *M. Tscheu-Schlüter*

H. Rüffer:

„Bemerkungen zur Problematik des Begriffes OC/Load"

Veröffentlichungen des Institutes für Siedlungswasserwirtschaft der Technischen Hochschule Hannover, Heft 27 (1968) — 124 S. Eigenverlag des Institus

Bei der biologischen Abwasserreinigung nach dem Belebungsverfahren findet der Begriff OC/Load für die Dimensionierung der Belüftung zunehmend Anwendung. Der Autor hat sich umfassend mit der Problematik auf Grund des Standes der Erkenntnisse auseinandergesetzt und durch eigene Untersuchungen zur Weiterentwicklung beigetragen.

In der Abhandlung werden die theoretischen Grundlagen sowie die verschiedenen Bestimmungsmöglichkeiten diskutiert. Hierbei wird kritisch auf die einzelnen Verfahren, ihre Vor- und Nachteile eingegangen. Der Verfasser kommt zu dem Ergebnis, daß die Fehlerbreite bei OC-Bestimmungen mit 7% angesetzt werden sollte. Aus den Versuchen wird ein OC/Load von etwa 0,8 bei Vollreinigung und begrenzter Nitrifizierung vorgeschlagen. Für andere Betriebszustände werden andere Werte mitgeteilt. Eine automatische Steuerung der Belüftungseinrichtungen wird empfohlen.

Wenn auch noch nicht alle Probleme bei der OC-Load-Bestimmung gelöst werden konnten, so gibt die Arbeit einen guten Überblick und stellt eine Anleitung für derartige Bestimmungen dar. *J. Kaeding*

R. Knollmann:

„Die biologische Abwasserreinigung in Versuch, Entwurf und Betrieb"

Veröffentlichungen des Institutes für Siedlungswasserwirtschaft der Technischen Hochschule Hannover, Heft 28 (1968), 169 S., 20 Tab., 66 Abb.
Eigenverlag des Institutes

Häufig werden Abwasserreinigungsanlagen auf Grund von halbtechnischen und technischen Versuchsanlagen geplant und gebaut. Hierbei sind naturwissenschaftliche und technische Parameter in Übereinstimmung zu bringen, und der Autor leitet als Zielstellung der Untersuchungen Fragen der Allgemeingültigkeit der Ergebnisse, der Bestätigung der Versuchsergebnisse durch den Betrieb und der Auswahl der Befunde bei der Entwurfsaufstellung ab.

Durch eine Querschnittauswertung der Ergebnisse von vier kommunalen Kläranlagen, die vom Institut in Hannover entworfen und projektiert worden waren, erfolgt eine Betrachtung entsprechend den genannten Zielen. Bedeutenden Einfluß auf Wirkungsgrad und Betriebsweise der Kläranlagen hat der Anteil industrieller Abwässer am Gesamtabwasser.

Die Entwurfsgrundlagen werden den Betriebsergebnissen gegenübergestellt. Trotz unterschiedlicher Technologien reslutiert aus der Auswertung, daß der Abbauaufwand bei allen Anlagen etwa gleich ist und den relativ geringen Betrag von 0,35··· 0,4 kWh/kg BSB-Abbau aufweist.

Aus der Arbeit kann eine Reihe von Erkenntnissen für die Gestaltung und den Betrieb von biologischen Reinigungsanlagen abgeleitet werden. *J. Kaeding*

„*Gewässerschutz — Wasser — Abwasser*“

Diese vom Lehrstuhl für Siedlungswasserwirtschaft der Technischen Hochschule Aachen und anderen Einrichtungen unter der Schriftleitung von Prof. Dr. B. BÖHNKE herausgegebene Schriftenreihe beinhaltet Tagungsberichte zu aktuellen Themen.

Heft 1 (311 S.) enthält die Berichte der Verantaltung „Technisch-wirtschaftliche Betrachtungen zum Thema Abwasserreinigung und Gewässerschutz“, insgesamt vierzehn Referate und elf Korreferate. Ausgehend von den Anforderungen an die Abwasserreinigung aus der Sicht des Gewässerschutzes werden an den Beispielen Niederlande und Bayern spezielle Probleme des Gewässerschutzes erläutert. Weitere Autoren befassen sich mit der künstlichen und biogenen Gewässerbelüftung. Den Abschluß bildet eine Reihe technologischer Arbeiten zur Abwasser- und Schlammbehandlung.

Die Arbeiten bestätigen einerseits bekannte Fakten, wie die Notwendigkeit der Zusammenarbeit der verschiedenen Disziplinen des Wasserswesens und die Notwendigkeit der Aufstellung von Sanierungskonzeptionen, andererseits setzen sie sich kritisch mit Problemen auseinander und zeigen den Weg der noch notwendigen Klärungen auf. Hierzu seien genannt: die Intensivierung der verfahrenstechnischen Forschung, Notwendigkeit einer vernüftigen Einbeziehung der Selbstreinigungspotentiale in die künstlichen Wasserbehandlungssysteme, Forderungen nach komplexen Betrachtungsweisen und ökonomischen Vergleichen, die Einbeziehung der biogenen Belüftung in die Selbstreinigung, Ermittlung des kritischen Niedrigwassers unter Berücksichtigung des angestrebten Sauerstoffgehaltes, Beeinflussung der Behandlungseffekte durch mangelhafte Funktion der Prozeßstufen, Probleme des Tropfkörpereinsatzes sowie die gemeinsame Behandlung kommunaler und industrieller Abwässer und Schlämme.

Heft 2 (352 S.) hat die Veranstaltung „Reinhaltung von Oberflächenwasser zu Trinkwasser und Aufbereitung von Flußwasser zu Trinkwasser“ zum Inhalt. Insgesamt werden dreizehn Referate, neunundzwanzig Korreferate und das Ergebnis eines Podiumsgespräches wiedergegeben.

Eingeleitet wurde die Veranstaltung durch zwei Referate über die Grundsätze bei der wasserrechtlichen Zulassung von Abwassereinleitungen und die Trinkwasserversorgung und Ölgefahr aus rechtlicher Sicht. In den folgenden Arbeiten wird der Wassergütewirtschaftler direkt angesprochen. Bei den geruchsaktiven Stoffen ist auf ihre mannigfaltige Herkunft, die Problematik der Bestimmung sowie die Beziehungen zwischen chemischer Konstitution und Geruchsaktivität zu achten. Hieraus werden Folgerungen für die praktische Arbeit abgeleitet, wobei eine Objektivierung der Bestimmungsmethodik besondere Betonung erfahren sollte. Die thermische Belastung der Gewässer durch Kühlwässer und ihre nachteiligen Folgen sind hinreichend bekannt. Der chemischen Veränderung der Gewässer durch Absalzwässer bei Kreislaufkühlverfahren ist mehr Beachtung zu widmen. Auch chemisch belastete Prozeßabwässer sind rückzukühlen.

Bei der Anwendung von Langsamsandfiltern wird darauf hingewiesen, daß diese Technologie auch in neuerer Zeit den die Gewässer belastenden Substanzen gewachsen ist. Für den Betrieb von Filteranlagen ist auch eine bestimmte Güte des Oberflächenwassers erforderlich, da der Wirkungsgrad der Filter nur bedingt gesteigert werden kann und eine Kombination mit anderen Reinigungsstufen notwendig wird.

Die Trinkwasserfluoridierung wird trotz der guten Wirkungen abgelehnt, da das Ziel auch auf anderem Wege wie auf anderen Gebieten der Hygiene erreicht werden kann. Einer der Gründe für diesen Standpunkt ist, daß die wirksame und die toxische Dosis dicht beieinander liegen.

Ein Vergleich zwischen der Ozonisierung und Aktivkohlebehandlung von Wässern kann nicht eindeutig ausgelegt werden. Die Art und Konzentration der Inhaltsstoffe ist ausschlaggebend. Der Pulverkohle wird der Vorzug gegeben, da sich bei Kornkohle durch den Regenerierzyklus andere Sorptionseigenschaften einstellen können. Für die Perspektive ist notwendig, beide Verfahren optimal mit anderen Prozeßstufen zu koppeln.

Der Einsatz der Flechtbinse zur Wasserbehandlung wird als sehr problematisch angesehen, die in diese Technologie gesetzten Erwartungen wurden nur teilweise erfüllt, auch kann noch nichts über die Ökonomik des Verfahrens gesagt werden. Teilweise beruht der Einsatz auf falschen Schlußfolgerungen und unbewiesenen Annahmen. Weitere Untersuchungen sind notwendig.

Zur Bekämpfung der Eutrophierung wird die Phosphatbeseitung aus Abwässern oder aus Seezuflüssen als notwendig erachtet.

Zum Betrieb und zur Überwachung von Klein- und Fertigkläranlagen werden verfahrenstechnische Problemen diskutiert. Weitere Arbeiten befassen sich mit der geordneten Deponie von Siedlungs- und Industrieabfällen.

Bei der Gewässerüberwachung muß die Dynamik eines Naturvorganges beachtet werden, da dieser elastische Maßnahmen verlangt und nicht schablonisiert vorgegangen werden darf.

Die weitgehend von namhaften Fachkollegen verfaßten Beiträge konnten nur grob skizziert werden. Die Arbeiten enthalten viele Anregungen, und die komplexe Abhandlung der Themenkreise in den beiden Bänden erspart manche eigene Arbeiten. J. *Kaeding*

H.-D. Held:

„*Kühlwasser — Verfahrenstechnische und chemische Methoden der Kühlwasserbehandlung in Industrie und Kraftwerken*“ *Süßwasser — Brackwasser — Meerwasser*

Vulkan-Verlag Dr. W. Classen, Essen (1970) 496 S., 179 Abb., 88,— DM.

Bereits allein auf Grund der Tatsache, daß es in der Fachliteratur des In- und Auslandes bisher noch kein Buch mit einer umfassenden Darstellung der bei der Kühlung mit Wasser auftretenden Probleme gab, ist die Publikation von Held a priori zu begrüßen. Darüber hinaus stellt das Buch durch seine hohe Qualität eine echte Bereicherung der wissenschaftlichen Literatur dar; besonderen Wert erhält es außerdem durch sein Literaturverzeichnis mit 900 Schrifttumshinweisen. An mehreren Stellen geht der Verfasser allerdings bei der Erklärung und Erläuterung bestimmter Vorgänge sehr ausführlich auf Einzelheiten ein, die für die Darstellung und das Verständnis der bei der Kühlung mit Wasser auftretenden Probleme nicht erforderlich sind; dafür seien als Beispiele genannt: die Schilderung von Einzelvorgängen bei der Photosynthese durch Mikroorganismen und die Erläuterung der Gleichung von Streeter und Phelps für das Sauerstoffgleichgewicht in verunreinigten Gewässern. Man muß aber sogar in diesen Fällen dem Verfasser bescheinigen, daß die Übersichtlichkeit der Ausführungen stets gewahrt bleibt.

Die beiden ersten Kapitel des Buches bringen eine kurze Übersicht über die verschiedenen Kühlsysteme sowie über die Störungen, die von chemischen Inhaltsstoffen oder Mikroorganismen des für Kühlzwecke benutzten Wassers hervorgerufen werden können. Der folgende Abschnitt beschreibt die Verfahren, die der Gewinnung von Wasser dienen, das als Kühlturmzusatzwasser Verwendung finden soll. Es sind dies die Verfahren, die auch für die Trinkwassergewinnung in Frage kommen. Danach erläutert der Verfasser ausführlich die verschiedenen Kühlwasserbehandlungsmethoden. Da sich letztere nach der Art des Kühlsystems richten, werden sie für die Durchlauf- sowie für die geschlossene und offene Umlaufkühlung gesondert besprochen. In bezug auf die Durchlaufkühlung wird vor allem auf die Kühlwasserbehandlungsverfahren eingegangen, die beim Einsatz von Brack- und Meerwasser als Kühlmittel erforderlich sind. Bei der Besprechung von Behandlungsverfahren für Kühlwasser, die für die Umlaufkühlung benutzt werden, gilt das besondere Augenmerk der Verwendung von Korrosionsinhibitoren. Hinsichtlich der Kühlwässer für offene Umlaufsysteme wird ausführlich die Härtestabilisierung, die Trübstoffdispergierung und die

Anwendung bzw. Wirkung der Mikrobizide geschildert. Ein weiters Kapitel ist der Wahl und der Behandlung der Werkstoffe, die im Kühlwasseranlagenbau, Verwendung finden, gewidmet: Metalle und Metallegierungen, Holz, Asbestzement und Kunststoffe. Als Schutzverfahren für kühlwasserberührte Werkstoffoberflächen werden die Oberflächenbehandlung und der kathodische Schutz beschrieben. Der analytischen Überwachung von Kühlwässern dient die Aufführung zahlreicher chemischer Untersuchungsmethoden, die durch die Angabe einiger mikrobiologischer Bestimmungsverfahren ergänzt werden. Das Buch von HELD befaßt sich auch mit der Auswirkung der Einleitung erwärmter oder mit bestimmten Chemikalien versetzter Kühlgewässer in öffentliche Gewässer. Daneben werden in einer kurzen Abhandlung die Schadeffekte erwähnt, die durch versprühtes Kühlwasser an Pflanzen und Isolatoren elekrischer Freileitungen auftreten können. Schließlich folgen noch Hinweise auf arbeitsmedizinische Gesichtspunkte, die beim Umgang mit den bei der Kühlwasserbehandlung und -gewinnung benutzen Chemikalien eine Rolle spielen.

H.-J. Walther

In die „Fortschritte der Wasserchemie und ihrer Grenzgebiete" werden Originalarbeiten, Fortschrittsberichte, Tagungsberichte, Mitteilungen und Buchbesprechungen aufgenommen. Um redaktionelle Überarbeitungen der Manuskripte im Interesse der Autoren durch Herausgeber und Verlag zu vermeiden, können nur satzreife, vom Autor imprimierte Manuskripte angenommen werden. Bei der Manuskriptabfassung ist, dem Charakter der Schriftenreihe entsprechend, auf einen kurzen, prägnanten Ausdruck Wert zu legen. Dabei ist nachstehende Form einzuhalten:

1. Das Manuskript ist in Maschinenschrift im Format A 4 (21 × 29,7 cm) auf weißem, tintenfesten Papier einseitig mit 1 ½···2-zeiligem Abstand der Zeilen und einem linken freien Rand von 3 cm zu schreiben. Die Manuskriptblätter sind laufend ab „1" zu numerieren.
2. Bei Arbeiten größeren Umfanges ist eine Gliederung voranzustellen. Für den Druck nicht überarbeitete Vortragsmanuskripte werden in der Regel nicht angenommen. Um deutliche Kennzeichnung der Absätze wird gebeten (3 Anschläge einrücken).
3. Das Manuskript kann in deutscher, englischer oder russischer Sprache abgefaßt sein.
4. Der Kopf des Manuskriptes muß folgende Angaben enthalten:
   1. Zeile: abgekürzter Vorname und der Familienname des bzw. der Verfasser,
   2. Zeile: Bezeichnung der Arbeitsstelle des Verfassers,
   3. Zeile: Titel der Arbeit.
5. Der Arbeit ist eine Zusammenfassung in der Originalsprache und möglichst in einer der genannten Fremdsprachen voranzustellen.
6. Dem Manuskript sind getrennt Abbildungen und Tabellen, fortlaufend numeriert, beizufügen.

Die Tabellen sind mit einer Überschrift, die Abbildungen mit einer Unterschrift zu versehen. Die Unterschriften der Abbildungen sind gesondert auf einem Blatt aufzuführen. Unter Abbildungen werden Bilder und graphische Darstellungen verstanden. Vorlagen für Bilder müssen auf weißem Hochglanzpapier im Mindestformat 9 × 12 cm geliefert werden. Noch vorzunehmende Beschriftungen sind auf einem auf dem Photo angebrachten Deckblatt aus durchsichtigem Material zu vermerken. Um eine gute Wiedergabequalität der Abbildungen im Druck zu erreichen, ist es ratsam, alles Nebensächliche bei Halbtonbildern wegzulassen.

Für Strichzeichnungen und graphische Darstellungen genügt eine gut lesbare Skizze.

Auf der Rückseite der Abbildungsvorlagen sind Nummer der Abbildungen und Name des Autors anzugeben.

Versuchsergebnisse sind nur in Abbildungen oder Tabellen wiederzugeben.

7. Formeln, Zeichen, Buchstaben usw., für die keine Schreibmaschinentypen vorhanden sind, müssen deutlich lesbar mit Tinte geschrieben sein.
Fachliche Abkürzungen und Schreibweise sind einheitlich abzufassen, gegebenenfalls ist ein Verzeichnis der Abkürzungen aufzuführen.
Die Autoren werden gebeten, sich der JUPAC-Nomenklatur zu bedienen.

8. Literaturangaben sind am Ende der Arbeit in alphabetischer Reihenfolge der Autorennamen aufzuführen. Im Text genügt es, die Autorennamen ausgeschrieben aufzuführen, gegebenenfalls unter Hinzufügung der Jahreszahl der Veröffentlichung, wenn von einem Autor mehrere Arbeiten zitiert werden. Die Literaturangaben sollen folgende Angaben enthalten:

bei Büchern: Name, abgekürzter Vorname des Autors,
Titel des Buches,
Verlag, Auflage, Erscheinungsjahr,

bei Zeitschriften: Name, abgekürzter Vorname des Autors,
Titel der Arbeit,
Titel der Zeitschrift (Abkürzungen nach periodica chimica),
Bandzahl (unterstrichen), Erscheinungsjahr (in Klammern), Seite.

9. Jeder Autor erhält kostenlos 30 Sonderdrucke seiner Arbeit und ein Belegexemplar des betreffenden Heftes. Sind mehrere Autoren gemeinsam an einem Beitrag beteiligt, so erhalten sie insgesamt 30 Sonderdrucke kostenlos. Die Bestellung weiterer Sonderdrucke (maximal 30 Stck.) ist bei der Manuskripteinreichung mitzuteilen. Sie werden dem Autor in Rechnung gestellt.

MIX
Papier | Fördert gute Waldnutzung
FSC® C083411

Zeitfracht Medien GmbH
Ferdinand-Jühlke-Straße 7
99095 Erfurt, Deutschland
produktsicherheit@kolibri360.de